U0191856

机器人科学与技术丛书 06

机械工程前沿著作系列 HEP MEF
HEP Series in Mechanical Engineering Frontiers

XINGQIUCHE JI
KONGJIAN JIXIEBI

星球车及空间机械臂

——地面运动性能测试的微低重力模拟方法及应用

Planetary Rover and Space Manipulator

——The Techniques and Applications of Micro/Low Gravity Simulation for Mobility Performance Ground Tests

高海波 刘振 著

高等教育出版社·北京

内容提要

宇航空间机构大多工作于微低重力场中，因而微低重力模拟成为避免航天器过载受损、确保地面实验结果有效的必要条件。由于无法长时间、大范围模拟微低重力场，因此如何准确模拟宇航空间机构在微低重力场中的运动性能成为国际航天领域公认的地面实验瓶颈问题。

哈尔滨工业大学宇航空间机构及控制研究中心结合我国载人航天与探月工程等国家科技重大专项的需求，主要以星球车、空间机械臂等典型复杂宇航空间机构为对象，通过开展宇航空间机构微低重力模拟的理论与工程应用研究，提出了基于重力场 – 悬吊力等效转换的多自由度宇航空间机构微低重力模拟方法，发明了具有三转动自由度被动自适应功能的悬吊力等效施加机构以及悬吊点三平动自由度的高精度力位混合跟踪控制技术，研制出星球车、机械臂等复杂宇航空间机构的悬吊式微低重力模拟系统。为中国"首次火星探测任务"的火星车、"空间站核心舱"大型机械臂等型号产品的地面运动性能模拟测试提供了不可或缺的技术支撑。本书正是基于上述研究撰写的。

本书适合科研院所、高等院校从事宇航空间机构微低重力模拟研究的工程设计人员、教师以及在校研究生阅读和参考。

图书在版编目（CIP）数据

星球车及空间机械臂：地面运动性能测试的微低重力模拟方法及应用 / 高海波，刘振著 . -- 北京：高等教育出版社，2021. 1

（机器人科学与技术丛书）

ISBN 978-7-04-055315-4

Ⅰ . ①星… Ⅱ . ①高… ②刘… Ⅲ . ①航天探测器 – 研究②空间机械臂 – 研究 Ⅳ . ① V476.4 ② TP241

中国版本图书馆 CIP 数据核字（2020）第 253571 号

策划编辑	刘占伟	责任编辑	刘占伟 任辛欣	封面设计	杨立新	版式设计	杜微言
插图绘制	于 博	责任校对	马鑫蕊	责任印制	刘思涵		

出版发行	高等教育出版社	网 址	http://www.hep.edu.cn	
社 址	北京市西城区德外大街4号		http://www.hep.com.cn	
邮政编码	100120	网上订购	http://www.hepmall.com.cn	
印 刷	北京新华印刷有限公司		http://www.hepmall.com	
开 本	787mm×1092mm 1/16		http://www.hepmall.cn	
印 张	14.75			
字 数	330 千字	版 次	2021 年 1 月第 1 版	
购书热线	010-58581118	印 次	2021 年 1 月第 1 次印刷	
咨询电话	400-810-0598	定 价	129.00 元	

本书如有缺页、倒页、脱页等质量问题，请到所购图书销售部门联系调换

版权所有 侵权必究

物 料 号 55315-00

序

航天技术推动了人类文明的进程，航天技术的发展主要体现在航天器的功能和性能方面，而宇航空间机构是航天器机械系统的支柱，其技术水平决定了航天器的功能和性能指标。宇航空间机构在发射前大都要进行各种功能和性能的地面实验，微低重力模拟是避免航天器过载受损、确保实验结果有效的必要条件。星球车、机械臂等典型宇航空间机构运动范围大、拓扑结构多样、动力学行为复杂，其微低重力模拟是国际航天领域公认的技术瓶颈难题。

传统的微低重力模拟方法有抛物线飞行法、落塔法、气浮法、水浮法、去除质量法和传统悬吊法。但这些方法存在模拟时间短、模拟空间小、控制系统精度低等问题，无法满足星球车或空间机械臂的长时间、大范围、高精度运动性能测试等实验要求。

哈尔滨工业大学高海波教授团队在国内率先开展了宇航空间机构地面运动性能测试的微低重力模拟技术研究，围绕微低重力模拟中的"重力场–悬吊力"等效转换方法、实验对象六自由度跟踪、悬吊式微低重力模拟系统集成等技术难题开展攻关，建立了完整的悬吊式微低重力模拟技术体系。团队面向载人航天与探月工程、深空探测等国家科技重大专项任务需求，研制出中国"首次火星探测任务"的火星车、"空间站核心舱"大型机械臂、"试验七号卫星"机械臂等重大航天型号产品的悬吊式微低重力模拟系统，在国际上首次实现了火星车整车和七自由度大型机械臂的大范围、长时间、高精度、三维空间的地面运动模拟测试。

本书的各章节均出自高海波教授团队多年的研究成果，论述了星球车、机械臂等复杂宇航空间机构地面运动性能测试的微低重力模拟的一些核心与共性关键技术，为国家科技重大专项的顺利实施提供了重要的技术支撑。

本书的出版有助于推动航天领域科技工作者的学术交流，鼓励更多的青年学者开展前沿性、基础性技术研究，勇攀航天领域的学术高峰。

中国工程院院士
2020 年春

前　言

随着我国空间技术的不断发展，星球车和空间机械臂在太空探索中起着越来越重要的作用。在轨机械臂工作于微重力场，月球车、火星车分别工作于 $g/6$ 和 $3g/8$ 低重力场，在发射前必须进行地面实验，微低重力模拟成为避免航天器过载受损、确保地面实验结果有效的必要条件。星球车、空间机械臂等典型宇航空间机构运动范围大、拓扑结构多样、动力学行为复杂，其微低重力的模拟成为国际航天领域公认的地面实验瓶颈问题。原有的微低重力模拟方法有抛物线飞行法、落塔法、气浮法、水浮法、去除质量法和传统悬吊法，这些方法都不能满足星球车或空间机械臂等复杂宇航空间机构的大范围、长时间、高精度、三维空间的地面运动测试要求。本书提出基于重力场–悬吊力等效转换的宇航空间机构微低重力模拟方法，并解决了悬吊力等效施加、吊点位姿检测、二维跟踪控制、恒悬吊力控制等关键技术难题。

哈尔滨工业大学宇航空间机构及控制研究中心面向载人航天与探月工程、深空探测等国家科技重大专项任务需求，研制出中国"首次火星探测任务"的火星车、"空间站核心舱"大型机械臂、"试验七号卫星"机械臂等重大航天型号产品的悬吊式微低重力模拟系统，在国际上首次实现了火星车整车和七自由度大型机械臂的大范围、长时间、高精度、三维空间的地面运动模拟测试。

全书共 9 章。第 1 章介绍星球车和空间机械臂的工作环境、原有的微低重力模拟方法及存在的问题、微低重力模拟系统组成等。第 2 章对星球车的单索悬吊式低重力模拟方法开展研究，建立了重力场–悬吊力等效转换模型，求解了悬吊力解系，进而提出了星球车的单索悬吊式低重力模拟方法，并对该方法的通用性进行了验证。第 3 章对机械臂的悬吊式微重力模拟方法开展研究，阐明了机械臂和星球车微低重力模拟的关系，建立了机械臂多吊点悬吊力模型并进行了优化。第 4 章对具有三转动自由度被动自适应功能的悬吊力等效施加机构开展研究，提出了星球车悬吊力等效施加机构和空间机械臂的悬吊力等效施加机构。第 5 章对基于视觉的位姿检测方法开展研究，提出了基于视觉的位姿检测子系统总体方案，建立了位姿检测的数学模型、提出了位姿解算算法。第 6 章对双层冗余二维跟踪控制方法开展研究，确定了二维跟踪控制子系统总体方案，提出了双层冗余的二维跟踪控制方法并进行了仿真分析。第 7 章对主被动复合的恒悬吊力控制方法开展研究，建立了主被动复合的恒悬吊力控制子系统动力学模型，提出了恒悬吊力子系统控制算法，并进行了实验验证。第 8 章基于上述的关键技术，设计并研制出火星车的低重力模拟系统。第 9 章基于上述关键技术，设计并研制出七自由度空间大型机械臂的微重力模拟系统。

本书作者均为从事宇航空间机构相关研究的科研人员。第 1 章由高海波、郭军龙撰写，第 2 章由刘振、高海波撰写，第 3 章由高海波、刘振撰写，第 4 章由刘振、高海波撰写，第 5 章由叶东、郭玉波撰写，第 6 章由刘延芳、霍明英撰写，第 7 章由卢鸿谦、高海波、刘振撰写，第 8 章由高海波、刘振、郭军龙撰写，第 9 章由高海波、刘振、郭军龙撰写。全书由高海波统稿，由刘振和郭军龙进行了编辑和校对。

中国空间技术研究院的樊世超研究员和易旺民研究员对本书的出版给予了大力支持，在此表示衷心感谢。

团队毕业的博士生和硕士生为本书的撰写做了大量工作，博士毕业生刘振、刘延芳、霍明英、赵振庆，硕士毕业生郝峰、阮晓峰、牛福亮、马云超、孟瑶等为本书提供了大量的素材。在此表示衷心感谢。

本书所涉及的研究工作得到了国家自然科学基金、国家"863"计划等项目的资助，同时也得到了中国空间技术研究院的项目资助。在此表示感谢。

感谢高等教育出版社对本书出版的大力支持。

由于本书作者水平有限，书中的疏漏或不当之处在所难免，热忱欢迎读者进行批评指正。

作者
2020 年春
于哈尔滨工业大学科学园

基本符号列表

参数类型	符号	物理意义 (单位)
悬吊式低重力模拟方法相关参数	D	系统动能
	E	星球车弹性势能
	f_1^0	车厢悬吊力
	G	星球车重力势能
	G_r	关节链势能
	G^*	悬吊力势能
	g	地球重力场数值
	$\boldsymbol{I}$	旋转矩阵
	L	拉格朗日算子
	m_j^0	车厢质量
	$\boldsymbol{N}_i$	轮地力
	P	系统势能
	Q	广义力
	$\boldsymbol{q}$	广义坐标
	$\boldsymbol{R}_x$、$\boldsymbol{R}_y$、$\boldsymbol{R}_z$	绕 x 轴、y 轴和 z 轴的旋转矩阵
	ϕ	差速器转角
	β	纵向极角
	ρ	极径
	δW	虚功
位姿检测方法相关参数	f	摄影机焦距
	G	三维高斯函数的幅度值
	L	实验中的工作距离
	$\boldsymbol{R}$	旋转矩阵
	$\boldsymbol{T}$	平移矩阵
	T_L	包括电动机转矩在内的负载转矩 (N·m)
	(u_0, v_0)	特征点的成像质心坐标
	W_s	物方尺寸大小
	W_c	像方尺寸大小
	σ_u	x 方向上的标准差
	σ_v	y 方向上的标准差
	ρ	函数相关系数

续表

参数类型	符号	物理意义 (单位)
双层冗余二维跟踪控制方法相关参数	C_e	电动机在额定磁通下的电动势系数
	C_m	电动机的转矩系数 (N·m/A), $C_m = 30C_e/\pi$
	d	丝杠直径
	E	感应电动势
	E_B	天车动能
	F_{ap}	直线导轨摩擦力
	F_{prp}	滚珠丝杠副预紧力 (N)
	f	轮轨摩擦系数
	GD^2	电力拖动系统折算到电动机轴上的飞轮矩 (N·m)
	I_d	整流电流
	I_{dL}	负载电流 (A)
	i	天车电机减速比
	k	设计裕量
	L	丝杠长度
	M_{LPB}	天车的最大负载转矩
	m_B	天车质量
	m_P	跟踪平台及相应机构质量
	n	电动机转速
	P'_B	核算电动机功率
	P_h	跟踪平台滚珠丝杠导程
	r_B	天车车轮半径
	T_{eB}	天车电动机电磁转矩
	T_B	天车电动机转矩
	T_l	电枢电路电磁时间常数 (s), $T_l = L/R$
	T_e	电力拖动系统电磁时间常数 (s), $T_e = GD^2R/(375C_eC_m)$
	T_P	跟踪平台所受力矩
	t	加速时间
	φ_B	天车车轮转角
	U_{d0}	理想空载整流电压
	v_B	天车速度
	$v_{\max B}$	天车最大运行线速度
	v_P	跟踪平台速度
	w_p	跟踪平台电动机转速
	Ω_{LPB}	天车的最大负载转速
	φ_P	跟踪平台滚珠丝杠转角

参数类型	符号	物理意义 (单位)
主被动复合的恒悬吊力控制方法相关参数	η	天车机械效率
	e	压簧外铰接点到机构中心轴线的距离 (m)
	F	卷筒上作用的吊索悬吊力 (N)
	J_1	电动机轴、抱闸转子、减速器和恒力矩机构输入端等效转动惯量
	J_2	被动恒力矩机构输出端与卷筒等效转动惯量
	K	被动恒力矩机构输入端和输出端之间等效扭簧的扭转刚度
	k	压簧刚度
	l_0	压簧自由长度 (m)
	$l(q)$	压簧长度函数
	l_{st}	压簧初始安装长度 (m)
	q	输入端相对输出端转动角度
	q_{st}	扭杆初始安装转角
	R	摆杆长度 (m)
	T'	扭杆扭转刚度系数
	$\alpha(q)$	压簧轴线方向与摆杆方向的夹角函数
	τ	电动机输出力矩
	$\tau_{torsion}$	被动恒力矩机构等效扭簧提供的扭转力矩 (N·m)
	μ_1	电动机轴、抱闸转子、减速器和恒力矩机构输入端等效黏滞摩擦系数
	μ_2	输入输出端之间存在的黏滞摩擦系数
	μ_3	恒力矩机构输出端和机座之间的黏滞摩擦系数
	θ_1	恒力矩机构输入端的转角，从电动机侧向恒力矩机构看顺时针为正
	θ_2	被动恒力矩机构输出端转角
大型机械臂微重力模拟系统相关参数	C	选择系数
	d	钢丝绳最小直径 (mm)
	F_{max}	钢丝绳最大静悬吊力 (N)
	i_1	减速比
	K	钢丝绳捻制折减系数
	k_d	被动恒力矩机构等效弹性系数
	L	绳索长度
	l	摆杆长度
	m_2	包括吊钩、力传感器以及重物的总质量
	m_d	等效质量

续表

参数类型	符号	物理意义 (单位)
大型机械臂微重力模拟系统相关参数	n	安全系数
	T	拉力
	$T_{\mathrm{tc},x}$、$T_{\mathrm{tc},y}$、$T_{\mathrm{tc},z}$	靶标坐标系原点在摄影机坐标系下 3 个坐标方向的分量
	$x_\triangle$	摆杆末端距水平位置的距离
	$\Delta P_{\mathrm{u},x}$、$\Delta P_{\mathrm{u},y}$	ΔP_{u} 在水平方向的测量误差分量
	ΔT_1	等效弹簧张力的偏差
	$\Delta T_{\mathrm{tc},x}$、$\Delta T_{\mathrm{tc},y}$	ΔT_{tc} 的两个分量
	$\Delta T_{\mathrm{cu},x}$、$\Delta T_{\mathrm{cu},y}$	ΔT_{cu} 的两个分量
	ω	钢丝绳充满系数
	σ_{b}	钢丝的公称抗拉强度 (MPa)
	ρ_{l}	线密度

目 录

第 1 章 绪　　论

1.1 引言

对地外天体的探测是人类自古以来的梦想,是科技发展的必然,也是大国的国家战略需求。一系列深空探测任务的实施,不仅大大深化了人类对行星起源和演化的科学认识,也带动了相关高新技术的发展和应用。地外天体探测离不开宇航空间机构,而宇航空间机构大多工作于微低重力场中(例如,空间机械臂工作于微重力场,月球车、火星车分别工作于 $g/6$ 和 $3g/8$ 低重力场)。在发射前,宇航空间机构的作业能力需在地面进行测试,在此过程中必须面对地球重力过载带来的驱动乏力、性能失真、刚度失效、强度失效等严峻问题。机构测试的核心是力和运动,因此,必须在宇航空间机构地面试验中模拟微低重力条件,这是确保地面测试结果有效的必要条件。

星球车、空间机械臂等典型宇航空间机构运动范围大、拓扑结构多样、动力学行为复杂,其微低重力模拟是国际航天领域公认的地面实验瓶颈问题。原有的微低重力模拟方法包括:抛物线飞行法、落塔法、气浮法、水浮法、去除质量法和传统悬吊法。采用落塔法和抛物线飞行法可以真实地模拟微低重力场,但是模拟的时间短,而且空间有限,无法满足长时间、大范围的测试要求。采用气浮法、水浮法、去除质量法和传统悬吊法虽然可以长时间、大范围地提供微低重力模拟,但存在运动真实性差、自由度受限制、产品适应性差、实验对象不完整等缺点。

本书所论述的方法可以实现模拟测试条件下与真实重力场中的机构动力学行为一致,进而实现复杂宇航空间机构的大范围、长时间、高精度、三维空间的地面运动测试。

1.2 星球车的工作环境

月球车的工作环境与火星车的工作环境存在较大差异。因此,接下来将对月球车和火星车的工作环境分别进行介绍。

1

1.2.1　月球车的工作环境

月球是一个无风、无雨、无水、无气、冷热剧变的静寂天体。月球绕地球运行轨道的近地点为 356 330 km，远地点为 400 000 km；月球的质量为 $7.35×1\,022$ kg，约为地球的 1/8，月球体积只有地球体积的 1/49，月球表面积为 $3.8 × 10^7$ km^2，只相当于地球表面积的 1/14，月球的平均密度为 3.34 g/cm^3（地表平均密度为 5.52 g/cm^3），月球的表面引力只有地球表面的 1/6。

月球除绕地球公转外，本身还在自转，其自转周期恰好等于它绕地球公转的周期，也是 27 天 7 小时 43 分 11.5 秒，平均轨道速度为 1.02 km/s。因此月球的白昼和夜晚各相当于地球的半个月，约为 14.75 天，并总以同一侧面对正地球。月球昼夜温差大，白天阳光照射的月表部位温度可达 130~150 °C，夜间温度则下降到零下 160~180 °C，这种大温差环境将使月球车的结构材料产生热应力。

月球表面大气压力在 10^{-6}~10^{-10} Pa 之间，近于真空状态，容易使润滑剂蒸发，从而不能在金属表面形成氧化膜，导致金属表面之间发生黏着甚至冷焊，致使摩擦副不能相对运动[1]；由于没有大气传播声波，因此在月球表面听不到任何声响。同时，由于没有大气保护，导致太阳风、太阳耀斑粒子等高能粒子会直接辐射到月球表面，并以一定深度在一定程度上损伤月球表面的任何物体。在日照时从太阳获得的能量平均为 $5.04×10^6$ J/(m^2·h)，因此，月球表面也是一个辐射很强的环境，易产生溅蚀、电离和聚合，毁坏月球车的结构、电子部件及月球表面的任何物体。

月球的地形主要有环形山、月海、月陆和山脉等。月球地形最有特点的部分是陨石坑，它们是月球车移动时最典型的障碍物，主要是由陨石撞击月球后形成的，大小从几十厘米到几百千米不等。月球表面地形的另一种特征是石块。在 A 型、AB 型、B 型陨石坑附近最常遇到石块，是因为在形成陨石坑时常常会抛出基岩物质，而且陨石坑越大，其周围石块越多。

月壤颗粒的分选性较差，粒度与淤沙相似，以小于 1 mm 为主，近半数月壤颗粒的直径小于肉眼的分辨能力，因此月壤易于漂浮，并附着在月球车的太阳能帆板、摄影机镜头和实验仪器等表面，影响探测效果，所以在探测过程中需要限制月球车的运行速度以减小浮尘的影响。

月壤的力学特性是进行车轮月壤相互作用力学分析的基础。研究月壤的力学特性时，通常将月壤变形分解为相互独立的竖直方向变形和水平方向变形，分别对应于月壤的承压特性和剪切特性。月壤是由固体颗粒组成的，颗粒间的联结强度远远小于颗粒本身的强度，因此在外力作用下颗粒之间会发生相互错动，使得月壤中的一部分相对另一部分产生滑动。月壤颗粒抵抗滑动的性能称为月壤的抗剪性，由内摩擦角 φ 和内聚力 c 两个指标决定。内摩擦角 φ 的大小体现月壤颗粒间摩擦力的强弱，内聚力 c 的大小体现颗粒间黏结力的强弱。

1.2.2　火星车的工作环境

火星的结构主要由火星壳、火星核和火星幔组成。火星壳位于火星结构的最外层，其厚度为 10~15 km；火星核位于火星结构的最内层，其半径约为 1 500 km；火星幔位于火星壳和火星核之间，其厚度达 2 000 km。火星的质量为 6.578×10^{23} kg，约为地球质量的 11%，火星表面的平均重力加速度为 372.52 cm/s^2，相当于地球表面平均重力加速度的 38%。

地球到太阳的距离为 1.5×10^8 km，而火星到太阳的距离为 2.49×10^8 km。火星自转 1 周的时间是 24 h 37 min，其轨道面和赤道面的夹角是 25°11′。由于火星大气层很薄，难以通过大气运动传递表面热量，所以其表面温度变化较大。在"海盗号"的两个着陆点，夏季的平均温度为 -60 °C，昼夜的温度变化约 50 °C。冬季的平均气温达 -120 °C，日温度变化达 100 °C。整个冬季最低温度低于 -123 °C，使得 CO_2 冻成白色沉积物。

与月球表面的真空环境相比，火星表面存在空气。其主要成分是 CO_2，在一个火星周年里，CO_2 的体积分数会发生变化，最高幅度达 26%。根据冷低压大气模型和暖高压大气模型，火星表面的最低气压可达 590 Pa，最高气压达 780 Pa。

火星表面与月球表面的另外一个很大的区别是：火星表面存在火星风，其风速是地球风速的 10 倍，而其密度是地球的 1/120 倍。火星各个区域的风速存在较大差异，着陆场的风速为 2~7 m/s，在地形交界处的风速高达 50 m/s。火星风的存在导致火星表面存在尘暴现象，大的尘暴将持续数月，弥漫整个大气，严重影响光学观测的可见度，对光学可见度的阻挡将达 5 个光学深度[2]。

火星表面严重坑化，形貌特征的多样性很丰富，有高山、峡谷、大坑、小坑、盾形火山、河床、平地等，起伏跌宕，变化很大；在火星风的作用下表面严重风化，有各种沙丘；另外有独特的极地形貌。

火星的南北半球形貌特征有很大差异，北半球地势比较平坦，南半球地势变化巨大，绝大多数形貌特征分布在南半球，在火星的赤道南北附近，地势更加陡峭，巨大凸起的形貌特征多聚集在该区域。

"海盗一号"对着陆场风化层顶部土壤的特性进行了研究[3]，并与月球风化层土壤的特性进行了对比，如表 1.1 所示[4]。

表 1.1　"海盗一号"着陆场风化层土壤与月球风化层土壤的特性对比

特性参数		"海盗一号"着陆场		月球风化层	
		沙质平地	岩石平地	深度 0~0.01 m	深度 0.1~3 m
体密度（多孔性）/(g/cm^3)		1~1.6	1.8	1.0~1.3	1.5~2.1
粒子尺寸分布/%	10~100μm	60	30	30~60	
	100~2 000μm	10	30	30~35	
内摩擦角/°		20~40	40~45	35~50	
内聚力/(N/cm^2)		$10^{-2} \sim 10^{-1}$		10^{-1}	
黏合力/(N/cm^2)		$10^{-4} \sim 10^{-3}$		$10^{-3} \sim 10^{-2}$	
滑动摩擦系数		0.55~0.65		0.5~1	

低重力环境是月球表面和火星表面与地球表面的重要区别之一。若不提供低重力条件，而在地球表面进行星球车整车的运动性能测试，那么地球的重力环境对星球车

地面运动性能测试带来的影响主要包括以下几方面：

（1）相同的质量分布，会使得轮壤接触力变大，进而导致车轮沉陷量过大；

（2）松软模拟星壤的力学特性参数会随着轮壤接触力的增加而减弱，进而削弱模拟星壤的承载能力，最终导致测试结果失真；

（3）根据地面模拟运动性能测试结果，会误以为星球车动力系统配置不足；

（4）星球车重要零部件的强度、刚度等可能会遭到破坏。

1.3　空间机械臂的工作环境

本书研究的空间机械臂是安装在实验七号卫星和空间站核心舱等运行于近地轨道的航天器。目前人类的航天器所运行的轨道，按轨道高度可以划分为 4 种：低轨道（100~1 000 km）、中轨道（1 000~10 000 km）、地球同步轨道（36 000 km）和行星际飞行轨道。4 种轨道上的部分空间环境参数及对航天器的影响，如表 1.2 所示[5]。

表 1.2　4 种轨道上各种环境参数对航天器的影响

环境条件	低轨道	中轨道	地球同步轨道	行星际轨道
中性大气	阻力影响严重，原子氧对表面腐蚀严重	没有影响	没有影响	没有影响
等离子体	影响通信，电源泄露	影响微弱	充电问题严重	影响微弱
高能带电离子	辐射带南大西洋异常区和高纬地区宇宙线诱发单粒子事件	辐射带和宇宙线剂量效应和单粒子事件效应严重	宇宙线剂量效应和单粒子事件效应严重	宇宙线剂量效应和单粒子事件效应严重
磁场	磁力矩对姿态影响严重，磁场可作姿态测量参考系	磁力矩对姿态有影响	影响微弱	没有影响
太阳电磁辐射	影响表面材料性能	影响表面材料性能	影响表面材料性能	影响表面材料性能
地球大气反射和射出辐射	影响航天器辐射收支	影响微弱	没有影响	没有影响
流星体	低碰撞概率	低碰撞概率	低碰撞概率	低碰撞概率

从表 1.2 中可以看出，大多数航天器所运行的低地球轨道的空间环境条件最为恶劣。除表中所列的环境参数外，近地轨道上会对材料产生破坏或诱发材料老化的空间环境条件主要还有原子氧、交变温度、高真空、太空垃圾碎片等。原子氧对材料表面的侵蚀会导致材料性能退化；交变的高低温会造成材料的力学性能下降，以及材料尺寸的不稳定；高真空会使多数材料，尤其是有机成分材料发生降解和放气，而放气放出的小分子物质还会进一步污染其他材料表面，影响周围光学/电子元器件的正常功能。同时，上述因素连同表 1.2 中的环境条件一起，往往协同作用，加速材料的破坏及退化，增加了航天器运行的风险[6]。

此外，航天器在轨运行时会受到地球引力以外的各种干扰力的作用，达不到完全的失重状态，而是一种"微重力"环境。"微重力"是对"失重"的偏离，其大小通过航天器所受到各种干扰力的加速度来度量，也称为微重力加速度。根据干扰力的来源和性质的不同，可将微重力加速度环境分为 3 类：准稳态加速度、瞬态加速度、振动加速度[7]。

准稳态加速度通常指扰动频率小于 0.01 Hz 的微重力加速度，其幅度一般不超过 $10^{-5}g$ 量级；瞬态加速度是由各种非周期性的瞬态干扰力所产生的加速度，其频率范围较宽，在数 Hz 到数百 Hz 之间，幅度通常可以达 $10^{-3}g$ 量级；振动加速度指周期性扰动的加速度，表现为在某些特征频率及其谐频上的正弦响应或衰减振荡，振荡频率范围一般在 0.1~300 Hz 之间，振动加速度幅度一般在 $10^{-6}g \sim 10^{-3}g$ 量级范围。

综上，微重力环境的重力加速度仅为地球表面加速度的百分之一到百万分之一之间。空间机械臂在太空工作时，自身的重力对机械臂各关节的力矩很小，甚至可以忽略不计。由于空间环境失重的特殊性，杆件自身的重力对空间机械臂的运动特性影响很小，在空间机械臂设计时，各杆件的重力不在考虑范围之内；同时由于空间任务的特殊需求以及空间站上提供的能源很有限，因此在空间机械臂设计时，大多数机械臂展开都比较长，同时空间机械臂多采用小功率驱动电机[8]。

由于上述设计的原则，如果空间机械臂直接在地面实验，各杆件重力会导致机械臂无法正常工作。因此，在地面进行空间机械臂功能测试时，需要建立地面微重力实验环境，以便对空间机械臂系统的功能和可行性进行验证。即，构建地面微重力环境系统也是空间机械臂关键技术之一[9]。微重力补偿的目的是要在地面上模拟空间的微重力环境，以实现对空间机械臂的控制，进行太空环境的模拟[10,11]。

1.4 原有的微低重力模拟方法

从重力计算式 $G = mg$ 的构成来看，低重力实验方法主要有 3 大类：减少重力加速度、减少质量和靠外力补偿重力。其中，靠外力补偿重力法可以分为气浮法、水浮法和传统悬吊法。

1.4.1 抛物线飞行法

进行在轨实验是模拟无重力环境的另一种方法，虽然实验有效时间长，但其代价高昂。相较之下通过失重飞机的方法获得微重力环境更为简便。飞机通过抛物线飞行可以获得其内部物体的微重力环境，如图 1.1 所示[12-14]。

减小重力加速度的方法从本质上模拟了微重力环境。这种实验的耗费大、实验空间相对较小、单次实验时间较短。此方法往往应用于与重力场相关的科学研究中[15]，空间机构的测试往往以去除质量和施加悬吊力的方法进行。

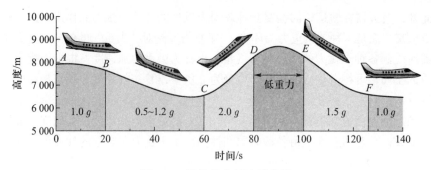

图 1.1 抛物线飞行法示意图

1.4.2 落塔法

落塔法是使实验件获得低重力加速度的方法之一。低重力实验中实验物被置于落仓中,落仓以小于 1 g 的加速度下落,使得落仓内的实验物获得低重力加速度。美国、德国、中国和西班牙等国都有落塔设备[16],塔高从 44 m 到 146 m 不等。德国的不莱梅落塔是大型地面微重力实验设备,其有效高度 110 m,落仓直径 1.6 m,高 8.5 m,如图 1.2 所示。该设备可模拟 4.74 s 无重力环境,进行 3 000 次以上的实验。

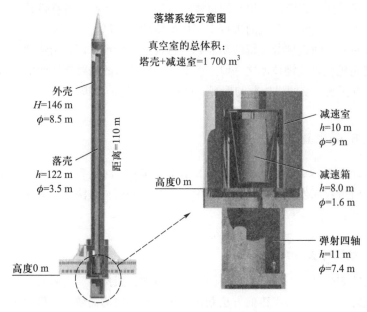

图 1.2 德国不莱梅落塔

1.4.3 去除质量法

等效质量原理样机在空间移动机器人移动子系统的测试中非常普遍。通过去除质量的方法,获得等效于低重力环境中的重力是等效质量原理样机制造的准则。虽然质量的减小会改变探测车的动力学性能,但是现阶段探测车的行进速度普遍很低,由质量改变带来的动力学性能变化可以忽略不计。需要注意的是,去除质量的方法仅适用于移动子系统的低重力实验，整车实验中基本不能移除探测车质量。

通过等效质量原理样机方法测试移动系统性能的例子很多。美国的 ROCKER-BOGIE 火星车就采用了这种方法[17]。图 1.3 是火星车及其移动性能测试实验。在移动性能实验中原理样机通过电缆供电，不载有电池、太阳板和有效载荷等。由于火星有大气，其地表类似于戈壁或者沙漠，而不是像月球那样覆盖着相当厚度的尘埃，所以火星车的地面主要是硬表面，在测试台的硬质表面撒沙子可以在一定程度上模拟火星的沙土环境。关于火星车整车的地面实验未见文献报道。可以查到的文献和报告中只包含了分系统的单独测试[18,19]。

图 1.3　NASA 火星车及其等效质量原理样机移动性能测试实验

苏联的星球车移动系统的地面实验也采用了相同的思路，如图 1.4 所示。等效质量原理样机与真实系统的质心位置相同，而且转动惯量相同。星球车向前后两端突起的结构起到提高质心和模拟转动惯量的作用。

图 1.4　苏联等效质量原理样机

1.4.4　气浮法

安装在国际空间站日本舱上的 JEMRMS （Japanese experiment module remote manipulator system），是日本第一个用于舱外实验的辅助机械臂，能够帮助宇航员完成出舱活动。JEMRMS 由主臂（MA）、小巧手（SFA）以及控制柜组成。主臂展开长约 9.9 m，有 6 个自由度，能够承受较大的载荷。小巧手安装在主臂的末端执行器上，展开长约 1.5 m，有 6 个自由度，能够完成拧紧螺栓之类的灵巧任务。主臂的地面模拟实验采用气浮的方法，只能在一个平面进行功能测试，是一个二维的微重力补偿系统。由于机械臂被悬浮起来，因此摩擦力对测试过程影响很小。图 1.5 为 JEMRMS 的结构图及主臂功能测试气浮实验系统[20]。

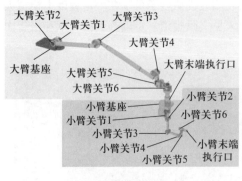 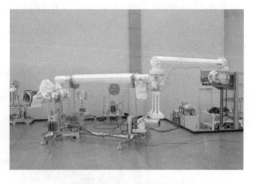

(a) JEMRMS 结构图　　　　　　　　(b) JEMRMS气浮实验系统

图 1.5　JEMRMS 结构图及气浮实验系统

日本东京工业大学的 EFFORTS（experimental free-floating robot satellite）–I 和 EFFORTS–II 属于气浮低重力实验系统，如图 1.6 所示。EFFORTS–I 包括自由的卫星基座和二自由度的机械臂，模型被气足支撑，采用无线通信方式，能够模拟没有外界干扰力的水平面运动，在目标抓取实验中，成功地验证了广义雅可比矩阵在控制策略中的应用，该模拟系统精度可达到 $10^{-4} \sim 10^{-3}$。在 EFFORTS–I 的基础上，又研制了 EFFORTS–II 气浮实验系统，该模拟系统包括带惯性运动传感器的基座和带关节力矩传感器的双臂机器人，能提供持续的供气压力，大大提高了实验时间，采用接线的通信方式，它能够模拟双臂机器人的抓取过程[21-23]。上述气浮实验系统只验证了机械臂样机的控制算法，并不能对真实机械臂进行功能测试。

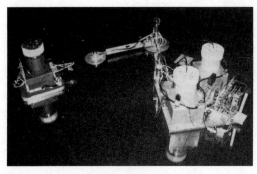 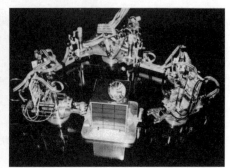

(a) EFFORTS–I气浮试验系统　　　　(b) EFFORTS–I和EFFORTS–II气浮实验系统

图 1.6　EFFORTS–I 和 EFFORTS–II 气浮实验系统

加拿大的动式机器人服务系统（mobile servicing system, MSS）是为国际空间站专门设计的，它由 3 部分组成，空间站遥控机械手系统（space station remote manipulator system, SSRMS）是一个展开长为 17 m、自由度为 7 的机械臂，在 SSRMS 末端安有 2 m 长自由度为 7 的机械臂 SPDM （special purpose dextrous manipulator），MBS （mobile base system）是该系统的操纵平台，同时提供能源和传输 SSRMS 和 SPDM 之间的数据。主臂的平面实验采用气浮法，如图 1.7 所示。该方法不能用作三维的功能测试[24,25]。

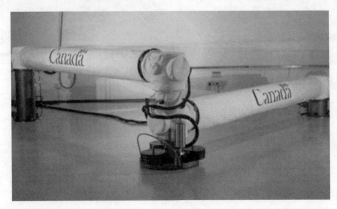

图 1.7　SSRMS 气浮实验

欧洲航天局的 ERA （European robotics arm）被用在国际空间站的俄罗斯舱上，为了在地面测试机械臂的性能，采用气浮法进行测试，如图 1.8 所示。该种形式的气浮法只能实现二维平面内的微重力补偿。

图 1.8　ERA 地面气浮实验系统

北京邮电大学针对未安装在空间站舱体上的 7 自由度机械臂的结构特点，提出了一种基于静平衡和气浮混合的地面低重力模拟实验方法，如图 1.9 所示。该系统可以实现三维空间的低重力实验，模拟装置包括肩部静平衡机构、肘部和腕部支撑气足以及腕部静平衡机构。其中的静平衡机构由特制轴承、一定刚度的弹簧和固定架组成，原理是在机械臂运动过程中，系统的重力势能和弹性势能之和为一定值。该装置模拟精度取决于机械臂自身的结构以及质心分布，对于机械臂各杆件质心处在回转轴线或其附近时，有很好的补偿效果。但是如果质心偏离轴线超过 10 cm，则补偿效果很差[26,27]。

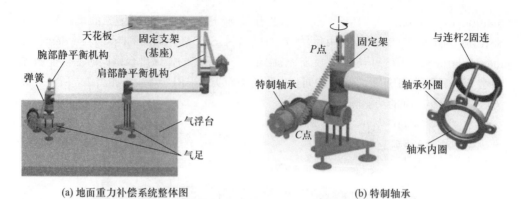

(a) 地面重力补偿系统整体图　　　　　　　　(b) 特制轴承

图 1.9　北京邮电大学混合地面低重力模拟实验

1.4.5　水浮法

美国马里兰大学和 NASA 共同合作开发的 Ranger TSX（ranger telerobotic shuttle experiment, RTSX），由 4 个操纵臂组成，其中一个固定在太空实验室舱板上。为了对其进行地面模拟实验，专门开发了一套水浮地面实验系统，利用某种特定密度液体的浮力抵消重力。如图 1.10 所示，该机械臂在运动功能测试过程中，由于水浮系统中液体的阻力，运动特性会受到一定的影响；而且为了实现机械臂在水中的测试，对机械臂的密封性要求较高，需要对机械臂进行较大的改造，这种方法周期长、可靠性低、成本高、可移植性差[28,29]。

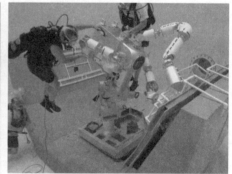

图 1.10　RTSX 水浮实验系统

此外，欧洲航天局也曾采用水浮法对 ERA 空间机械臂进行地面运动测试的微重力模拟研究，如图 1.11 所示[30]。

1.4.6　传统悬吊法

通过悬吊法获得低重力模拟效果在空间机构的低重力模拟实验中应用得非常广泛[31]。吊索恒张力悬挂是使用最广泛的一种重力补偿方法。它被广泛应用于空间可展机构[32,33]、空间机械臂[34,35]、卫星反射板[36]、着陆器[37]的低重力实验中。如果实验物的质量较小、运动范围不大，而且场地足够充裕，通过长线氦气球施加悬吊力是一

图 1.11　ERA 地面水浮实验系统

个很好的方法；当实验物运动范围较大时，氢气球的滞后对系统影响不可忽视。

　　为模拟星球车在低重力环境中的轮地作用，需要对星球车进行重力补偿。重力补偿的标准是使星球车在补偿状态下的轮地力和在低重力状态下的轮地力完全一致。进行这项工作对保证星球车安全和了解星球车在真实地形上的低重力运动性能有重要意义。对星球车运动性能的分析有很多类，国内外同行在此领域展开了深入而广泛的研究。最普遍的方法是对星球车进行运动学建模[38]，通过模型的解，得到星球车的运行轨迹[39,40]。这种方法的局限性在于它对于轮地接触力的建模并不准确，这是由于在建模过程中进行了简化和拟合，与真实情况的吻合度并不高。另一种研究方法是建立动力学仿真软件，使用计算机模拟星球车的运行轨迹[41,42]。这种方法的计算精度是建立在轮地力学模型的准确性上的，而实际上轮地作用力学领域对车轮侧滑、滑转等模型的建立尚是一个开放性的问题[43,44]。

　　星球车的低重力实验主要考察其移动性能[45]。星球车的整车大范围低重力模拟实验系统只有 NASA 针对 LSSM 型载人车重力补偿系统的概念设计和苏联对多种星球车的重力补偿系统。美国 NASA 开展的是基于主动恒力加多点悬吊式方法，而苏联采用的是被动恒力加单点悬吊式方法。

1.4.6.1　传统被动恒力加单点悬吊法

　　苏联星球车实验也采用了主动跟踪恒张力悬挂方案[46]。第一种方案采用车辆跟随星球车，用图 1.12 的平行四边形机构配合弹簧产生竖直方向上的恒拉力。需要注意的是，该方案仅适用于火星车地面实验，在模拟月壤上行驶的大型车辆时会非常困难。使用相同的四边形弹簧张力机构，对微型火星车进行低重力实验，如图 1.13 所示。

　　在 Marsokhod 火星车的实验上，苏联采用了被动分配恒拉力的方法，而不是像 NASA 那样采取多个恒拉力动力源的做法，如图 1.14 所示。这样做的好处是降低了系统的复杂度，坏处是在绳索中串入了较大的质量环节，限制了星球车的运行速度。被动分配拉力的方法对于星球探测车来说是合理的，因为星球探测车的速度普遍很低[47]。

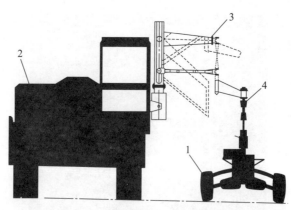

图 1.12 苏联火星车地面实验

1—火星车；2—跟随车辆；3—平行四边形机构；4—弹簧

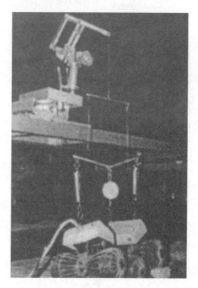

图 1.13 微型火星车低重力实验　　图 1.14 Marsokhod 火星车的被动分配恒拉力机构

卡内基梅隆大学研制的 7 自由度空间机械臂（self-mobile space manipulator, SM2），是专门为配合自由号空间站（SSF）上的宇航员完成检查和维修任务的。其上的摄影机可以监察到 SSF 内外的任何一个地方，能够快速地完成急救任务。为了在地面进行运动性能测试，还设计了专门的低重力模拟系统。图 1.15 是在笛卡儿空间坐标系下的重力模拟系统，该模拟系统包括模拟机械臂和重力补偿系统。重力补偿系统机械部分主要包括 X 方向驱动电机、X 方向驱动带、Y 方向驱动电机、Y 方向导轨、倾角传感器和小车。当机械臂运动时，倾角传感器可以将吊索的偏角信息传输给控制器，经过运算来控制 X、Y 方向驱动电机，使传输带上的小车运动，最终使吊索的偏角很小，从而给模拟臂提供一个竖直方向的悬吊力，悬吊力的大小由一系列的滑轮组最终通过施加一定的配重来实现。机械臂吊点的选择是地面实验效果好坏的一个重要因素[48-50]。

在测试 ERA 臂对物体的抓取特性时，在采用气浮法的基础上，还曾采用悬吊法。即 ERA"中间关节"被挂在吊框上，两个操作端和一个被抓取物分别用吊索进行重力补偿。吊索只有拉力，没有位置跟踪功能，如图 1.16 所示。从本质上讲，ERA 臂的悬挂实验并没有脱离平面实验的范畴[30]。

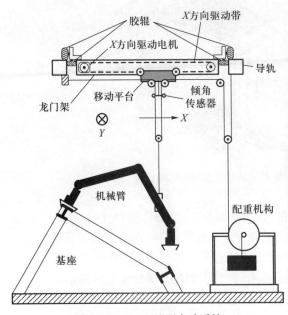

图 1.15　SM2 地面实验系统　　　　图 1.16　ERA 地面悬吊抓取实验系统

北京控制工程研究所在国家 863 计划"舱外自由移动机器人系统研究"项目的支持下研制出了国内第一套吊丝配重地面实验系统。该系统在地面利用吊丝配重的重力悬吊法来抵消重力对机器人的影响，使机器人在地面重力环境中能自由移动并完成各种操作任务，可以用来模拟空间飞行器舱外机器人的操作功能和移动功能。该系统能够在三维空间环境下模拟机械臂的运动，其研究难点是高精度二维倾角传感器的研制以及二维跟踪平台的跟踪能力[51]。

1.4.6.2　传统主动恒力加多点悬吊法

图 1.17 是 NASA 为 LSSM 载人星球车设计的低重力实验系统。可以查到的只有设计文献，没有实验结果。NASA 载人星球车的低重力实验系统是主动系统，是采用类似于天车的机构实现大范围内的跟随运动，采用二维伺服平台实现小范围内精确的跟随运动，两套机构配合以实现大范围内精确的跟踪。覆盖范围为 30 m×30 m。

载人车悬架具有多个自由度，因此系统包含了多根恒拉力索以向每个刚体质心施加悬吊力。拉力由液压马达产生。这样做的结果是系统包含了很多套液压伺服机构，这给恒拉力控制带来了很大难度。星球车的俯仰会造成拉力吊点在水平面投影相对位置的变化，而同时伺服平台上的拉力机构的位置总是维持不变：这会使得拉力索并不总是垂直。为了解决这个问题，平台的高度设置为 10 m。将平台高度提升带来的问题是绳索过于长，无法在绳索中放置倾角传感器：绳索的横向振动干扰会湮没有效的倾角信号。受限于当时的图像处理技术，此系统采用了四象限位置传感器来采集车的

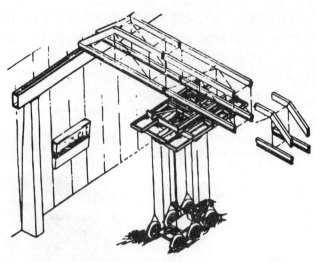

图 1.17 LSSM 载人星球车的低重力实验系统

位置信号。四象限位置传感器的核心部件 PSD 类似于 CCD，与 CCD 的差别是 PSD 不成像，直接给出传感部件接收到的光源的能量中心位置[52]。四象限位置传感器配置镜头以起到限制视场的作用，视场中的背景全部涂黑，在黑背景中放置固定的点光源，点光源作用相当于图像识别过程中的标志点。图像识别的原理如图 1.18 所示。

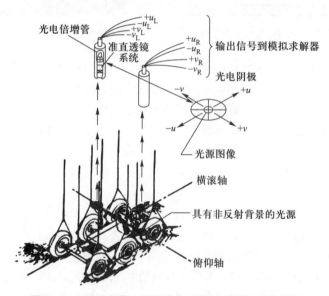

图 1.18 LSSM 载人星球车位置信号的视觉采集系统

当车的悬架具有多自由度时，重力补偿机构必须对这个自由度响应，否则会造成失真。在 NASA 的 LSSM 型低重力模拟的例子中，采用多索悬挂的主要原因是 LSSM 的底盘有多个自由度，通过单点施加所有构件的悬吊力明显是不对的。可以观察到苏联对其微型火星车的实验直接采用了单点悬挂，这是因为微型火星车的底盘形式与轿车底盘相似，两侧驱动轮不存在相对运动的可能，轮轴与底盘关系是固定的。在

Marsokhod 火星车低重力实验的例子中，恒拉力索的拉力通过第一级杠杆机构分解为两个力，通过第二级杠杆机构分解为 3 个力，作用于车的各个可以相对运动的平台上。在哈尔滨工业大学董玉红等的分析数据中可以发现，对 Marsokhod 火星车实施单点悬挂将造成各轮垂直载荷 10%~40% 的模拟误差[53]。这说明多自由度悬架的星球车不能通过简单的单点悬挂完全模拟各轮的轮压。

日本富士通公司空间机电一体化技术实验室和东京都立科学技术大学对一个双臂空间机器人的地面模拟实验系统进行了深入研究，可以完成三维空间的微重力实验。微重力地面实验系统机械结构，如图 1.19 所示。该系统由被补偿的机械臂和悬吊系统组成。补偿臂是一个双臂柔性机械人，每个臂有 6 个自由度。悬吊系统由两部分组成，一部分是补偿空间机械臂基座的 6 自由度（α，β，γ，d_{Bx}，d_{By}，d_{Bz}）机械结构，另一部分是补偿双臂的 4 自由度悬臂系统，该系统包括 4 根吊索，均匀分布在两个机械臂上。吊索的连接处采用万向节连接，当补偿臂运动时，悬吊臂跟随补偿臂运动轨迹的水平投影，每根吊索保持竖直的恒拉力来抵消重力。该补偿系统的关键是吊点的同步跟随能力以及恒拉力系统的性能[54,55]。

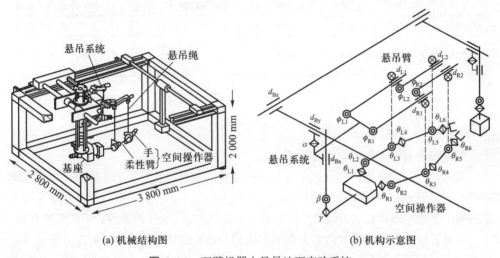

(a) 机械结构图　　　　　　　　(b) 机构示意图

图 1.19　双臂机器人悬吊地面实验系统

1.5　原有微低重力模拟方法存在的问题

1.5.1　原有微低重力模拟方法的比较

宇航空间机构地面运动性能测试的微低重力模拟方法的对比如表 1.3 所示。从表中可以看出，抛物线飞行法和落塔法由于模拟时间短、模拟空间小，无法适用于星球车或空间机械臂的长时间、大范围运动性能测试的微低重力模拟要求。气浮法和水浮法一般只用于机械臂的运动测试，采用气浮法时机械臂的运动自由度受限，气足会带来附加的惯性，导致模拟精度较低；采用水浮法时机械臂要进行特殊的防水处理，而且机械臂运动时受水阻影响，导致模拟精度降低。星球车的去除质量法只能用于移动系统本身的运动性能测试，无法考虑整车转动惯量对运动性能的影响。

对于星球车或空间机械臂等大型复杂宇航空间机构的地面运动性能测试而言，传统悬吊法在模拟时间、模拟空间、对象运动自由度、对象完整性和对象适应性等方面具有综合优势，只是由于方法误差或控制系统精度造成模拟精度较低。如果从悬吊方法和控制精度两个方面解决传统悬吊法存在的问题，那么，新的宇航空间机构微低重力模拟方法将能够实现大型复杂机构整机的大范围、长时间、高精度、三维空间的地面运动测试，进而解决复杂宇航空间机构地面实验的微低重力模拟这一国际难题。

表 1.3　宇航空间机构的微低重力模拟方法对比

方法	模拟时间	模拟空间	模拟精度	对象运动自由度	对象完整性	对象适应性
抛物线飞行法	时间短（约 25 s）	小（舱内）	高模拟重力场	不受限	完整	强无需改造
落塔法	时间短（约 10 s）	很小（塔内）	高模拟重力场	不受限	完整	强无需改造
气浮法	时间长根据需求	大（平台）	较低气足引入惯性	受限	完整	强无需改造
水浮法	时间较长根据需求	大（水池）	低受水阻影响	不受限	完整	差防水处理
去除质量法	时间长根据需求	大（场地）	较高	不受限	不完整	差不是整机
传统悬吊法	时间长根据需求	大（场地）	较低方法误差大或控制精度低	不受限	完整	强无需改造

1.5.2　传统悬吊法存在的问题

1. 传统星球车悬吊式低重力模拟方法

到目前为止，开展过悬吊式星球车低重力模拟实验的主要有：苏联曾采用"传统被动恒力单点式悬吊法"进行过星球车的低重力模拟实验；美国针对载人月球车提出了在每个车轮上施加悬吊力的"传统主动恒力多点式悬吊法"的低重力模拟实验方案。

上述传统星球车悬吊式低重力模拟方法都无法实现星球车的轮压动态分配。只有实验地形是平面地形时，才能保证星球车各轮轮压与星球重力条件下的轮压一致；在实验地形为非平面地形时，星球车各轮轮压与星球重力条件下的轮压相比存在较大误差，车体俯仰或侧倾角度越大，轮压误差越大。

2. 传统空间机械臂悬吊式微重力模拟方法

到目前为止，开展过悬吊式机械臂微重力模拟实验的主要有：美国卡内基梅隆大学为 SM2 研制的 CGII；日本富士公司研制的双杆柔性机械臂微重力模拟系统。

美国的 CGII 采用配重提供恒悬吊力，机械臂惯性增加 10%，进而导致机械臂的动力学特性失真。日本富士公司采用同时把机械臂运控信息发送给模拟系统的方式，导致该机械臂微重力模拟系统不具备悬吊点主动跟踪能力，而且这种方式不能用于航天器正样产品。

传统空间机械臂悬吊式微重力模拟方法在悬吊点跟踪方式、位置控制精度、悬吊力控制精度等方面尚有很大提升空间。

1.6　微低重力模拟系统组成

综上分析国内外星球车和空间机械臂地面运动性能测试的微低重力模拟方法可以发现：① 如果在垂直平面范围内提供微低重力条件，微低重力模拟系统需要具备悬吊力施加子系统和恒悬吊力控制子系统；② 如果要大范围、长时间、高精度、主动地提供微低重力条件，微低重力模拟系统则包括实时的位姿检测子系统、二维跟踪控制子系统、恒悬吊力控制子系统、悬吊力等效施加子系统和地面综控子系统等，以星球车的微低重力模拟系统为例，其系统组成如图 1.20 所示。

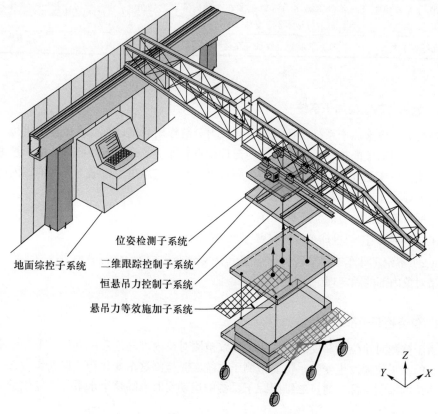

位姿检测子系统

地面综控子系统　二维跟踪控制子系统

恒悬吊力控制子系统

悬吊力等效施加子系统

图 1.20　星球车微低重力模拟系统基本组成

产生恒定的悬吊力，需要一套悬吊力机构，由于车体会在竖直方向上移动，所以这套悬吊力机构应当在吊索长度变化的同时提供恒悬吊力，称这套机构为恒悬吊力控制子系统；星球车在运动过程中，会在水平面内产生运动，为了承载恒悬吊力系统、保证悬吊力铅锤，需要有一套系统跟随星球车在水平面内运动，称这套系统为二维跟踪控制子系统；由于地面凸凹不平，所以车厢姿态会随时发生变化，需要一套悬吊力等效施加子系统将悬吊力等效作用在车厢内部的理论悬吊点；为了采集星球车理论悬吊点在水平面内的位置信息，采用基于视觉的位姿检测子系统；为实现对整个系统运行状态的监测，确保整个系统安全平稳的运行，实现人与整个低重力模拟系统交互，需要地面综控子系统。各子系统作用说明如表 1.4 所示。

表 1.4　星球车微低重力模拟系统组成

子系统名称	特点和作用	备注
位姿检测子系统	识别标记点后，计算星球车内部理论悬吊点的水平投影位置，解算出吊索上吊点与星球车理论悬吊点的水平距离	固定于二维平台，标记点置于星球车上
二维跟踪控制子系统	行程大、质量大、响应慢	天车承载平台，实现大范围内较精确伺服
恒悬吊力控制子系统	协调星球车在竖直方向移动，保证吊索恒悬吊力	固定于二维平台
悬吊力等效施加子系统	将外部悬吊力等效施加在车厢内部理论悬吊点，自适应车体姿态变化	与悬吊索串联
地面综控子系统	监视系统状态、保证安全运行、实现人机交互	

1.6.1　悬吊力等效施加子系统

悬吊力等效施加子系统，是将悬吊索拉力分解作用到星球车或机械臂的机构，是绳索与被悬吊对象的接口，是向机构内部理论点施加等效悬吊力的机构。由于悬吊力理论作用点位于星球车或机械臂内部，而且无法直接将悬吊力施加于其内部，因此使用悬吊力等效施加机构来解决此问题。

悬吊力等效施加子系统的要求为：

（1）一端固连于星球车或机械臂，另一端固连于悬吊索；

（2）不论星球车或机械臂如何运动，等效施加子系统始终将悬吊力等效地作用于被悬吊对象内部的固定理论悬吊点。

1.6.2　位姿检测子系统

由于被测对象位置和姿态的变化，导致被测对象内部理论悬吊点相对于二维跟踪子系统的水平位置发生变化，位姿检测子系统实时检测这个变化量，将其作为二维跟踪子系统的控制目标，通过二维跟踪子系统的运动实时消除这个水平位置变化量，实时保证悬吊索的铅垂。

位姿检测子系统应具备的功能为：

（1）测量二维跟踪子系统相对被测对象理论悬吊点的位置偏差；

（2）具备悬吊索倾角检测功能，实时检测吊索两个方向的倾角；

（3）与悬吊平台子系统的控制器实现数据共享，在倾角超差时实现系统急停。

1.6.3　二维跟踪控制子系统

二维跟踪控制子系统具备水平面内的跟踪能力，使跟踪平台的悬吊点与被测对象的理论悬吊点在地面坐标系中 X、Y 轴上的坐标值始终保持在一个很小的偏差范围内，以满足技术指标中的垂直和水平拉力误差要求。同时二维跟踪控制子系统需要适应一定的速度范围，具备跟踪和置位两种工作模式（跟踪模式下，二维跟踪控制子系统根据位姿检测子系统的测量结果，跟随理论悬吊点的水平运动；置位模式下，二维跟踪控制子系统的位置可以手动调整，以便实验开始之前进行悬挂机构的安装）。

二维跟踪控制子系统的要求为：

（1）根据位姿检测子系统的计算结果，控制二维跟踪控制子系统的水平移动速度和移动距离；

（2）在被测对象运动过程中始终保持悬吊索处于垂直状态。

1.6.4 恒悬吊力控制子系统

恒悬吊力控制子系统安装在二维跟踪控制子系统上，通过二维跟踪控制子系统确保悬吊索铅垂，悬吊索通过悬吊力等效施加子系统将恒定拉力作用于被测对象内部的理论悬吊点。抵消星球车的部分重力，使星球车在崎岖地形上的轮地接触压力与其在星球表面上的轮地接触压力相同；抵消空间机械臂的全部重力，使机械臂的运动状态与失重环境下的一致。恒悬吊力控制子系统主要功能是要确保悬吊索上的拉力在预定范围内，并提供相应的起吊与下放功能。

对恒悬吊力子系统的设计要求为：

（1）引入的摩擦干扰要小，主要为滚动摩擦；

（2）采用主被动复合式恒拉力控制，当系统突然掉电或者其他意外发生，电动机抱闸锁死时，通过被动恒力机构实现悬吊索上的拉力恒定。

1.7 本章小结

本章首先介绍了星球车和空间机械臂的工作环境，强调了微低重力对星球车和空间机械臂地面运动性能测试的影响。接下来系统地总结了原有微低重力模拟方法，比较了原有模拟方法的优缺点，并强调了传统悬吊法存在的关键问题。最后给出了本书开发的微低重力模拟系统的基本组成，提出了对各组成系统的要求，为后续章节的展开奠定了基础。

参考文献

[1] 荣欣, 张建斌, 郭宏, 等. 月球车润滑与密封技术综述. 润滑与密封, 2001, 10(2): 34-38.

[2] 欧阳自远, 肖福根. 火星及其环境. 航天器环境工程, 2012, 29(6): 591-601.

[3] Kieffer H, Chase C, Miner D, et al. Infrared thermal mapping of the Martian surface and atmosphere: First results. Science, 1976, 193(4255): 780-786.

[4] Shorthill W, Moore J, Scott F, et al. The "soil" of Mars (viking 1). Science, 1976, 194(4260): 91-97.

[5] 梁晓凡, 张新兰, 邹士文. 近地轨道空间中硅橡胶类材料的环境适应性及老化. 高分子通报, 2018(5): 79-83.

[6] 冯伟泉. 航天器材料空间环境适应性评价与认定准则研究. 航天器环境工程, 2010, 27(002): 139-143.

[7]   杨彪, 胡添元. 空间站微重力环境研究与分析. 载人航天, 2014, 20(2): 178-183.

[8]   孙永强. 空间机械臂机电一体化关节的设计与控制: 上海交通大学, 2012.

[9]   于登云, 孙京, 马兴瑞. 空间机械臂技术及发展建议. 航天器工程, 2007, 16(4): 1-8.

[10]   Liu S, Jiang Z, Li H, et al. A low-cost microgravity simulating system for motion control study of space robot//2013 IEEE International Conference on Robotics and Biomimetics, 2013: 2082-2087.

[11]   Rize P, Hoffman J, Carpenter D, et al. Real-time virtual reality environment for MA-JIC attitude control system development and implementation//2014 IEEE Aerospace Conference, 2014: 1-11.

[12]   Lösch S, Günther B, Iles G, et al. Microgravity compatible equipment for inert gas condensation of metals during parabolic flights. Review of entific Instruments, 2009, 80(8): 083907.

[13]   Nicolau E, Poventud-Estrada M, Arroyo L, et al. Microgravity effects on the electro-chemical oxidation of ammonia: A parabolic flight experiment. Electrochimica Acta, 2012, 75: 88-93.

[14]   Kobayashi T, Fujiwara Y, Yamakawa J, et al. Mobility performance of a rigid wheel in low gravity environments. Journal of Terramechanics, 2010, 47(4): 261-274.

[15]   Melnikov D, Ryzhkov I, Mialdun A, et al. Thermovibrational convection in microgravi-ty: Preparation of a parabolic flight experiment. Microgravity-Science and Technology, 2008, 20(1): 29-39.

[16]   Von P, Kaczmarczik U, Rath A. The new drop tower catapult system. Acta Astronau-tica, 2006, 59(1-5): 278-283.

[17]   Lindemann A, Bickler B, Harrington D, et al. Mars exploration rover mobility devel-opment. IEEE Robotics & Automation Magazine, 2006, 13(2): 19-26.

[18]   Johnson A, Willson R, Goguen J, et al. Field testing of the mars exploration rovers descent image motion estimation system//Proceedings of the 2005 IEEE International Conference on Robotics and Automation, 2006: 4463-9.

[19]   Volpe R. Navigation results from desert field tests of the Rocky 7 Mars rover prototype. The International Journal of Robotics Research, 1999, 18(7): 669-83.

[20]   Fukazu Y, Hara N, Kanamiya Y, et al. Reactionless resolved acceleration control with vibration suppression capability for JEMRMS/SFA//2008 IEEE International Confer-ence on Robotics and Biomimetics, 2008: 1359-1364.

[21]   Murotsu Y, Senda K, Mitsuya A, et al. Experimental studies for control of manipulators mounted on a free-flying space robot//Proceedings of 1993 IEEE/RSJ International Conference on Intelligent Robots and Systems, 1993: 2148-2154.

[22]   Yoshida K. Experimental study on the dynamics and control of a space robot with experimental free-floating robot satellite. Advanced Robotics, 1994, 9(6): 583-602.

[23]   Yoshida K. Engineering test satellite VII flight experiments for space robot dynamics and control: theories on laboratory test beds ten years ago, now in orbit. International Journal of Robotics Research, 2003, 22(5): 321-335.

[24]   Gibbs G, Sachdev S. Canada and the international space station program: overview and status. Acta Astronautica, 2002, 51(1-9): 591-600.

[25]   Sallaberger C, Force S, Agency C. Canadian space robotic activities. Acta astronautica, 1997, 41(4): 239-246.

[26]   吴国庆, 孙汉旭, 贾庆轩. 基于气浮方式的空间机器人地面试验平台的设计与实现. 现代机械, 2007, 3: 1-2.

[27]   叶平, 何雷, 宋爽, 等. 空间机械臂地面微重力混合模拟方法研究. 机器人, 2013, 35(003): 299-305.

[28]   Gefke G, Carignan R, Roberts E, et al. Ranger telerobotic shuttle experiment: a status report. Telemanipulator and Telepresence Technologies Ⅷ: International Society for Optics and Photonics, 2002: 123-132.

[29]   Carignan R, Howard D. A skew-axis design for a 4-joint revolute wrist//Proceedings 2002 IEEE International Conference on Robotics and Automation, 2002: 3636-3642.

[30]   Putz P. Space robotics in Europe: A survey. Robotics and Autonomous Systems, 1998, 23(1-2): 3-16.

[31]   Kemurdjian A, Khakhanov U. Development of simulation means for a gravity forces// International Conference & Exposition on Robotics for Challenging Situation & Environment, 2000: 220-225.

[32]   Tabata M, Natori M, Tashima T, et al. Adjustment procedure of a high precision deployable mesh antenna for MUSES-B spacecraft. Journal of Intelligent Material Systems and Structures, 1997, 8(9): 801-809.

[33]   Meguro A, Mitsugi J. Ground verification of deployment dynamics of large deployable spacestructures. Journal of Spacecraft and Rockets, 1992(29): 835-841.

[34]   Wongratanaphisan T, Chew M. Gravity compensation of spatial two-DOF serial manipulators. Journal of Robotic Systems, 2002, 19(7): 329-347.

[35]   Lin, Poyang, Shi Winbin, Chen Darzen. A theoretical study of weight-balanced mechanisms for design of spring assistive mobile arm support. Mechanism and Machine Theory, 2013, 61: 156-167.

[36]   Danabalan T, Sahu N. Development of gravity compensation system for satellite reflector by helium balloon. Journal of Spacecraft Technology, 2007(17): 14-19.

[37]   王少纯, 邓宗权, 胡明, 等. 一种模拟月球着陆器低重力着陆试验方法. 上海交通大学学报, 2005, 39(006): 989-992.

[38]   Nishikori S, Hokamoto S, Kubota T. Kinematic discussion and development of a multilegged planetary exploration rover with an isotropic leg arrangement. Advanced Robotics, 2011, 25(6-7): 789-804.

[39]   Grand C, Benamar F, Plumet F. Motion kinematics analysis of wheeled–legged rover over 3D surface with posture adaptation. Mechanism and Machine Theory, 2010, 45(3): 477-495.

[40]   Withers P. Trajectory and atmospheric structure from entry probes: Demonstration of a real-time reconstruction technique using a simple direct-to-Earth radio link. Planetary and Space Science, 2010, 58(14-15): 2044-2049.

[41] Mosadeghzad M, Naderi D, Ganjefar S. Dynamic modeling and stability optimization of a redundant mobile robot using a genetic algorithm. Robotica, 2012, 30(3): 505-514.

[42] Gao Haibo, Li Weihua, Ding Liang, et al. A method for on-line soil parameters modification to planetary rover simulation. Journal of Terramechanics, 2012, 49(6): 325-339.

[43] Kuroda Y, Sakai A, Tamura Y. Six-degree-of-freedom localization using an unscented kalman filter for planetary rovers. Advanced Robotics, 2010, 24(8-9): 1199-1218.

[44] Ishigami G, Nagatani K, Yoshida K. Slope traversal controls for planetary exploration rover on sandy terrain. Journal of Field Robotics, 2010, 26(3): 264-286.

[45] Silva B, Santos V, Meggiolaro A, et al. A rough terrain traction control technique for all-wheel-drive mobile robots. Journal of the Brazilian Society of Mechanical Sciences and Engineering, 2010, 32(4): 489-501.

[46] Kemurdjian A, Khakhanov U. Development of simulation means for a gravity forces. Robotics, 2000: 220-225.

[47] 卢波, 范嵬娜. 国外月球车及火星车技术发展综述//中国空间科学学会空间探测专业委员会第十八次学术会议论文集（上册）, 2005.

[48] Xu Y, Brown B, Friedman M, et al. Control system of the self-mobile space manipulator. IEEE Transactions on Control Systems Technology, 1994, 2(3): 207-219.

[49] Douglas A, Xu Y. Real-time shared control system for space telerobotics. Journal of Intelligent and Robotic Systems, 1995, 13: 247-262.

[50] Nechyba C, Xu Y. SM/sup 2/for new space station structure: Autonomous locomotion and teleoperation control, Proceedings of the 1994 IEEE International Conference on Robotics and Automation, 1994: 1765-1770.

[51] 梁斌, 刘良栋. 舱外自由移动机器人系统. 空间控制技术与应用, 2001, 5: 91-100.

[52] 于丽霞, 王福明. 一维 PSD 器件及其在测量中的应用. 现代电子技术, 2007(07): 143-144.

[53] 董玉红, 邓宗全, 高海波. 低重力补偿下六轮独立驱动月球车的运动分析. 哈尔滨工程大学学报, 2009(01): 71-76.

[54] Fujii H, Uchiyama K, Yoneoka H, et al. Ground-based simulation of space manipulators using test bed with suspension system. Journal of Guidance, Control, and Dynamics, 2012, 19(5): 985-991.

[55] Sato Y, Ejiri A, Iida Y, et al. Micro-G emulation system using constant-tension suspension for a space manipulator//Proceedings 1991 IEEE International Conference on Robotics and Automation, 1991: 1893-1900.

第 2 章　星球车地面运动测试的
悬吊式低重力模拟方法

2.1　引言

　　星球车地面运动性能测试的核心难点是：确保崎岖地形中星球车复杂姿态下的轮压与星球表面真实工况的轮压一致。

　　为模拟星球车在低重力条件下的运动性能，悬吊力必须满足一定的约束条件。这些约束条件就构成悬吊力的约束方程组，称此方程组为"悬吊式低重力模拟"模型。

　　"悬吊式低重力模拟"模型的未知量包括悬吊力的大小和作用点，其解具有自由度。在一组解中，向上的悬吊力对应吊索的拉力，向下的悬吊力对应配重的重力。如果一组解中只有车厢悬吊力向上，其余构件的悬吊力向下，这组解即对应单索悬吊式低重力模拟方案。只有获得完整的悬吊力解系，才能全面地认识单索悬吊式低重力模拟问题。建立"悬吊式低重力模拟"模型是研究单索悬吊式低重力模拟的基础。

　　低重力模拟的目的是将星球车所有车轮的轮地接触力调至低重力状态，以模拟星球车在低重力环境中的运动性能。在大范围、长时间运动模拟测试的前提下，如果使用多索悬吊式低重力模拟方案，其工程实现难度极大；而且，由于系统构造复杂，其可靠性和实验的安全性也较低。在保证模拟精度的前提下，单索悬吊式低重力模拟方案对应的系统复杂度最低、实验安全性最好。因此，本章建立单索悬吊式低重力模拟模型，并对该模型进行理论和仿真验证。

　　另外，在理论分析中，悬吊力的数量、大小和作用点是由星球车的质心信息计算得到的；在实际中，星球车质心信息未知。针对这个问题，本章研究如何使用轮地接触力计算悬吊力的数量、大小和作用点。在理论分析中，车厢悬吊力的作用点位于车厢内部；而在实际中，无法将车厢悬吊力直接作用于车厢内部。针对这个问题，本章将研究如何将车厢悬吊力等效地作用于车厢内部。

2.2 星球车动力学模型的建立

星球车动力学建模是低重力模拟建模的基础。通过对比模拟低重力状态和真实低重力状态的动力学方程，可以获得悬吊力服从的约束条件，从而建立"悬吊式低重力模拟"模型。

为使星球车的动力学方程形式统一，使用拉格朗日-欧拉方程描述星球车的动力学性质，其形如：

$$\frac{\mathrm{d}}{\mathrm{d}t}\frac{\partial L}{\partial \dot{q}_i} - \frac{\partial L}{\partial q_i} = Q_i, \quad i = 1, 2, \cdots, n+6 \tag{2.1}$$

式中，L 为拉格朗日（Lagrangian）算子；q_i 为广义坐标（general coordinate）；Q_i 为广义力（general force）。

2.2.1 广义坐标的选取

星球车动力学方程的广义坐标 q_i 对应系统运动自由度：系统广义坐标的数量与系统运动自由度相等；若广义坐标对应移动自由度，其单位为 m；若广义坐标对应转动自由度，其单位为 rad；若广义坐标对应由闭合铰链构成的自由度，则广义坐标的单位为闭合链中的某个关节的单位。

星球车运动自由度分两部分：① 星球车构件运动；② 星球车整体运动。为描述星球车构件运动，将星球车视为车厢固接于地面的 n 自由度结构，使用矢量 $(q_1, q_2, \cdots, q_n)^\mathrm{T}$ 描述此结构姿态。为描述星球车整体运动，建立固定坐标系 $Oxyz$ 和车厢坐标系 $O_1x_1y_1z_1$，令 z 轴竖直向上，令 z_1 轴从车厢底面指向车厢顶面。将 $O_1x_1y_1z_1$ 视为相对 $Oxyz$ 进行三次旋转和一次平移：变换前，坐标系 $O_1x_1y_1z_1$ 和 $Oxyz$ 重合；先将坐标系 $O_1x_1y_1z_1$ 分别绕 x 轴、y 轴和 z 轴旋转 ψ、θ 和 ϕ 角，记 $(q_{n+4}, q_{n+5}, q_{n+6})^\mathrm{T} = (\psi, \theta, \phi)^\mathrm{T}$；然后将旋转后坐标系的原点由点 O 移至点 O_1，记点 O_1 在固定坐标系中的坐标为 $(q_{n+1}, q_{n+2}, q_{n+3})^\mathrm{T} = (x, y, z)^\mathrm{T}$。若如此构造，使用 $\boldsymbol{q} = (q_1, q_2, \cdots, q_n)^\mathrm{T}$ 可完整描述 n 自由度星球车的运动。

作为示例，给出摇臂-转向架式六轮车和平行四连杆式四轮车的广义坐标选取方法，如图 2.1 所示。摇臂-转向架式六轮车的悬架含差速器和两个主-副摇臂旋转关节；为差速器选取广义坐标 q_1，为两个旋转关节选取坐标 q_2 和 q_3，使用 $(q_1, q_2, q_3)^\mathrm{T}$ 描述六轮车构件运动；使用 $(q_4, q_5, \cdots, q_9)^\mathrm{T}$ 描述六轮车整体运动。平行四连杆式四轮车的悬架含差速器和两个平行四连杆机构，因为平行四连杆相对车厢的位置由差速轴控制，因此只为差速器选取坐标 q_1 即可描述四轮车构件运动；使用 $(q_2, q_3, \cdots, q_7)^\mathrm{T}$ 描述四轮车整体运动。

2.2.2 轮地力轮地接触压力至广义力的映射

星球车受 3 种力：重力、悬吊力和轮地接触压力。重力和悬吊力都是保守力，因此将其以"势能"形式写入动力学方程；轮地接触压力是耗散力，将其以"广义力"形式写入动力学方程。

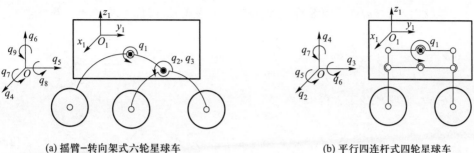

(a) 摇臂–转向架式六轮星球车   (b) 平行四连杆式四轮星球车

图 2.1 广义坐标选取示例

2.2.2.1 广义力和轮地接触压力的换算

星球车的广义力是通过虚功相等原则由轮地接触力换算得来的。轮地接触点上，地面向车轮同时施加三维力 $\boldsymbol{N}$ 和三维力矩 $\boldsymbol{T}$。不失一般性地，总能通过平移支持力 $\boldsymbol{N}$ 以抵消转矩 $\boldsymbol{T}$，使得轮地接触力只包含三维力。将平移后的支持力 $\boldsymbol{N}$ 称为等效轮地接触压力，简称"轮地力"。

n 自由度星球车有 $n+3$ 个轮，将第 i 个车轮的轮地力记为 $\boldsymbol{N}_i$ $(i = 1, 2, \cdots, n+3)$。将轮地力 $\boldsymbol{N}_i$ 作用点在固定坐标系中位置记为 $\boldsymbol{r}_{N_i}^O$，如图 2.2(a)。令轮地力 $\boldsymbol{N}_i$ 作用点产生虚位移 $\delta\boldsymbol{r}_{N_i}^O$。虚位移是系统在某时间点上产生的假想无限小位移。它不是实际位移，因为在时间不变的前提下不可能发生任何实际位移。由于时间不变，因此在虚位移 $\delta\boldsymbol{r}_{N_i}^O$ 产生后轮地力 $\boldsymbol{N}_i$ 的大小、方向不变，如图 2.2(b)。

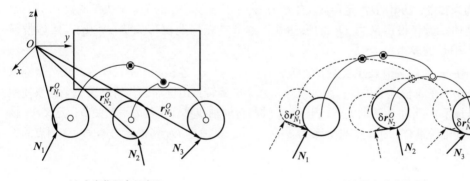

(a) 力和位置向量定义   (b) 力向量和虚位移定义

图 2.2 轮地力参数定义

产生虚位移后，轮地力 $\boldsymbol{N}_i$ 做功 $\boldsymbol{N}_i \cdot \delta\boldsymbol{r}_{N_i}^O$。全部轮地力的虚功和为

$$\delta W = \sum_{i=1}^{n+3} \boldsymbol{N}_i \cdot \delta\boldsymbol{r}_{N_i}^O \tag{2.2}$$

将 $\boldsymbol{r}_{N_i}^O$ 视为广义坐标 $\boldsymbol{q} = (q_1, q_2, \cdots, q_{n+6})^{\mathrm{T}}$ 的函数，即 $\boldsymbol{r}_{N_i}^O = \boldsymbol{r}_{N_i}^O(\boldsymbol{q})$。将 $\delta\boldsymbol{r}_{N_i}^O$ 写成全微分形式：

$$\delta\boldsymbol{r}_{N_i}^O = \sum_{j=1}^{n+6} \frac{\partial \boldsymbol{r}_{N_i}^O}{\partial q_j} \delta q_j \tag{2.3}$$

式 (2.3) 中，δq_j 是广义坐标 q_j 的虚位移。将式 (2.3) 代入式 (2.2)，得

$$\delta W = \boldsymbol{N}_1 \cdot \sum_{j=1}^{n+6} \frac{\partial \boldsymbol{r}_{N_1}^O}{\partial q_j} \delta q_j + \boldsymbol{N}_2 \cdot \sum_{j=1}^{n+6} \frac{\partial \boldsymbol{r}_{N_2}^O}{\partial q_j} \delta q_j + \cdots + \boldsymbol{N}_{n+3} \cdot \sum_{j=1}^{n+6} \frac{\partial \boldsymbol{r}_{N_{n+3}}^O}{\partial q_j} \delta q_j \quad (2.4)$$

按 δq_j 整理式 (2.4)，得

$$\delta W = \sum_{i=1}^{n+3} \boldsymbol{N}_i \cdot \frac{\partial \boldsymbol{r}_{N_i}^O}{\partial q_1} \delta q_1 + \cdots + \sum_{i=1}^{n+3} \boldsymbol{N}_i \cdot \frac{\partial \boldsymbol{r}_{N_i}^O}{\partial q_{n+6}} \delta q_{n+6} \quad (2.5)$$

此时，可以定义广义力 Q_j：

$$Q_j = \sum_{i=1}^{n+3} \boldsymbol{N}_i \cdot \frac{\partial \boldsymbol{r}_{N_i}^O}{\partial q_j} \quad (2.6)$$

将式 (2.6) 代入式 (2.5)，获得虚功 δW 在广义坐标下的表达式：

$$\delta W = Q_1 \delta q_1 + \cdots + Q_{n+6} \delta q_{n+6}$$

按照虚功 δW、力 Q_j 和虚位移 δq_1 的关系，Q_j 即为与广义坐标 q_j 对应的广义力。式 (2.6) 即为将轮地力 $\boldsymbol{N}_i$ 和广义力 Q_j 的换算关系。

2.2.2.2 广义力的表达式

式 (2.6) 中，轮地力 $\boldsymbol{N}_i$ $(i = 1, 2, \cdots, n+3)$ 为已知量，广义力 Q_j $(j = 1, 2, \cdots, n+6)$ 为未知量，$\partial \boldsymbol{r}_{N_i}^O / \partial q_j$ 是参数。轮地力 Q_j 和广义力 $\boldsymbol{N}_i$ 的关系取决于函数 $\partial \boldsymbol{r}_{N_i}^O / \partial q_j$ 的结构。为获得广义力 Q_j 的表达式，本节首先构造位移矢量 $\boldsymbol{r}_{N_i}^O(\boldsymbol{q})$，然后推导 $\partial \boldsymbol{r}_{N_i}^O / \partial q_j$ 的表达式。

在 q_j 对应关节处建立关节坐标系 $O_2 x_2 y_2 z_2$：q_j 连接两个运动构件，关节坐标系固连于离车轮较远的构件；因为星球车悬架中旋转自由度居多，所以关节坐标系使用球坐标系。若 q_i 为转动关节，定义 z_2 轴与转动轴线重合；若为平动关节，定义 z_2 轴与平动轴线重合。在关节坐标系 $O_2 x_2 y_2 z_2$ 中，从原点 O_2 指向轮力地 $\boldsymbol{N}_i$ 作用点的矢量记为 $\boldsymbol{r}_{N_i}^{O_2}$，其形如：

$$\boldsymbol{r}_{N_i}^{O_2} = \rho_i (\cos \alpha_i \sin \beta_i, \sin \alpha_i \sin \beta_i, \cos \beta_i) \quad (2.7)$$

式 (2.7) 中，ρ_i、α_i 和 β_i 分别为矢量 $\boldsymbol{r}_{N_i}^{O_2}$ 的极径、水平极角和纵向极角。由于 $\boldsymbol{r}_{N_i}^{O_2}$ 是广义坐标 $\boldsymbol{q}$ 的函数，因此将 ρ_i、α_i 和 β_i 都视为 $\boldsymbol{q}$ 的函数：

$$\boldsymbol{r}_{N_i}^{O_2} = \rho_i(\boldsymbol{q})(\cos \alpha_i(\boldsymbol{q}) \sin \beta_i(\boldsymbol{q}), \sin \alpha_i(\boldsymbol{q}) \sin \beta_i(\boldsymbol{q}), \cos \beta_i(\boldsymbol{q})) \quad (2.8)$$

为表达简练，下文省略 $\alpha_i(\boldsymbol{q})$、$\beta_i(\boldsymbol{q})$ 和 $\rho_i(\boldsymbol{q})$ 的下标 i 和与 $\boldsymbol{q}$ 的函数关系。

记由固定坐标系原点 O 指向关节坐标系原点 O_2 的矢量为 $\boldsymbol{r}_{O_2}^O$，记由 O 指向 $\boldsymbol{N}_i$ 作用点的矢量记为 $\boldsymbol{r}_{N_i}^O$，记关节坐标系相对固定坐标系的旋转矩阵为 $\boldsymbol{R}_{O_2}^O$，则有

$$\boldsymbol{r}_{N_i}^O = \boldsymbol{r}_{O_2}^O + \boldsymbol{R}_{O_2}^O \boldsymbol{r}_{N_i}^{O_2} \quad (2.9)$$

因为关节坐标系固连于离车轮较远的构件上，所以 q_j 关节运动不改变关节坐标系 $O_2 x_2 y_2 z_2$ 的方向和位置。因此，$\boldsymbol{r}_{O_2}^O$ 和 $\boldsymbol{R}_{O_2}^O$ 不是 q_j 的函数。因此有

$$\frac{\partial r_{N_i}^O}{\partial q_j} = \boldsymbol{R}_{O_2}^O \frac{\partial r_{N_i}^{O_2}}{\partial q_j} = \boldsymbol{R}_{O_2}^O \left(\frac{\partial \rho}{\partial q_j} \widehat{\boldsymbol{r}}_{N_i}^{O_2} + \frac{\partial \alpha}{\partial q_j} \rho \sin\beta \widehat{\boldsymbol{\alpha}} + \frac{\partial \beta}{\partial q_j} \rho \widehat{\boldsymbol{\beta}} \right) \quad (2.10)$$

式 (2.10) 中，$\widehat{\boldsymbol{r}}_{N_i}^{O_2}$ 为 $\boldsymbol{r}_{N_i}^{O_2}$ 的单位向量；$\widehat{\boldsymbol{\alpha}}$、$\widehat{\boldsymbol{\beta}}$ 分别为向量 $\boldsymbol{r}_{N_i}^{O_2}$ 沿竖直圆和水平圆的单位切向量，如图 2.3(a)，它们的表达式分别为

$$\widehat{\boldsymbol{r}}_{N_i}^{O_2} = (\cos\alpha\sin\beta, \sin\alpha\sin\beta, \cos\beta)$$

$$\widehat{\boldsymbol{\alpha}} = (-\sin\alpha, \cos\alpha, 0)$$

$$\widehat{\boldsymbol{\beta}} = (\cos\alpha\cos\beta, \sin\alpha\cos\beta, -\sin\beta)$$

作为示例，给出在摇臂–转向架式六轮星球车的差速关节上建立关节坐标系的示例，如图 2.3(b) 所示。关节坐标系的轴线 z_2 与差速轴转轴重合，平面 $O_2 x_2 y_2$ 与摇臂旋转面平行；关节坐标系固定于车厢上。差速轴的转动不影响 $\boldsymbol{r}_{O_2}^O$ 和 $\boldsymbol{R}_{O_2}^O$。

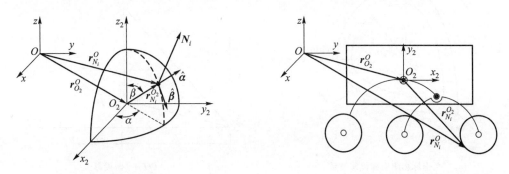

(a) 关节坐标系的球坐标定义　　　　　　　　(b) 关节坐标系定义示例

图 2.3 关节坐标系的建立

普遍地，矢量 $\boldsymbol{r}_{N_i}^{O_2}$ 不是所有广义坐标的函数。比如图 2.3(b) 中，矢量 $\boldsymbol{r}_{N_i}^{O_2}$ 与车厢另一侧主副摇臂的转动自由度无关。令 $A_j \subseteq (1, 2, \cdots, n+3)$ 为受关节 q_j 控制的车轮序号集合，将式 (2.10) 代入式 (2.6)，得广义力 Q_j：

$$Q_j = \sum_{i \in A_j} \boldsymbol{N}_i \cdot \left[\boldsymbol{R}_{O_2}^O \left(\frac{\partial \rho}{\partial q_j} \widehat{\boldsymbol{r}}_{N_i}^{O_2} + \frac{\partial \alpha}{\partial q_j} \rho \sin\beta \widehat{\boldsymbol{\alpha}} + \frac{\partial \beta}{\partial q_j} \rho \widehat{\boldsymbol{\beta}} \right) \right] \quad (2.11)$$

式 (2.11) 即为广义力的表达式。式 (2.11) 中，$\boldsymbol{N}_i$ 是已知量；Q_j 是未知量；$\boldsymbol{R}_{O_2}^O$ 视为常值矩阵；小括号内是方程参数，方程参数的形式取决于广义坐标 q_j 的类型。

2.2.2.3　广义力的分类讨论

本节针对广义坐标 q_j 的类型求解式 (2.11) 的参数，给出相应的广义力 Q_j。

1. 整车平移的广义力

广义坐标 q_{n+1}、q_{n+2} 和 q_{n+3} 是星球车沿固定坐标系 x 轴、y 轴和 z 轴的平移自由度，将它们对应的广义力称为整车平移的广义力。

以广义坐标 q_{n+3} 为例。建立广义坐标 q_{n+3} 对应的关节坐标系 $O_2x_2y_2z_2$。按照约定，使 z_2 轴与固定坐标系的 z 轴平行；由于关节坐标系的 x_2 轴和 y_2 轴方向任意，此处令 x_2 轴和 y_2 轴分别与 x 轴和 y 轴重合。若如此构造，则关节坐标系与固定坐标系平行，有 $\boldsymbol{R}_{O_2} = \boldsymbol{I}$。

使广义坐标 q_{n+3} 产生虚位移 δq_{n+3}，则整车沿 z 轴平移 δq_{n+3}，如图 2.4(a)，所有车轮沿 z 轴平移 δq_{n+3}。由原点 O_2 指向轮地力 $\boldsymbol{N}_i$ 作用点的矢量由 $\boldsymbol{r}_{N_i}^{O_2}$ 变为 $\boldsymbol{r}_{N_i}^{O_2} + \delta \boldsymbol{r}_{N_i}^{O_2}$。由于 δq_{n+3} 在水平面内无分量，因此 $\boldsymbol{r}_{N_i}^{O_2}$ 和 $\boldsymbol{r}_{N_i}^{O_2} + \delta \boldsymbol{r}_{N_i}^{O_2}$ 的水平极角相等，即：

$$\frac{\partial \alpha}{\partial q_{n+3}} = 0 \tag{2.12}$$

将 BO_2A 平面绘于图 2.4(b)。对应广义坐标 q_{n+3} 的虚位移 δq_{n+3}，纵向极角 β 产生虚位移 $-\delta\beta$，极径 ρ 产生虚位移 $\delta\rho$。

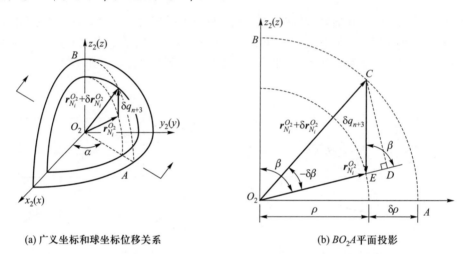

(a) 广义坐标和球坐标位移关系   (b) BO_2A 平面投影

图 2.4 整车平移自由度的关节坐标系

通过矢量 $\boldsymbol{r}_{N_i}^{O_2} + \delta \boldsymbol{r}_{N_i}^{O_2}$ 末端点 C 向矢量 $\boldsymbol{r}_{N_i}^{O_2}$ 做垂线，交于点 D。由余弦定义，得

$$\cos\beta = \frac{|\boldsymbol{r}_{ED}|}{|\boldsymbol{r}_{CE}|} = \frac{|\boldsymbol{r}_{O_2C}|\cos\delta\beta - |\boldsymbol{r}_{O_2E}|}{|\boldsymbol{r}_{CE}|} = \frac{(\rho + \delta\rho)\cos\delta\beta - \rho}{\delta q_{n+3}} \tag{2.13}$$

$\delta\beta$ 是无穷小量，因此 $\cos\delta\beta = 1$，式 (2.13) 改写为

$$\frac{\delta\rho}{\delta q_{n+3}} = \cos\beta \tag{2.14}$$

由正弦定义，得

$$\sin\beta = \frac{|\boldsymbol{r}_{CD}|}{|\boldsymbol{r}_{CE}|} = \frac{|\boldsymbol{r}_{O_2C}|\sin(\delta\beta)}{\delta q_{n+3}} = \frac{(\rho + \delta\rho)\sin(\delta\beta)}{\delta q_{n+3}} \tag{2.15}$$

$\delta\beta$ 是无穷小量，因此 $\sin(-\delta\beta) = -\delta\beta$：

$$\frac{\rho\delta\beta}{\delta q_{n+3}} = -\sin\beta \tag{2.16}$$

式 (2.12)、式 (2.14) 和式 (2.16) 分别是广义力表达式 (2.11) 中单位向量 $\widehat{\boldsymbol{\alpha}}$、$\widehat{\boldsymbol{r}}_{N_i}^{O_2}$ 和 $\widehat{\boldsymbol{\beta}}$ 的系数，$\boldsymbol{R}_{O_2} = \boldsymbol{I}$ 是关节坐标系和固定坐标系的旋转矩阵。将它们代入式 (2.11) 中，得广义力 Q_{n+3}：

$$Q_{n+3} = \sum_{i=1}^{n+3} \boldsymbol{N}_i \cdot \widehat{\boldsymbol{z}} \tag{2.17}$$

式 (2.17) 说明，对应于广义坐标 q_{n+3} 的广义力 Q_{n+3} 是所有轮地力 z 向分量之和。此时，广义力的单位为 N。

广义坐标 q_{n+1} 是整车沿 x 轴方向的平移自由度。针对广义坐标 q_{n+1} 建立关节坐标系 $O_2 x_2 y_2 z_2$。按照约定，使 z_2 轴与固定坐标系的 x 轴平行；由于关节坐标系的 x_2 轴和 y_2 轴方向任意，此处取 x_2 轴和 y_2 轴分别与 y 轴和 z 轴重合。若如上构造，则关节坐标系和固定坐标系的旋转矩阵为

$$\boldsymbol{R}_{O_2} = \begin{bmatrix} 0 & 0 & 1 \\ 1 & 0 & 0 \\ 0 & 1 & 0 \end{bmatrix}$$

将式 (2.17) 中的旋转矩阵 $\boldsymbol{I}$ 置换为 $\boldsymbol{R}_{O_2}$，得

$$Q_{n+1} = \sum_{i=1}^{n+3} \boldsymbol{N}_i \cdot \widehat{\boldsymbol{x}} \tag{2.18}$$

类似地，有

$$Q_{n+2} = \sum_{i=1}^{n+3} \boldsymbol{N}_i \cdot \widehat{\boldsymbol{y}}$$

2. 整车旋转的广义力

广义坐标 q_{n+4}、q_{n+5} 和 q_{n+6} 是星球车绕固定坐标系 x 轴、y 轴和 z 轴的旋转自由度。它们对应的广义力称为整车旋转的广义力。

以广义坐标 q_{n+6} 为例。针对广义坐标 q_{n+6} 建立关节坐标系 $O_2 x_2 y_2 z_2$；按照约定，使 z_2 轴与固定坐标系的 z 轴平行；由于关节坐标系的 x_2 轴和 y_2 轴方向任意，此处取 x_2 轴和 y_2 轴分别与 x 轴和 y 轴重合。若如上构造，则关节坐标系与固定坐标系平行，有 $\boldsymbol{R}_{O_2} = \boldsymbol{I}$。

使广义坐标 q_{n+6} 产生虚位移 δq_{n+6}，则整车绕 z 轴旋转 δq_{n+6}，所有车轮绕 z 轴旋转 δq_{n+6}，由原点 O_2 指向轮地力 $\boldsymbol{N}_i$ 作用点的矢量由 $\boldsymbol{r}_{N_i}^{O_2}$ 变为 $\boldsymbol{r}_{N_i}^{O_2} + \delta \boldsymbol{r}_{N_i}^{O_2}$，如图 2.5(a) 所示。由于 δq_{n+6} 在竖直面内无分量，因此 $\boldsymbol{r}_{N_i}^{O_2}$ 和 $\boldsymbol{r}_{N_i}^{O_2} + \delta \boldsymbol{r}_{N_i}^{O_2}$ 的纵向极角 β 相等，极径 ρ 不变化，即

$$\frac{\partial \beta}{\partial q_{n+3}} = 0 \tag{2.19}$$

$$\frac{\partial l(q_{n+6})}{\partial q_{n+6}} = \frac{\partial \beta(q_{n+6})}{\partial q_{n+6}} = 0 \tag{2.20}$$

考虑定轴旋转的性质，如图 2.5(b) 所示，有

$$\frac{\partial \alpha(q_{n+6})}{\partial q_{n+6}} = 1 \tag{2.21}$$

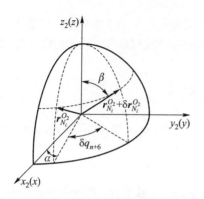
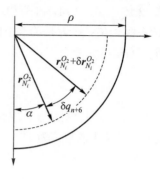

(a) 广义坐标和极坐标位移的关系　　　　　　　　(b) 水平面投影

图 2.5 整车旋转自由度的关节坐标系

将 $\boldsymbol{R}_{O_2} = \boldsymbol{I}$、式 (2.19)、式 (2.20) 和式 (2.21) 代入广义力表达式 (2.11)，得

$$Q_{n+6} = \sum_{i=1}^{n+3} \boldsymbol{N}_i \cdot \frac{l(q_{n+6})}{\cos\beta(q_{n+6})} \widehat{\boldsymbol{\alpha}} = \sum_{i=1}^{n+3} \boldsymbol{N}_i \cdot (\widehat{\boldsymbol{z}} \times \boldsymbol{r}_{N_i}^{O_2}) \tag{2.22}$$

使用混合积定理 $\boldsymbol{a} \cdot (\boldsymbol{b} \times \boldsymbol{c}) = \boldsymbol{b} \cdot (\boldsymbol{c} \times \boldsymbol{a})$，得

$$Q_{n+6} = \sum_{i=1}^{n+3} \widehat{\boldsymbol{z}} \cdot (\boldsymbol{r}_{N_i}^{O_2} \times \boldsymbol{N}_i) \tag{2.23}$$

式 (2.23) 说明，广义力 Q_{n+6} 是所有轮地力对固定坐标系原点的力矩 ($\boldsymbol{r}_{N_i}^{O_2} \times \boldsymbol{N}_i$) 的 z 轴分量。此时广义力的单位为 N·m。

广义坐标 q_{n+4} 是整车绕 x 轴方向的平移自由度。针对广义坐标 q_{n+1} 建立关节坐标系 $O_2 x_2 y_2 z_2$。按照约定，使 z_2 轴与固定坐标系的 x 轴平行；由于关节坐标系的 x_2 轴和 y_2 轴方向任意，此处取 x_2 轴和 y_2 轴分别与 y 轴和 z 轴重合。若如上构造，则关节坐标系和固定坐标系的旋转矩阵为

$$\boldsymbol{R}_{O_2} = \begin{bmatrix} 0 & 0 & 1 \\ 1 & 0 & 0 \\ 0 & 1 & 0 \end{bmatrix}$$

将式 (2.23) 中的旋转矩阵 $\boldsymbol{I}$ 置换为 $\boldsymbol{R}_{O_2}$，得

$$Q_{n+4} = \sum_{i=1}^{n+3} \widehat{\boldsymbol{x}} \cdot (\boldsymbol{r}_{N_i}^{O_2} \times \boldsymbol{N}_i) \tag{2.24}$$

相似地，有

$$Q_{n+5} = \sum_{i=1}^{n+3} \widehat{\boldsymbol{y}} \cdot (\boldsymbol{r}_{N_i}^{O_2} \times \boldsymbol{N}_i) \tag{2.25}$$

3. 悬架自由度的广义力

星球车悬架的广义坐标主要对应 4 类自由度：由单个转动关节构成的转动自由度，如摇臂–转向架式六轮车的主副摇臂自由度；由平动关节构成的自由度；由多个转动关节构成的单自由度平面闭合铰链自由度，如平行四连杆四轮星球车的平行四连杆机构自由度；差速器机构的自由度，如连接摇臂–转向架式六轮车两侧主摇臂的差速器自由度。

如果广义坐标 q_j 对应单个转动关节，关节坐标系 $O_2 x_2 y_2 z_2$ 的 z_2 轴与旋转轴线重合，如图 2.6(a) 所示；则将 q_j 关节对应的广义力 Q_j 称为第一类关节广义力，记为 $^1 Q_j$。由于 Q_{n+6} 和 $^1 Q_j$ 都是定轴转动的广义力，因此它们在关节坐标系内的表达一致。将 Q_{n+6} 表达式 (2.23) 中的旋转矩阵 $\boldsymbol{I}$ 置换为对应于 q_j 关节的旋转矩阵 $\boldsymbol{R}_{O_2}$，并将求和范围由 $i = 1, 2, \cdots, n+3$ 置换为 $i \in A_j$ [$A_j \subseteq (1, 2, \cdots, n+3)$ 为受关节 q_j 控制的车轮序号集合]，即获得第一类关节广义力：

$$^1 Q_j = \sum_{i \in A_j} \boldsymbol{R}_{O_2} \widehat{\boldsymbol{z}}_2 \cdot (\boldsymbol{r}_{N_i}^{O_2} \times \boldsymbol{N}_i) \tag{2.26}$$

式中，$\boldsymbol{R}_{O_2} \widehat{\boldsymbol{z}}_2$ 为 q_j 关节转轴在固定坐标系中的单位向量，记 $\boldsymbol{R}_{O_2} \widehat{\boldsymbol{z}}_2 = \widehat{\boldsymbol{u}}$，式 (2.26) 改写为

$$^1 Q_j = \sum_{i \in A_j} \widehat{\boldsymbol{u}} \cdot (\boldsymbol{r}_{N_i}^{O_2} \times \boldsymbol{N}_i) \tag{2.27}$$

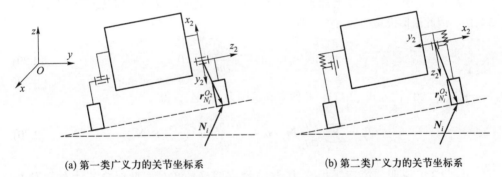

(a) 第一类广义力的关节坐标系   (b) 第二类广义力的关节坐标系

图 2.6 第一、第二类关节广义力的关节坐标系

式 (2.27) 说明，广义力 $^1 Q_j$ 是受 q_j 关节控制的轮的轮地力对关节坐标系原点的力矩 ($\boldsymbol{r}_{N_i}^{O_2} \times \boldsymbol{N}_i$) 在关节转轴 $\widehat{\boldsymbol{u}}$ 方向的分量。此时广义力的单位为 N·m。

如果广义坐标 q_j 对应单个平动关节，关节坐标系 $O_2 x_2 y_2 z_2$ 的 z_2 轴与平动方向轴线重合，如图 2.6(b)；将 q_j 关节对应的广义力 Q_j 称为第二类关节广义力，记为 $^2 Q_j$。由于 Q_{n+3} 和 $^2 Q_j$ 都对应平动自由度的广义力，因此它们在关节坐标系内的表达一致。将 Q_{n+3} 的表达式 (2.17) 中的旋转矩阵 $\boldsymbol{I}$ 置换为对应 q_j 关节的旋转矩阵 $\boldsymbol{R}_{O_2}$，并将求和范围由 $i = 1, 2, \cdots, n+3$ 换为 $i \in A_j$ [$A_j \subseteq (1, 2, \cdots, n+3)$ 为关节 q_j 控制的车轮序号]，即获得第二类关节广义力：

$$^2 Q_j = \sum_{i \in A_j} \boldsymbol{N}_i \cdot \widehat{\boldsymbol{u}} \tag{2.28}$$

式中，$\hat{\boldsymbol{u}}$ 为 q_j 关节转轴在固定坐标系中的单位向量。式 (2.28) 说明，广义力 ^2Q_j 是受 q_j 关节控制的轮的轮地力之和在关节移动轴线 $\hat{\boldsymbol{u}}$ 方向的分量。此时广义力的单位为 N。

如果广义坐标 q_j 对应由多个转动关节构成的单自由度平面闭合铰链自由度，将 q_j 关节对应的广义力 Q_j 称为第三类关节广义力，记为 ^3Q_j。关节坐标系 $O_2x_2y_2z_2$ 的 z_2 轴应与选定的某个转动关节旋转轴线重合；z_2 轴垂直指向纸面外，如图 2.7(a)。

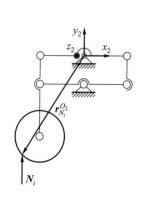 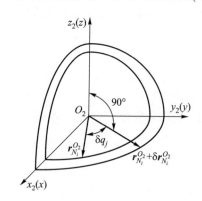

(a) 第三类广义力的关节坐标系   (b) 广义坐标和球坐标位移关系

图 2.7 第三类关节广义力的关节坐标系

为计算方便，将关节坐标系原点 O_2 置于矢量 $\boldsymbol{r}_{N_i}^{O}$ 末端的旋转平面上，如图 2.7(b)。因此俯仰极角 $\beta = \pi/2$，即：

$$\sin\beta(q_j) = 1, \quad \frac{\partial\beta(q_j)}{\partial q_j} = 0 \tag{2.29}$$

将式 (2.29) 代入式 (2.11)，并使求和范围为 $i \in A_j$，得

$$^3Q_j = \sum_{i \in A_i} \frac{\partial\rho}{\partial q_j}\boldsymbol{N}_i \cdot \hat{\boldsymbol{u}} + \frac{\partial\alpha(q_j)}{\partial q_j}\hat{\boldsymbol{u}} \cdot (\boldsymbol{r}_{N_i}^{O_2} \times \boldsymbol{N}_i) \tag{2.30}$$

式 (2.30) 说明，第三类广义力 ^3Q_j 没有明确的单位。此时广义力的单位是 N·m/rad。由于第二类和第三类广义力都是旋转自由度的广义力，所以它们单位一致。

如果广义坐标 q_j 对应差速器关节，将 q_j 关节对应的广义力 Q_j 称为第四类关节广义力，记为 ^4Q_j。差速器关节的实质是将两个转角互为负数转动关节。按照这种特点，在差速器两个转轴上分别建立关节坐标系 $O_2x_2y_2z_2$ 和 $O_2'x_2'y_2'z_2'$，并使 z_2 和 z_2' 轴与旋转轴线重合，如图 2.8(a) 所示。将两个关节的运动分别投影至 A–A 视图和 B–B 视图，如图 2.8(b) 所示。在左侧摇臂关节上，关节产生 δq_j 虚位移；相应地，右侧摇臂关节上，产生 $-\delta q_j$ 虚位移。

参照第一类广义力的表达式 (2.27)，并使用虚功相等的原则，可以得出第四类广义力的表达式：

$$^4Q_j\delta q_j = \sum_{i \in A_i} \hat{\boldsymbol{u}} \cdot (\boldsymbol{r}_{N_i}^{O_2} \times \boldsymbol{N}_i)\delta q_j + \sum_{i \in A_i'} \hat{\boldsymbol{u}} \cdot (\boldsymbol{r}_{N_i}^{O_2} \times \boldsymbol{N}_i)\delta(-q_j)$$

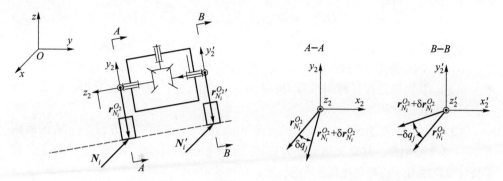

(a) 第四类广义力关节坐标系　　　　　　　(b) 广义坐标和球坐标位移关系

图 2.8　第四类关节广义力的关节坐标系

等式两边同除 δq_j，得第四类广义力表达式：

$$
{}^{4}Q_j = \sum_{i \in A_i} \widehat{\boldsymbol{u}} \cdot (\boldsymbol{r}_{N_i}^{O_2} \times \boldsymbol{N}_i) - \sum_{i \in A_i'} \widehat{\boldsymbol{u}} \cdot (\boldsymbol{r}_{N_i}^{O_2} \times \boldsymbol{N}_i) \tag{2.31}
$$

式中，A_i 和 A_i' 分别为两侧关节控制的车轮序号。式 (2.31) 说明，差速器关节控制两个转动关节，每侧的转动关节单独计算第一类广义力，第四类广义力是两个第一类广义力之差。

至此，本节给出了所有星球车系统中的广义力。

2.2.2.4　星球车广义力和轮地力的映射关系

将 Q_j 的表达式联立，即得广义力 Q_j 和轮地力 $\boldsymbol{N}_i$ 间的映射关系，如式 (2.32) 所示。

记 $\boldsymbol{Q} = (Q_1, Q_2, \cdots, Q_{n+6})$、$\boldsymbol{N} = (N_1, N_2, \cdots, N_{n+3})$；将其余元素视为方程参数；因为所有参数均为几何量，所以在星球车位姿确定时所有参数均为已知数。若如此构造，方程组 (2.32) 可视为轮地力 $\boldsymbol{N}$ 和广义力 $\boldsymbol{Q}$ 的线性映射，其中轮地力 $\boldsymbol{N}$ 共有 $3n+9$ 个元素，$\boldsymbol{Q}$ 有 $n+6$ 个元素，方程个数为 $n+6$。因此，式 (2.32) 可简写为式 (2.33)

$$
\begin{cases}
Q_j = \begin{cases}
{}^{1}Q_j = \displaystyle\sum_{i \in A_j} \widehat{\boldsymbol{u}} \cdot (\boldsymbol{r}_{N_i}^{O_2} \times \boldsymbol{N}_i), \quad {}^{2}Q_j = \displaystyle\sum_{i \in A_j} \boldsymbol{N}_i \cdot \widehat{\boldsymbol{u}} \\[3mm]
{}^{3}Q_j = \displaystyle\sum_{i \in A_i} \frac{\partial \rho}{\partial q_j} \boldsymbol{N}_i \cdot \widehat{\boldsymbol{u}} + \frac{\partial \alpha(q_j)}{\partial q_j} \widehat{\boldsymbol{u}} \cdot (\boldsymbol{r}_{N_i}^{O_2} \times \boldsymbol{N}_i) \\[3mm]
{}^{4}Q_j = \displaystyle\sum_{i \in A_i} \widehat{\boldsymbol{u}} \cdot (\boldsymbol{r}_{N_i}^{O_2} \times \boldsymbol{N}_i) - \displaystyle\sum_{i \in A_i'} \widehat{\boldsymbol{u}} \cdot (\boldsymbol{r}_{N_i}^{O_2} \times \boldsymbol{N}_i)
\end{cases} \\[10mm]
Q_{n+1} = \displaystyle\sum_{i=1}^{n+3} \boldsymbol{N}_i \cdot (1,0,0)^{\mathrm{T}}, \quad Q_{n+2} = \displaystyle\sum_{i=1}^{n+3} \boldsymbol{N}_i \cdot (0,1,0)^{\mathrm{T}} \\[6mm]
Q_{n+3} = \displaystyle\sum_{i=1}^{n+3} \boldsymbol{N}_i \cdot (0,0,1)^{\mathrm{T}}, \quad Q_{n+4} = \displaystyle\sum_{i=1}^{n+3} \widehat{\boldsymbol{x}} \cdot (\boldsymbol{r}_{N_i}^{O_2} \times \boldsymbol{N}_i) \\[6mm]
Q_{n+5} = \displaystyle\sum_{i=1}^{n+3} \widehat{\boldsymbol{y}} \cdot (\boldsymbol{r}_{N_i}^{O_2} \times \boldsymbol{N}_i), \quad Q_{n+6} = \displaystyle\sum_{i=1}^{n+3} \widehat{\boldsymbol{z}} \cdot (\boldsymbol{r}_{N_i}^{O_2} \times \boldsymbol{N}_i)
\end{cases} \tag{2.32}
$$

$$Q_{n+6} = R_{(n+6)\times(3n+9)}N_{3n+9} \tag{2.33}$$

式中，$R_{(n+6)\times(3n+9)}$ 为参数矩阵。线性映射 (2.33) 具有以下性质：

（1）若将轮地力 N 视为已知量、将 Q 视为未知量，则未知量数等于方程数，Q 唯一确定。其含义是在星球车位姿 [决定 $R_{(n+6)\times(3n+9)}$]、轮地力确定时，广义力唯一，星球车运动确定。

（2）若将 Q 视为已知量、N 视为未知量，则未知量数多于方程数，N 的解具有 $2n+3$ 个自由度。其含义是星球车姿态、运动确定时，轮地力不确定。实际上，若需要计算轮地力，还需要补充各轮的转速方程和轮地力学方程。

综上所述，使用广义力比使用轮地力进行分析更简洁、意义更明确。这也是本章使用约束力学分析星球车重力补偿的原因之一。

2.2.3　拉格朗日算子的构成

拉格朗日算子形如：

$$L = D - P$$

式中，D 为系统动能；P 为系统势能。

记第 i 个质点在固定坐标系 $Oxyz$ 内的坐标为 l_i^O。不失一般性地，l_i^O 形如：

$$l_i^O = l_i^O(q, t)$$

因为星球车质心位置可完全由广义坐标 q 确定，且星球车构造、尺寸不随时间变化，所以 l_i^O 表达式中不显含时间 t 项，即

$$l_i^O = l_i^O(q(t)) \tag{2.34}$$

（1）星球车动能。

将 l_i^O 对时间求导，得质心的速度 $\dot{l}_i^O$：

$$\dot{l}_i^O = \frac{\partial l_i^O}{\partial t} = \sum_{j=1}^{n+6} \frac{\partial l_i^O}{\partial q_j} \dot{q}_j, \quad j = 1, 2, \cdots, n+6$$

第 i 个质点的动能是

$$D_i = \frac{1}{2} m_i \dot{l}_i^O \cdot \dot{l}_i^O = \frac{1}{2} m_i \sum_{j,k=1}^{n+6} \frac{\partial l_i^O}{\partial q_j} \frac{\partial l_i^O}{\partial q_k} \dot{q}_j \dot{q}_k$$

星球车整车的动能表达式为

$$D = \sum_i D_i = \frac{1}{2} \sum_i m_i \sum_{j,k=1}^{n+6} \frac{\partial l_i^O}{\partial q_j} \frac{\partial l_i^O}{\partial q_k} \dot{q}_j \dot{q}_k$$

注意到 $(\partial l_i^O / \partial q_j) \cdot (\partial l_i^O / \partial q_k)$ 是 q 的函数，因此星球车动能可写为

$$D = D(m, q, \dot{q}) \tag{2.35}$$

（2）星球车势能。

星球车势能分为两部分，一部分是重力势能，另一部分是弹性势能；弹性势能产生于星球车中的弹性元件。

将第 i 个质心的坐标式展开为

$$\boldsymbol{l}_i^O(\boldsymbol{q}) = (x(\boldsymbol{q}), y(\boldsymbol{q}), z(\boldsymbol{q}))$$

整车势能 G 的表达式为

$$G = \sum_i m_i g z(\boldsymbol{q}) = G(m, g, \boldsymbol{q}) \tag{2.36}$$

式中，g 为地球重力加速度。

部分星球车含有弹性元件，弹性元件的形式如图 2.9 所示。图 2.9(a) 为在相对旋转的构件间设置扭杆弹簧，在八轮摇臂–转向架的主副摇臂关节上设有扭杆弹簧；弹簧的扭转角等于广义坐标 q_j 的增量。图 2.9(b) 为在相对移动的构件间设置压簧，在 Marshood 的车轮和车厢间设有压簧；压簧的伸缩量等于广义坐标 q_j 的增量。图 2.9(c) 为在平行四杆机构的相对杆件间设置压簧，以张紧四杆机构，在 shrimp 星球车前轮和车体间即为此结构；压簧的伸缩量是广义坐标 q_j 的函数。综上所述，总能将弹簧的形变量 Δl 写为广义坐标 q_j 的函数 $\Delta l(q_j)$。将弹簧势能可写为

$$E_i(q_i) = \frac{1}{2} k \Delta l(q_i)^2$$

整车的总势能为

$$E(\boldsymbol{q}) = \sum_i E_i(\boldsymbol{q}) \tag{2.37}$$

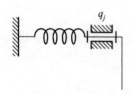 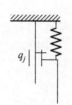 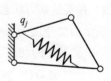

(a) 扭簧作用于转动关节   (b) 拉簧作用于直线关节   (c) 拉簧作用于闭环铰链

图 2.9 星球车包含弹性元件的 3 种形式

（3）悬吊力势能。

在地球重力场中，向星球车施加的悬吊力。因为悬吊力方向要么竖直向上，要么竖直向下，其幅值不变，所以悬吊力是保守力。将保守力加入动力学方程有两种方法：① 将保守力换算为广义力，加入方程的广义力 Q_i 中；② 将保守力换算为势能，加入方程势能 G 中。此处将悬吊力换算为势能，将悬吊力势能记为 G^*。明显地，悬吊力势能 G^* 与广义速度 $\dot{\boldsymbol{q}}$ 无关，只是广义坐标 $\boldsymbol{q}$ 的函数，因此可写为

$$G^* = G^*(\boldsymbol{q})$$

在低重力模拟条件下，系统势能为星球车重力势能、星球车弹性势能和悬吊力势能之和，即

$$P = G(m, g, \boldsymbol{q}) + E(\boldsymbol{q}) + G^*(\boldsymbol{q}) \tag{2.38}$$

（4）拉格朗日算子。

将式 (2.35) 和式 (2.38) 代入拉格朗日算子中，得

$$L = D(m, \boldsymbol{q}, \dot{\boldsymbol{q}}) - G(m, g, \boldsymbol{q}) - G^*(\boldsymbol{q}) - E(\boldsymbol{q}) \tag{2.39}$$

式中，D 为星球车动能；G 为星球车重力势能；G^* 为悬吊力势能；E 为星球车弹性势能。

2.3 重力场–悬吊力等效转换模型的建立

2.3.1 悬吊力的约束条件

低重力运动模拟的充要条件是模拟低重力状态下的星球车动力学方程与真实低重力状态下星球车动力学方程完全一致。此条件就是悬吊力应当服从的约束。为获得悬吊力的约束，首先求解各状态下的星球车动力学方程。

（1）地球重力场中的星球车动力学方程。

令式 (2.39) 中的悬吊力势能为零，并将其代入动力学方程定义式 (2.1)，得星球车动力学方程：

$$\frac{\mathrm{d}}{\mathrm{d}t}\frac{\partial D}{\partial \dot{q}_i} - \frac{\partial D}{\partial q_i} + \frac{\partial G}{\partial q_i} + \frac{\partial E}{\partial q_i} = Q_i, \quad i = 1, 2, \cdots, n+6 \tag{2.40}$$

由于式 (2.40) 对应的重力加速度为 g，且悬吊力势能为 0，所以式 (2.40) 就是星球车在地球重力场的动力学方程。

（2）真实低重力状态的星球车动力学方程。

记低重力加速度为 g/s 且 $s > 1$，使用 G/s 置换式 (2.40) 中的 G 项，即得真实低重力场中星球车的动力学方程：

$$\frac{\mathrm{d}}{\mathrm{d}t}\frac{\partial D}{\partial \dot{q}_i} - \frac{\partial D}{\partial q_i} + \frac{1}{s}\frac{\partial G}{\partial q_i} + \frac{\partial E}{\partial q_i} = Q_i, \quad i = 1, 2, \cdots, n+6 \tag{2.41}$$

（3）模拟低重力状态的星球车动力学方程。

在模拟状态下，拉格朗日算子 (2.39) 中的重力加速度为 g，且悬吊力势能不为 0。直接将 (2.39) 代入式 (2.1)，得模拟状态下的星球车动力学方程：

$$\frac{\mathrm{d}}{\mathrm{d}t}\frac{\partial D}{\partial \dot{q}_i} - \frac{\partial D}{\partial q_i} + \frac{\partial(G + G^*)}{\partial q_i} + \frac{\partial E}{\partial q_i} = Q_i, \quad i = 1, 2, \cdots, n+6 \tag{2.42}$$

欲使模拟状态和真实状态下星球车性能一致，应使两状态下动力学方程一致。比较式 (2.41) 和式 (2.42)，当且仅当

$$\frac{1}{s}\frac{\partial G}{\partial q_i} = \frac{\partial(G + G^*)}{\partial q_i}, \quad i = 1, 2, \cdots, n+6 \tag{2.43}$$

时，式 (2.41) 和式 (2.42) 一致。移项后，模拟约束可写为

$$s^* \frac{\partial G}{\partial q_i} = \frac{\partial G^*}{\partial q_i}, \quad i = 1, 2, \cdots, n+6 \tag{2.44}$$

式中，$s^* = (1-s)/s, s > 1$。式 (2.44) 即为悬吊力应服从的约束条件。

在悬吊力约束的推导过程中，没有做任何特殊性的假设或限定，因而补偿约束 (2.44) 适用于任何形式的星球车。

2.3.2 关节链及参数定义

1. 定义关节关系

广义坐标 $\boldsymbol{q}_n = (q_1, q_2, \cdots, q_n)$ 的元素对应星球车悬架的运动，因此使用 q_i 作为关节名称。星球车悬架关节的关系描述如下：将星球车车厢固定，若 q_i 关节运动造成 q_j 关节位置变化，则称 q_i 和 q_j 关节处于同一关节链中，并称 q_i 在 q_j 关节的前端，q_j 在 q_i 关节后端；如 q_i 关节是关节链中所有关节的前端，称 q_i 关节为关节链的始端；如 q_i 关节是关节链中所有关节的后端，称 q_i 关节为关节链的末端；如 q_i 和 q_j 关节同处一个关节链中，且 q_i 和 q_j 关节之间无其他关节，称 q_i 和 q_j 关节相邻。如果 q_i 关节同时与两个关节相邻，并为这两个关节的前端，称关节链在 q_i 处分叉。

图 2.10(a) 是一个分叉关节链的示意图。作为示例，给出八轮摇臂–转向架式星球车的关节链示意图，如图 2.10(b) 所示。八轮星球车的车厢两侧各有一个关节链；每个关节链的始端是车厢和主摇臂间的差速关节，末端是主副摇臂间的转动关节；每个关节链在差速关节处分叉；同一关节链中，差速关节是转动关节的前端，转动关节是差速关节的后端，差速关节和转动关节相邻。

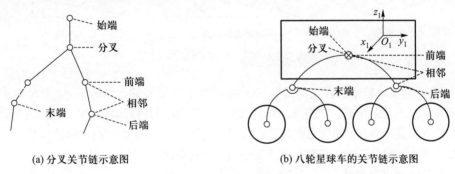

(a) 分叉关节链示意图　　　　　　(b) 八轮星球车的关节链示意图

图 2.10　关节关系的定义

对于多车厢星球车，如图 2.11(a) 所示，关节链数量与始端的选取有关。在图 2.11(a) 中，将 B、C 关节都选为始端，则星球车共有两条关节链，此时车厢坐标系应置于中间的车厢上。如将 A 关节选为始端，那么星球车只有一条关节链，此时车厢坐标系应置于左边的车厢上。

图 2.11(b) 是 shrimp 闭合铰链星球车，共含有 3 个四连杆机构（车厢两侧各一个，前方一个）和一个摆杆机构（车厢后方）。由于四连杆机构相对车厢为单自由度，因此每个四连杆机构只选择一个广义坐标，在关节链中只视为一个"关节"。shrimp

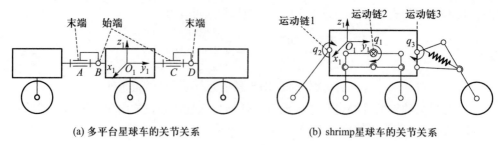

图 2.11　关节链关系示例

星球车含有 4 条关节链，每个关节既是始端，也是终端。

2. 定义广义坐标零点

q_i 表示由其连接两个相邻刚体的相对位置，$\boldsymbol{q}_{n+6} = (q_1, q_2, \cdots, q_n)$ 表示悬架姿态。若整车置于平地，定义此时广义坐标向量 $\boldsymbol{q}_{n+6} = \boldsymbol{0}$。其中，$(q_1, q_2, \cdots, q_n)$ 的零点对应星球车构件相对位置的零点，$(q_1, q_2, \cdots, q_n)$ 的零点对应星球车车厢在固定坐标系中的零点。广义坐标 q_i 运动的含义是：令 $(q_1, q_2, \cdots, q_{i-1}, q_{i+1}, \cdots, q_n)$ 为定值，只使 q_i 产生变化。作为示例，给出八轮摇臂–转向架式星球车广义坐标运动的示例，如图 2.12 所示。

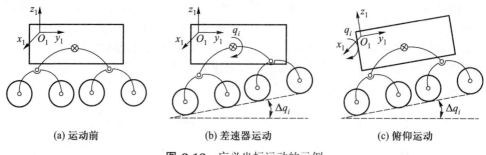

图 2.12　广义坐标运动的示例

如 q_i 对应八轮车的差速器关节，令 q_i 关节运动 Δq_i 的含义是令 $\boldsymbol{q}_n$ 中其他元素为常值，仅运动差速器，如图 2.12(b)。如 q_i 对应整车的俯仰运动，广义坐标 q_i 运动 Δq_i 的含义是令 $\boldsymbol{q}_n$ 中其他元素为常值，只进行俯仰，如图 2.12(c)。两种情况下，车厢在空间中的朝向不同，车厢和主悬架的相对位置不同。

3. 定义关节链参数

在 $\boldsymbol{q}_{n+6} = \boldsymbol{0}$ 时，定义相邻关节 q_i 和 q_j 间的参数。记相邻关节 q_i 和 q_j 间的构件质量为 m_j^i。在车厢坐标系内，记由关节 q_i 指向该构件质心的矢量为 $\boldsymbol{c}_j^i$，由关节 q_i 指向 q_j 的矢量为 $\boldsymbol{b}_j^i$。如关节 q_j 为节链始端，则 q_i 应为车厢坐标系原点 O_1，相应地有 m_j^0、$\boldsymbol{c}_j^0$ 和 $\boldsymbol{b}_j^0$，它们分别是车厢质量、从 O_1 指向车厢质心的矢量和从 O_1 指向 q_j 关节的矢量。若 q_i 为关节链末端，则 q_j 应为大地 $\boldsymbol{T}$，相应地有 m_T^i、$\boldsymbol{c}_T^i$ 和 $\boldsymbol{b}_T^i$。由于不使用 $\boldsymbol{b}_T^i$，因此不在图 2.13(a) 中标出。在车厢坐标系内，当 $\boldsymbol{q}_{n+6} \neq \boldsymbol{0}$ 时，记由关节 q_i 指向关节 q_i 和 q_j 间的构件质心的矢量为 $\boldsymbol{c}_j^{i'}$，由关节 q_i 指向 q_j 的矢量为 $\boldsymbol{b}_j^{i'}$。$\boldsymbol{c}_j^{i'}$ 和 $\boldsymbol{b}_j^{i'}$ 位置随广义坐标 $\boldsymbol{q}_{n+6}$ 发生变化，因此可写为 $\boldsymbol{c}_j^{i'} = \boldsymbol{c}_j^{i'}(\boldsymbol{q}), \boldsymbol{b}_j^{i'} = \boldsymbol{b}_j^{i'}(\boldsymbol{q})$。当

$q_{n+6} = 0$ 时，$c_j^{i'}(0) = c_j^i, b_j^{i'}(0) = b_j^i$。定义由车厢坐标系原点 O_1 指向关节 q_i 和 q_j 间的构件质心的矢量为 $l_j^{O_1} = l_j^{O_1}(q)$，如图 2.13(b)。在车厢坐标系内，记关节 q_i 的轴线为 $\hat{u}_i = (u_{ix}, u_{iy}, u_{iz}), |u_i| = 1$，如图 2.13(c)。

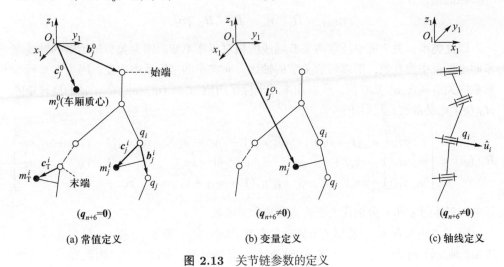

(a) 常值定义 (b) 变量定义 (c) 轴线定义

图 2.13 关节链参数的定义

2.3.3 关节链的重力势能

不失一般性地，令 $q_p = (q_1, q_2, \cdots, q_p), p < n$ 对应一个不分叉的关节链，关节 q_i 和关节 q_{i+1} 相邻，且前者为后者的前端；q_p 为关节链的末端。为表达一致，使用 m_{p+1}^p 和 c_{p+1}^p 分别代替 m_T^p、c_T^p。若如此构造，则从车体坐标系原点 O' 指向关节 q_i 和 q_{i+1} 间的构件质心的矢量 $l_{i+1}^{O_1}$ 的表达式为 [如图 2.14(a)]:

$$l_{i+1}^{O_1} = b_1^{0'} + b_2^{1'} + \cdots + b_i^{i-1'} + c_{i+1}^{i'}, \tag{2.45}$$

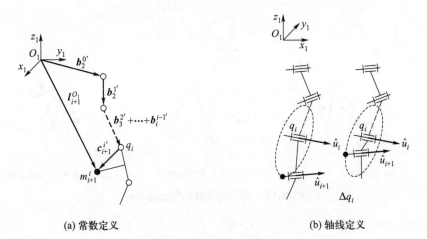

(a) 常数定义 (b) 轴线定义

图 2.14 关节链位移关系

由于相邻关节 q_i 和 q_{i+1} 的轴线 u_i 和 u_j 相对方向不变，所以存在常值的旋转矩

阵 $\boldsymbol{R}_i^{i+1}$，使得 [如图 2.14(b)]：

$$u_{i+1} = \boldsymbol{R}_i^{i+1}\boldsymbol{u}_i$$

相似地，有

$$u_{i+1} = \boldsymbol{R}_i^{i+1}\boldsymbol{u}_i = \boldsymbol{R}_i^{i+1}\boldsymbol{R}_{i-1}^i\boldsymbol{u}_{i-1}$$

以此类推，关节链中任意两关节轴线的相对姿态不变。因为关节链始端的轴线在车厢坐标系中为常值，所以任意关节的轴线方向在车厢坐标系中不变。因为在车厢坐标系内关节轴线 $\boldsymbol{u}_i$ 是常值，所以在车厢坐标系内绕 $\boldsymbol{u}_i = (u_{ix}, u_{iy}, u_{iz})$ 轴的旋转矩阵 $\boldsymbol{R}_{u_i}(q_i)$ 也是常值，其形如：

$$\boldsymbol{R}_{u_i}(q_i) = \begin{bmatrix} cq_i + u_{ix}^2(1-cq_i) & u_{ix}u_{iy}(1-cq_i)-u_{iz}sq_i & u_{ix}u_{iz}(1-cq_i)+u_{iy}sq_i \\ u_{ix}u_{iy}(1-cq_i)+u_{iz}sq_i & cq_i + u_{iy}^2(1-cq_i) & u_{iy}u_{iz}(1-cq_i)-u_{ix}sq_i \\ u_{ix}u_{iz}(1-cq_i)-u_{iy}sq_i & u_{iy}u_{iz}(1-cq_i)+u_{ix}sq_i & cq_i + u_{iz}^2(1-cq_i) \end{bmatrix}$$

其中，正体的 s 和 c 分别代表正弦函数和余弦函数。

$\boldsymbol{b}_{i+1}^{i'}$ 受到所有 q_{i+1} 前端关节转动的影响，即：$\boldsymbol{b}_{i+1}^{i'}$ 是 $\boldsymbol{b}_{i+1}^i$ 绕 $\boldsymbol{u}_1$ 轴旋转 q_1 角、绕 $\boldsymbol{u}_2$ 轴旋转 q_2 角、……、绕 $\boldsymbol{u}_i$ 轴旋转 q_i 角的结果，如图 2.15，因此有

$$\boldsymbol{b}_{i+1}^{i'} = \prod_{j=0}^i \boldsymbol{R}_{u_j}(q_j)\boldsymbol{b}_{i+1}^i \tag{2.46}$$

式 (2.46) 中，当连乘号的下限大于上限时，无法进行运算；当出现这种情况时，定义连乘结果为 $\boldsymbol{I}$。

同理，$\boldsymbol{c}_{i+1}^{i'}$ 是 $\boldsymbol{c}_{i+1}^i$ 绕 $\boldsymbol{u}_1$ 轴旋转 q_1 角、绕 $\boldsymbol{u}_2$ 轴旋转 q_2 角、……、绕 $\boldsymbol{u}_i$ 轴旋转 q_i 角的结果，因此有

$$\boldsymbol{c}_{i+1}^{i'} = \prod_{j=0}^i \boldsymbol{R}_{u_j}(q_j)\boldsymbol{c}_{j+1}^j \tag{2.47}$$

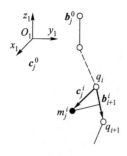 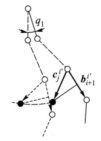 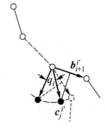

(a) 在初始点　　　　(b) 第一个关节运动后　　　(c) 一系列关节运动后

图 2.15　关节链常数和变量的关系

将式 (2.46) 和式 (2.47) 代入式 (2.45)，得

$$\boldsymbol{l}_{i+1}^{O_1} = \sum_{j=0}^{i-1}\prod_{k=0}^j \boldsymbol{R}_{u_k}(q_k)\boldsymbol{b}_{j+1}^j + \prod_{j=0}^i \boldsymbol{R}_{u_j}(q_j)\boldsymbol{c}_{i+1}^i \tag{2.48}$$

为简化公式 (2.48) 表达，令

$$\boldsymbol{\Theta}_i(q_1, q_2, \cdots, q_i) = \prod_{j=0}^{i} \boldsymbol{R}_{u_j}(q_j) \tag{2.49}$$

则式 (2.48) 可简写为

$$\boldsymbol{l}_{i+1}^{O_1} = \sum_{j=0}^{i-1} \boldsymbol{\Theta}_j \boldsymbol{b}_{j+1}^{j} + \boldsymbol{\Theta}_i \boldsymbol{c}_{i+1}^{i} \tag{2.50}$$

由固定坐标系原点 O 指向关节 q_i 和 q_{i+1} 间的构件质心的矢量 $\boldsymbol{l}_{i+1}^{O}$ 为 $\boldsymbol{l}_{i+1}^{O} = \boldsymbol{R}_{O_1}^{O} \boldsymbol{l}_{i+1}^{O_1} + \boldsymbol{r}$。式中，$\boldsymbol{r} = (q_{n+1}, q_{n+2}, q_{n+3})$，$\boldsymbol{R}_{O_1}^{O} = \boldsymbol{R}_z(q_{n+6}) \boldsymbol{R}_y(q_{n+5}) \boldsymbol{R}_x(q_{n+4})$，$\boldsymbol{R}_x$、$\boldsymbol{R}_y$ 和 $\boldsymbol{R}_z$ 分别是绕 x 轴、y 轴和 z 轴的旋转矩阵，如图 2.16 所示。

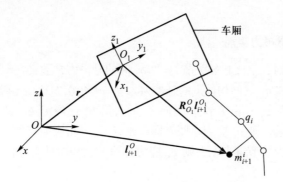

图 2.16 从固定坐标系原点到质心的距离

质心 m_{i+1}^{i} 的势能 G_{i+1}^{i} 为

$$G_{i+1}^{i} = m_{i+1}^{i} g \boldsymbol{l}_{i+1}^{O} \cdot \hat{\boldsymbol{z}} = m_{i+1}^{i} g \boldsymbol{R}_{O_1}^{0} \left(\sum_{j=0}^{i-1} \boldsymbol{\Theta}_j \boldsymbol{b}_{j+1}^{j} + \boldsymbol{\Theta}_i \boldsymbol{c}_{i+1}^{i} \right) \cdot \hat{\boldsymbol{z}} + m_{i+1}^{i} g \boldsymbol{r} \cdot \hat{\boldsymbol{z}} \tag{2.51}$$

式 (2.51) 中，$\hat{\boldsymbol{z}} = (0, 0, 1)^{\mathrm{T}}$。整条关节链的势能 G_r 为 (包含车厢)

$$G_r = \hat{\boldsymbol{z}} \cdot \sum_{i=0}^{p} m_{i+1}^{i} g \boldsymbol{R}_{O_1}^{O} \left(\sum_{j=0}^{i-1} \boldsymbol{\Theta}_j \boldsymbol{b}_{j+1}^{j} + \boldsymbol{\Theta}_i \boldsymbol{c}_{i+1}^{i} \right) + \hat{\boldsymbol{z}} \cdot \boldsymbol{r} \sum_{i=0}^{p} m_{i+1}^{i} g \tag{2.52}$$

当连加号的下限大于上限时，连加号无法进行运算；当出现这种情况时，定义连加结果为 **0**。为观察式 (2.52) 的性质，将式 (2.52) 等号右边第一项按横行 i、纵行 j 置于下表，并将含 $\boldsymbol{\Theta}_i \boldsymbol{c}_{i+1}^{i}$ 的项置于表 2.1 对角线上。

表 2.1 式 (2.52) 中求和项展开

i	$j=0$	$j=1$	$j=2$	$\cdots$	$j=p$
0	$m_1^0 g \boldsymbol{R}_{O_1}^{O} \boldsymbol{\Theta}_0 \boldsymbol{c}_1^0 \cdot \hat{\boldsymbol{z}}$	—	—	—	—
1	$m_2^1 g \boldsymbol{R}_{O_1}^{O} \boldsymbol{\Theta}_0 \boldsymbol{b}_1^0 \cdot \hat{\boldsymbol{z}}$	$m_2^1 g \boldsymbol{R}_{O_1}^{O} \boldsymbol{\Theta}_1 \boldsymbol{c}_2^1 \cdot \hat{\boldsymbol{z}}$	—	—	—
2	$m_3^2 g \boldsymbol{R}_{O_1}^{O} \boldsymbol{\Theta}_0 \boldsymbol{b}_1^0 \cdot \hat{\boldsymbol{z}}$	$m_3^2 g \boldsymbol{R}_{O_1}^{O} \boldsymbol{\Theta}_1 \boldsymbol{b}_2^1 \cdot \hat{\boldsymbol{z}}$	$m_3^2 g \boldsymbol{R}_{O_1}^{O} \boldsymbol{\Theta}_2 \boldsymbol{c}_3^2 \cdot \hat{\boldsymbol{z}}$	—	—
$\cdots$	$\cdots$	$\cdots$	$\cdots$	$\cdots$	—
p	$m_{p+1}^p g \boldsymbol{R}_{O_1}^{O} \boldsymbol{\Theta}_0 \boldsymbol{b}_1^0 \cdot \hat{\boldsymbol{z}}$	$m_{p+1}^p g \boldsymbol{R}_{O_1}^{O} \boldsymbol{\Theta}_1 \boldsymbol{b}_2^1 \cdot \hat{\boldsymbol{z}}$	$m_{p+1}^p g \boldsymbol{R}_{O_1}^{O} \boldsymbol{\Theta}_2 \boldsymbol{b}_3^2 \cdot \hat{\boldsymbol{z}}$	$\cdots$	$m_{p+1}^p g \boldsymbol{R}_{O_1}^{O} \boldsymbol{\Theta}_p \boldsymbol{b}_{p+1}^p \cdot \hat{\boldsymbol{z}}$

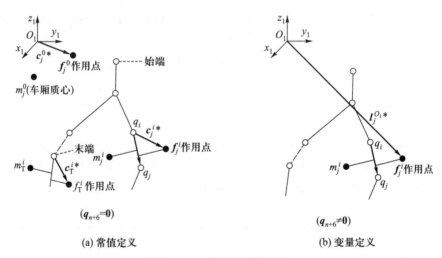

表 2.1 中，只有矩阵 $\boldsymbol{\Theta}$ 是广义坐标 $\boldsymbol{q}_p = (q_1, q_2, \cdots, q_p)$ 的函数，且矩阵 $\boldsymbol{\Theta}$ 的下标数值总是等于表的列数 j。若先逐行求和再求总和，即得式 (2.52) 等号右边第一项，此时 $\boldsymbol{\Theta}_j$ 位于内层求和号内。为使 G 对广义坐标向量 $\boldsymbol{q}_p$ 的偏导表达简练，应使 $\boldsymbol{\Theta}_j$ 位于两层求和号之间，即先逐列求和再求总和：

$$G_r = \widehat{\boldsymbol{z}} \cdot \sum_{j=0}^{p} \left(m_{j+1}^{j} g \boldsymbol{R}_{O_1}^{O} \boldsymbol{\Theta}_j \boldsymbol{c}_{j+1}^{j} + \boldsymbol{R}_{O_1}^{O} \boldsymbol{\Theta}_j \boldsymbol{b}_{j+1}^{j} \sum_{i=j+1}^{p} m_{i+1}^{i} g \right) + \widehat{\boldsymbol{z}} \cdot \boldsymbol{r} \sum_{i=0}^{p} m_{i+1}^{i} g$$

$$= \widehat{\boldsymbol{z}} \cdot \sum_{j=0}^{p} \boldsymbol{R}_{O_1}^{O} \boldsymbol{\Theta}_j \left(\boldsymbol{c}_{j+1}^{j} m_{j+1}^{j} g + \boldsymbol{b}_{j+1}^{j} \sum_{i=j+1}^{p} m_{i+1}^{i} g \right) + \widehat{\boldsymbol{z}} \cdot \boldsymbol{r} \sum_{i=0}^{p} m_{i+1}^{i} g \qquad (2.53)$$

2.3.4 关节链的悬吊力势能

在 $\boldsymbol{q}_{n+6} = \boldsymbol{0}$ 时，定义相邻关节 q_i 和 q_j 间的悬吊力常数：在车厢坐标系内，记作用于相邻关节 q_i 和 q_j 之间构件上的悬吊力为 $\boldsymbol{f}_j^i = (0, 0, f_j^i)$；记由关节 q_i 指向悬吊力 $\boldsymbol{f}_j^i$ 作用点的矢量为 $\boldsymbol{c}_j^{i*}$；由关节 q_i 指向 q_j 的矢量 $\boldsymbol{b}_j^i$ 已经定义，此处不再重复。如关节 q_j 为关节链始端，则 q_i 应为车厢坐标系原点 O_1，相应地有 $\boldsymbol{f}_j^0$，$\boldsymbol{f}_j^0$ 为作用于车厢的悬吊力；如 q_i 为关节链末端，则 q_j 应为大地 T，相应地有 $\boldsymbol{f}_T^i$，$\boldsymbol{f}_T^i$ 为作用于末端构件的悬吊力。

在 $\boldsymbol{q}_{n+6} \neq \boldsymbol{0}$ 时，悬吊力 $\boldsymbol{f}_j^i$ 作用点 $\boldsymbol{c}_j^{i*}$ 在车厢坐标系中的位置随广义坐标发生变化。定义由车厢坐标系原点 O_1 指向悬吊力 $\boldsymbol{f}_j^i$ 的矢量为 $\boldsymbol{l}_j^{O_1*} = \boldsymbol{l}_j^{O_1*}(\boldsymbol{q})$。悬吊力的常值和变量的定义见图 2.17。

图 2.17 悬吊力参数定义

不失一般性地，令 $\boldsymbol{q}_p = (q_1, q_2, \cdots, q_p)$，其中 $p < n$，对应一个不分叉的关节链，元素 $q_i(i = 1, 2, \cdots, p-1)$ 和 q_{i+1} 对应的关节相邻，且前者为后者的前端，q_p 为关节链的末端。为表达一致，用 $\boldsymbol{f}_{p+1}^p$ 代替 $\boldsymbol{f}_T^p$，用 $\boldsymbol{c}_{p+1}^{p*}$ 代替 $\boldsymbol{c}_T^{p*}$。若如此构造，则从车体

坐标系原点 O' 指向 f_{i+1}^i 作用点的矢量 $l_{i+1}^{O_1*}$ 为

$$l_{i+1}^{O_1*} = \sum_{j=0}^{i-1} \boldsymbol{\Theta}_j \boldsymbol{b}_{j+1}^j + \boldsymbol{\Theta}_i \boldsymbol{c}_j^{i*}$$

由固定坐标系原点 O 指向 f_{i+1}^i 作用点的矢量 l_{i+1}^{O*} 为

$$l_{i+1}^{O*} = \boldsymbol{R}_{O_1}^O l_{i+1}^{O_1*} + \boldsymbol{r}$$

悬吊力 f_{i+1}^i 的势能 G_i^* 为

$$G_i^* = \hat{\boldsymbol{z}} \cdot f_{i+1}^i \boldsymbol{R}_{O_1}^O \left(\sum_{j=0}^{i-1} \boldsymbol{\Theta}_j \boldsymbol{b}_{j+1}^j + \boldsymbol{\Theta}_i \boldsymbol{c}_{i+1}^{i*} \right) + \hat{\boldsymbol{z}} \cdot f_{i+1}^i \boldsymbol{r}$$

整条关节链中的悬吊力势能 G^* 为

$$G^* = \hat{\boldsymbol{z}} \cdot \sum_{i=0}^{p} f_{i+1}^i \boldsymbol{R}_{O_1}^O \left(\sum_{j=0}^{i-1} \boldsymbol{\Theta}_j \boldsymbol{b}_{j+1}^j + \boldsymbol{\Theta}_i \boldsymbol{c}_{i+1}^{i*} \right) + \hat{\boldsymbol{z}} \cdot \boldsymbol{r} \sum_{i=0}^{p} f_{i+1}^i$$

交换求和顺序后，悬吊力势能改写为

$$G^* = \hat{\boldsymbol{z}} \cdot \sum_{j=0}^{p} \boldsymbol{R}_{O_1}^O \boldsymbol{\Theta}_j \left(\boldsymbol{c}_{j+1}^{j*} f_{j+1}^j g + \boldsymbol{b}_{j+1}^j \sum_{i=j+1}^{p} f_{i+1}^i g \right) + \hat{\boldsymbol{z}} \cdot \boldsymbol{r} \sum_{i=0}^{p} f_{i+1}^i g$$

2.3.5 模型的表达式

2.3.5.1 势能对广义坐标的偏微分

考虑重力势能 G 对某广义坐标 q_k 的偏导。按 k 取值，q_k 关节位置分为 4 类：① 若 $0 < k \leqslant p$，q_k 关节处于关节链 $\boldsymbol{q}_p = (q_1, q_2, \cdots, q_p)$ 中；② 若 $p < k \leqslant n$，q_k 关节是星球车关节，但不处于关节链 $\boldsymbol{q}_p$ 中；③ 若 $n < k \leqslant n+3$，q_k 对应整车平移；④ 若 $n+3 < k \leqslant n+6$，q_k 对应整车俯仰、侧倾和转向。

当 $0 < k \leqslant p$ 时，式 (2.53) 等号右侧只有矩阵 $\boldsymbol{\Theta}_j$ 是 q_k 函数，因此，

$$\frac{\partial G}{\partial q_k} = \hat{\boldsymbol{z}} \cdot \sum_{j=0}^{p} \boldsymbol{R}_{O_1}^O \frac{\partial \boldsymbol{\Theta}_j}{\partial q_k} \left(\boldsymbol{c}_{j+1}^j m_{j+1}^j g + \boldsymbol{b}_{j+1}^j \sum_{i=j+1}^{p} m_{i+1}^i g \right), \quad k = 1, 2, \cdots, p \quad (2.54)$$

由于 $\boldsymbol{\Theta}_j$ 仅是 $(q_1, q_2, \cdots, q_j)$ 的函数，所以若 $q_k \in (q_{j+1}, q_{j+2}, \cdots, q_p)$，有

$$\frac{\partial \boldsymbol{\Theta}_j}{\partial q_k} = 0, \quad j < k \quad (2.55)$$

将式 (2.55) 代入式 (2.54)，得

$$\frac{\partial G}{\partial q_k} = \hat{\boldsymbol{z}} \cdot \sum_{j=k}^{p} \boldsymbol{R}_{O_1}^O \frac{\partial \boldsymbol{\Theta}_j}{\partial q_k} \left(\boldsymbol{c}_{j+1}^j m_{j+1}^j g + \boldsymbol{b}_{j+1}^j \sum_{i=j+1}^{p} m_{i+1}^i g \right), \quad k = 1, 2, \cdots, p \quad (2.56)$$

即式 (2.54) 的求和下限由零变为 k。

当 $p < k \leqslant n$ 时，式 (2.54) 等号右侧没有任何量是 q_k 函数，因此，

$$\frac{\partial G}{\partial q_k} = 0, \quad k = p+1, p+2, \cdots, n$$

当 $n < k \leqslant n+3$ 时，式 (2.54) 等号右侧只有 $\boldsymbol{r}$ 是 q_k 函数，因此，

$$\frac{\partial G}{\partial q_k} = \widehat{\boldsymbol{z}} \cdot \frac{\partial \boldsymbol{r}}{\partial q_k} \sum_{i=0}^{p} m_{i+1}^i g, \quad k = n+1, n+2, n+3$$

当 $n+3 < k \leqslant n+6$ 时，式 (2.54) 等号右侧只有 $\boldsymbol{R}_{O_1}^O$ 是 q_k 函数，因此，

$$\frac{\partial G}{\partial q_k} = \widehat{\boldsymbol{z}} \cdot \sum_{j=0}^{p} \frac{\partial \boldsymbol{R}_{O_1}^O}{\partial q_k} \boldsymbol{\Theta}_j \left(\boldsymbol{c}_{j+1}^j m_{j+1}^j g + \boldsymbol{b}_{j+1}^j \sum_{i=j+1}^{p} m_{i+1}^i g \right), \quad k = n+4, n+5, n+6$$

综上所述，重力势能 G 对某广义坐标 q_k 的偏导是

$$\frac{\partial G}{\partial q_k} = \begin{cases} \widehat{\boldsymbol{z}} \cdot \sum_{j=k}^{p} \boldsymbol{R}_{O_1}^O \dfrac{\partial \boldsymbol{\Theta}_j}{\partial q_k} \left(\boldsymbol{c}_{j+1}^j m_{j+1}^j g + \boldsymbol{b}_{j+1}^j \sum_{i=j+1}^{p} m_{i+1}^i g \right), \quad k = 1, 2, \cdots, p \\[4mm] 0, \quad k = p+1, p+2, \cdots, n \\[2mm] \widehat{\boldsymbol{z}} \cdot \dfrac{\partial \boldsymbol{r}}{\partial q_k} \sum_{i=0}^{p} m_{i+1}^i g, \quad k = n+1, n+2, n+3 \\[4mm] \widehat{\boldsymbol{z}} \cdot \sum_{j=0}^{p} \dfrac{\partial \boldsymbol{R}_{O_1}^O}{\partial q_k} \boldsymbol{\Theta}_j \left(\boldsymbol{c}_{j+1}^j m_{j+1}^j g + \boldsymbol{b}_{j+1}^j \sum_{i=j+1}^{p} m_{i+1}^i g \right), \quad k = n+4, n+5, n+6 \end{cases} \tag{2.57}$$

悬吊力势能 G^* 对广义坐标 q_k 的偏导是

$$\frac{\partial G^*}{\partial q_k} = \begin{cases} \widehat{\boldsymbol{z}} \cdot \sum_{j=k}^{p} \boldsymbol{R}_{O_1}^O \dfrac{\partial \boldsymbol{\Theta}_j}{\partial q_k} \left(\boldsymbol{c}_{j+1}^{j*} f_{j+1}^j + \boldsymbol{b}_{j+1}^j \sum_{i=j+1}^{p} f_{i+1}^i \right), \quad k = 1, 2, \cdots, p \\[4mm] 0, \quad k = p+1, p+2, \cdots, n \\[2mm] \widehat{\boldsymbol{z}} \cdot \dfrac{\partial \boldsymbol{r}}{\partial q_k} \sum_{i=0}^{p} f_{i+1}^i, \quad k = n+1, n+2, n+3 \\[4mm] \widehat{\boldsymbol{z}} \cdot \sum_{j=0}^{p} \dfrac{\partial \boldsymbol{R}_{O_1}^O}{\partial q_k} \boldsymbol{\Theta}_j \left(\boldsymbol{c}_{j+1}^{j*} f_{j+1}^j + \boldsymbol{b}_{j+1}^j \sum_{i=j+1}^{p} f_{i+1}^i \right), \quad k = n+4, n+5, n+6 \end{cases} \tag{2.58}$$

实际上，将式 (2.57) 中的 $\boldsymbol{c}_{i+1}^i$ 置换为 $\boldsymbol{c}_{i+1}^{i*}$、$m_{i+1}^i g$ 置换为 $\boldsymbol{f}_{i+1}^i$ 即得式 (2.58)；式 (2.57) 与式 (2.58) 的结构完全相同。

2.3.5.2 "悬吊式低重力模拟"模型的表达式

将式 (2.57) 和式 (2.58) 代入重力补偿约束式 (2.44)，即得到单关节链悬吊力的解析模型，见式 (2.59)。式 (2.59) 中，$\boldsymbol{c}_{j+1}^{j*}$ 和 f_{j+1}^j 是未知数；s^*、$\boldsymbol{b}_{j+1}^j$、$\boldsymbol{c}_{j+1}^j$、$\widehat{\boldsymbol{z}}$ 和 $m_{j+1}^j g$ 是常数；$\boldsymbol{r}$ 是变量、$\boldsymbol{R}_{O_1}^O$ 和 $\boldsymbol{\Theta}_j$ 是矩阵。未知矢量 $\boldsymbol{c}_{j+1}^{j*}$ 是整车置于平地时由

关节 q_i 指向悬吊力 $\boldsymbol{f}_{j+1}^j$ 作用点的矢量，因此 $\boldsymbol{c}_{j+1}^{j*}$ 是常值未知量。悬吊力大小 f_{j+1}^j 也是常值未知量。变量 $\boldsymbol{R}_{O_1}^O$、$\boldsymbol{\Theta}_j$ 和 $\boldsymbol{r}$ 是广义坐标 $\boldsymbol{q}_{n+6}$ 的函数，所以它们是方程中的变量。

方程组 (2.59) 的含义是：若方程组 (2.59) 有解，则无论广义坐标 $\boldsymbol{q}_{n+6}$ 如何取值，常量解 $\boldsymbol{c}_{j+1}^{j*}$ 和 f_{j+1}^j 始终使方程组 (2.59) 成立。如果方程组 (2.59) 有解，无论星球车如何运动，都能准确模拟低重力场，且悬吊力大小、作用点不变。

为了便于读者理解，将多关节链、分叉关节链和差速器耦合关节链的建模置于 2.4 节 "悬吊力的解系" 中。这主要因为，通过单关节链的悬吊力解系可以直接构造多关节链等更复杂模型的解系，而不必列出多关节链等模型的方程组。

$$
\begin{cases}
s^*\widehat{\boldsymbol{z}} \cdot \sum_{j=k}^{p} \boldsymbol{R}_{O_1}^O \dfrac{\partial \boldsymbol{\Theta}_j}{\partial q_k} \left(\boldsymbol{c}_{j+1}^j m_{j+1}^j g + \boldsymbol{b}_{j+1}^j \sum_{i=j+1}^{p} m_{i+1}^i g \right) \\
= \widehat{\boldsymbol{z}} \cdot \sum_{j=k}^{p} \boldsymbol{R}_{O_1}^O \dfrac{\partial \boldsymbol{\Theta}_j}{\partial q_k} \left(\boldsymbol{c}_{j+1}^{j*} f_{j+1}^j + \boldsymbol{b}_{j+1}^j \sum_{i=j+1}^{p} f_{i+1}^i \right), \quad k = 1, 2, \cdots, p \\
\boldsymbol{0} = \boldsymbol{0}, \quad k = p+1, p+2, \cdots, n \\
s^*\widehat{\boldsymbol{z}} \cdot \dfrac{\partial \boldsymbol{r}}{\partial q_k} \sum_{i=0}^{p} f_{i+1}^i = \widehat{\boldsymbol{z}} \cdot \dfrac{\partial \boldsymbol{r}}{\partial q_k} \sum_{i=0}^{p} m_{i+1}^i g, \quad k = p+1, p+2, \cdots, n \\
s^*\widehat{\boldsymbol{z}} \cdot \sum_{j=0}^{p} \dfrac{\partial \boldsymbol{R}_{O_1}^O}{\partial q_k} \boldsymbol{\Theta}_j \left(\boldsymbol{c}_{j+1}^{j*} f_{j+1}^j + \boldsymbol{b}_{j+1}^j \sum_{i=j+1}^{p} f_{i+1}^i \right) \\
= \widehat{\boldsymbol{z}} \cdot \sum_{j=0}^{p} \dfrac{\partial \boldsymbol{R}_{O_1}^O}{\partial q_k} \boldsymbol{\Theta}_j \left(\boldsymbol{c}_{j+1}^j m_{j+1}^j g + \boldsymbol{b}_{j+1}^j \sum_{i=j+1}^{p} m_{i+1}^i g \right), \quad k = n+4, n+5, n+6
\end{cases}
\tag{2.59}
$$

2.4 悬吊力的解系

针对只含转动自由度的关节链，本节推导悬吊力的解系。首先求解单关节链的悬吊力解系，然后计算双关节链的悬吊力解系，证明两条关节链的补偿解系独立。在此基础上，求解分叉关节链的悬吊力解系和差速器耦合关节链的悬吊力解系。

2.4.1 单关节链的悬吊力解系

2.4.1.1 $0 < k \leqslant p$ 段悬吊力解系

$0 < k \leqslant p$ 时，广义坐标 q_k 对应单关节链中的某关节。悬吊力的约束方程为

$$
\begin{aligned}
& s^*\widehat{\boldsymbol{z}} \cdot \sum_{j=k}^{p} \boldsymbol{R}_{O_1}^O \frac{\partial \boldsymbol{\Theta}_j}{\partial q_k} \left(\boldsymbol{c}_{j+1}^j m_{j+1}^j g + \boldsymbol{b}_{j+1}^j \sum_{i=j+1}^{p} m_{i+1}^i g \right) \\
& = \widehat{\boldsymbol{z}} \cdot \sum_{j=k}^{p} \boldsymbol{R}_{O_1}^O \frac{\partial \boldsymbol{\Theta}_j}{\partial q_k} \left(\boldsymbol{c}_{j+1}^{j*} f_{j+1}^j + \boldsymbol{b}_{j+1}^j \sum_{i=j+1}^{p} f_{i+1}^i \right), \quad k = 1, 2, \cdots, p
\end{aligned}
\tag{2.60}
$$

将式 (2.60) 等号右边的项移至左边，然后使用点积结合率 $\boldsymbol{a}\cdot\boldsymbol{c}+\boldsymbol{b}\cdot\boldsymbol{c}=(\boldsymbol{a}+\boldsymbol{b})\cdot\boldsymbol{c}$，最后将 $\hat{\boldsymbol{z}}=(0,0,1)^{\mathrm{T}}$ 代入，得

$$\boldsymbol{R}_{O_1}^{O}\sum_{j=k}^{p}\frac{\partial\boldsymbol{\Theta}_j}{\partial q_k}\left[s^*\left(\boldsymbol{c}_{j+1}^{j}m_{j+1}^{j}g+\boldsymbol{b}_{j+1}^{j}\sum_{i=j+1}^{p}m_{i+1}^{i}g\right)-\left(\boldsymbol{c}_{j+1}^{j*}f_{j+1}^{j}+\boldsymbol{b}_{j+1}^{j}\sum_{i=j+1}^{p}f_{i+1}^{i}\right)\right]$$
$$=(c_x,c_y,0)^{\mathrm{T}},\quad k=1,2,\cdots,p \tag{2.61}$$

式中，c_x 和 c_y 是任意实数。式 (2.61) 的含义是：矩阵 $\boldsymbol{R}_{O_1}^{O}$ 和求和号内向量乘积的 z 轴分量始终为零。因为 $\boldsymbol{R}_{O_1}^{O}(q_{n+4},q_{n+5},q_{n+6})$ 是车体绕固定坐标系 x、y 和 z 轴旋转矩阵的乘积，所以 $\boldsymbol{R}_{O_1}^{O}$ 可将任意非零向量旋转至 z 轴分量不为零的状态。因此，求和号内的向量必须为零向量，式 (2.61) 等价于：

$$\sum_{j=k}^{p}\frac{\partial\boldsymbol{\Theta}_j}{\partial q_k}\left[s^*\left(\boldsymbol{c}_{j+1}^{j}m_{j+1}^{j}g+\boldsymbol{b}_{j+1}^{j}\sum_{i=j+1}^{p}m_{i+1}^{i}g\right)-\right.$$
$$\left.\left(\boldsymbol{c}_{j+1}^{j*}f_{j+1}^{j}+\boldsymbol{b}_{j+1}^{j}\sum_{i=j+1}^{p}f_{i+1}^{i}\right)\right]=\boldsymbol{0},\quad k=1,2,\cdots,p \tag{2.62}$$

由 $\boldsymbol{\Theta}_j$ 的定义式 (2.49) 可得

$$\frac{\partial\boldsymbol{\Theta}_j}{\partial q_k}=\prod_{l=0}^{k-1}\boldsymbol{R}_{u_l}(q_l)\frac{\mathrm{d}\boldsymbol{R}_{u_k}(q_k)}{\mathrm{d}q_k}\prod_{l=k+1}^{j}\boldsymbol{R}_{u_l}(q_l) \tag{2.63}$$

因为 $\prod_{j=0}^{k-1}\boldsymbol{R}_{u_j}(q_j)$ 是 $k-1$ 个旋转矩阵的乘积，所以总存在逆矩阵 $\prod_{j=0}^{k-1}\boldsymbol{R}_{u_j}(-q_j)$。将式 (2.63) 代入式 (2.62)，并将式 (2.62) 两边同左乘逆矩阵 $\sum_{j=0}^{k-1}\boldsymbol{R}_{u_j}(-q_j)$，得

$$\frac{\mathrm{d}\boldsymbol{R}_{u_k}(q_k)}{\mathrm{d}q_k}\sum_{j=k}^{p}\prod_{l=k+1}^{j}\boldsymbol{R}_{u_l}(q_l)\left[s^*\left(\boldsymbol{c}_{j+1}^{j}m_{j+1}^{j}g+\boldsymbol{b}_{j+1}^{j}\sum_{i=j+1}^{p}m_{i+1}^{i}g\right)-\right.$$
$$\left.\left(\boldsymbol{c}_{j+1}^{j*}f_{j+1}^{j}+\boldsymbol{b}_{j+1}^{j}\sum_{i=j+1}^{p}f_{i+1}^{i}\right)\right]=\boldsymbol{0},\quad k=1,2,\cdots,p \tag{2.64}$$

$\boldsymbol{R}_{u_k}(q_k)$ 是以 $\boldsymbol{u}_k(x_k,y_k,z_k)$ 为轴的旋转矩阵，其对 q_k 的微分为

$$\frac{\partial\boldsymbol{R}_{u_k}(q_k)}{\partial q_k}=\boldsymbol{S}(\boldsymbol{u}_k)\boldsymbol{R}_{u_k}(q_k) \tag{2.65}$$

式中，$\boldsymbol{S}(\boldsymbol{u}_k)$ 是以 $\boldsymbol{u}_k=(x_k,y_k,z_k)$ 为轴的螺旋矩阵，其定义为

$$\boldsymbol{S}(\boldsymbol{u}_k)=\begin{bmatrix}0 & -z_k & y_k\\ z_k & 0 & -x_k\\ -y_k & x_k & 0\end{bmatrix} \tag{2.66}$$

矩阵 $S(\boldsymbol{u}_k)$ 秩为 2 [将矩阵 (2.66) 第二行乘以 y_k/x_k、第三行乘以 z_k/x_k 后加至第一行，第一行为零]，因此，式 (2.65) 等号两边的矩阵 $S(\boldsymbol{u}_k)\boldsymbol{R}_{u_k}(q_k)$ 和 $\partial \boldsymbol{R}_{u_k}(q_k)/\partial q_k$ 的秩也是 2，不能将 $\boldsymbol{R}_{u_k}(q_k)$ 从式 (2.64) 中消去。但是，总可以将 $\partial \boldsymbol{R}_{u_k}(q_k)/\partial q_k$ 从式 (2.64) 中直接消去，以获得一组特解；然后再考虑矩阵 $S(\boldsymbol{u}_k)\boldsymbol{R}_{u_k}(q_k)$ 的性质，向特解中增添一个自由度，补回损失的解自由度。

将 $\partial \boldsymbol{R}_{u_k}(q_k)/\partial q_k$ 从式 (2.64) 中直接消去，获得特解：

$$\sum_{j=k}^{p} \prod_{l=k+1}^{j} \boldsymbol{R}_{u_l}(q_l) \left[s^* \left(\boldsymbol{c}_{j+1}^j m_{j+1}^j g + \boldsymbol{b}_{j+1}^j \sum_{i=j+1}^{p} m_{i+1}^i g \right) - \right.$$
$$\left. \left(\boldsymbol{c}_{j+1}^{j*} f_{j+1}^j + \boldsymbol{b}_{j+1}^j \sum_{i=j+1}^{p} f_{i+1}^i \right) \right] = \boldsymbol{0}, \quad k = 1, 2, \cdots, p \tag{2.67}$$

旋转矩阵 $\boldsymbol{R}_{u_k}(q_k)$ 具有性质：

$$\boldsymbol{R}_{u_k}(q_k)\boldsymbol{u}_k = \boldsymbol{u}_k \tag{2.68}$$

考虑螺旋矩阵 $S(\boldsymbol{u}_k)$ 具有性质：

$$S(\boldsymbol{u}_k)\boldsymbol{u}_k = \begin{bmatrix} 0 & -z_p & y_p \\ z_p & 0 & -x_p \\ -y_p & x_p & 0 \end{bmatrix} \begin{pmatrix} x_p \\ y_p \\ z_p \end{pmatrix} = \boldsymbol{0} \tag{2.69}$$

将式 (2.68) 代入式 (2.69)，得

$$S(\boldsymbol{u}_k)\boldsymbol{R}_{u_k}(q_k)\boldsymbol{u}_k = \boldsymbol{u}_k \tag{2.70}$$

根据式 (2.70)，总可以向特解 (2.67) 加 $c_k \boldsymbol{u}_k$，其中 c_k 为任意实数，结果仍旧满足式 (2.64)。因此，式 (2.64) 的通解为

$$c_k \boldsymbol{u}_k + \sum_{j=k}^{p} \prod_{l=k+1}^{j} \boldsymbol{R}_{u_l} \left[s^* \left(\boldsymbol{c}_{j+1}^j m_{j+1}^j g + \boldsymbol{b}_{j+1}^j \sum_{i=j+1}^{p} m_{i+1}^i g \right) - \right.$$
$$\left. \left(\boldsymbol{c}_{j+1}^{j*} f_{j+1}^j + \boldsymbol{b}_{j+1}^j \sum_{i=j+1}^{p} f_{i+1}^i \right) \right] = \boldsymbol{0}, \quad k = 1, 2, \cdots, p \tag{2.71}$$

式中，c_k 为任意实数。式 (2.71) 共对应 p 个补偿约束。第 k 个约束中含 $p-k+1$ 对未知量 ($\boldsymbol{c}_{j+1}^{j*}$ 和 f_{j+1}^j 为一对)。$k=p$ 时，约束中未知量个数最少；随着 k 值减小，约束未知矢量个数增多。将式 (2.71) 等号左边记为函数 g_k，未知量视为函数变量，其余量视为参数。式 (2.71) 可等价地表达为

$$\begin{cases} g_p(\boldsymbol{c}_{p+1}^{p*}, f_{p+1}^p) = \boldsymbol{0} & \text{(2.72a)} \\ g_{p-1}(\boldsymbol{c}_p^{p-1*}, f_p^{p-1}, \boldsymbol{c}_{p+1}^{p*}, f_{p+1}^p) = \boldsymbol{0} & \text{(2.72b)} \\ \ \vdots \\ g_1(\boldsymbol{c}_2^{1*}, f_2^1, \boldsymbol{c}_3^{2*}, f_3^2, \cdots, \boldsymbol{c}_{p+1}^{p*}, f_{p+1}^p) = \boldsymbol{0} & \text{(2.72c)} \end{cases}$$

方程组 (2.72) 的解法如下：① 解方程组 (2.72a)，得其解；① 将式 (2.72a) 的解代入式 (2.72b)，得其解；① 将 (2.72a)、(2.72b) 的解代入第 3 式，得出第 3 式解；最后将前 $p-1$ 式的解代入第 p 式，求解完成。按照这种方法，下面求解方程的前 3 式的解，然后给出通解。

令方程组 (2.71) 中 $k=p$，得

$$f_{p+1}^p \boldsymbol{c}_{p+1}^{p*} = s^* m_{p+1}^p g \boldsymbol{c}_{p+1}^p + c_p \boldsymbol{u}_p \tag{2.73}$$

式 (2.73) 为式 (2.72a) 的解。

令方程组 (2.71) 中 $k=p-1$，得

$$
\begin{aligned}
& c_{p-1}\boldsymbol{u}_{p-1} + s^*(\boldsymbol{c}_p^{p-1} m_p^{p-1} g + \boldsymbol{b}_p^{p-1} m_{p+1}^p g) - (\boldsymbol{c}_p^{p-1*} f_p^{p-1} + \boldsymbol{b}_p^{p-1} f_{p+1}^p) + \\
& \boldsymbol{R}_{u_p}(s^* \boldsymbol{c}_{p+1}^p m_{p+1}^p g - \boldsymbol{c}_{p+1}^{p*} f_{p+1}^p) = \boldsymbol{0}
\end{aligned}
\tag{2.74}
$$

将式 (2.73) 代入式 (2.74)，得

$$\boldsymbol{c}_p^{p-1*} f_p^{p-1} = s^* \boldsymbol{c}_p^{p-1} m_p^{p-1} g + \boldsymbol{b}_p^{p-1}(s^* m_{p+1}^p g - f_{p+1}^p) + c_{p-1}\boldsymbol{u}_{p-1} - c_p \boldsymbol{u}_p \tag{2.75}$$

式 (2.75) 为式 (2.74) 的解。

令方程组 (2.71) 中 $k=p-2$，得

$$
\begin{aligned}
& c_{p-2}\boldsymbol{u}_{p-2} + \left[s^* \left(\boldsymbol{c}_{p-1}^{p-2} m_{p-1}^{p-2} + \boldsymbol{b}_{p-1}^{p-2} \sum_{i=p-1}^p m_{i+1}^i \right) g - \right. \\
& \left. \left(\boldsymbol{c}_{p-1}^{p-2*} f_{p-1}^{p-2} + \boldsymbol{b}_{p-1}^{p-2} \sum_{i=p-1}^p f_{i+1}^i \right) \right] + \\
& \boldsymbol{R}_{u_{p-1}}[s^*(\boldsymbol{c}_p^{p-1} m_p^{p-1} + \boldsymbol{b}_p^{p-1} m_{p+1}^p)g - (\boldsymbol{c}_p^{p-1*} f_p^{p-1} + \boldsymbol{b}_p^{p-1} f_{p+1}^p)] + \\
& \prod_{l=p-1}^p \boldsymbol{R}_{u_l}(q_l)[s^* \boldsymbol{c}_{p+1}^p m_{p+1}^p g - \boldsymbol{c}_{p+1}^{p*} f_{p+1}^p] = \boldsymbol{0}
\end{aligned}
\tag{2.76}
$$

将式 (2.73) 和式 (2.75) 代入式 (2.76)，得

$$
\begin{aligned}
\boldsymbol{c}_{p-1}^{p-2*} f_{p-1}^{p-2} = {}& +s^* \boldsymbol{c}_{p-1}^{p-2} m_{p-1}^{p-2} g + \boldsymbol{b}_{p-1}^{p-2} \sum_{i=p-1}^p s^* m_{i+1}^i g - f_{i+1}^i + \\
& c_{p-2}\boldsymbol{u}_{p-2} - \boldsymbol{R}_{u_{p-1}}(q_{p-1}) c_{p-1}\boldsymbol{u}_{p-1}
\end{aligned}
\tag{2.77}
$$

式 (2.77) 为式 (2.72c) 的解。

归纳式 (2.73)、式 (2.75) 和式 (2.77)，在 $0 < k \leqslant p$ 段，单关节链的悬吊力解系为

$$
\begin{aligned}
\boldsymbol{c}_{k+1}^{k*} f_{k+1}^k = {}& s^* \boldsymbol{c}_{k+1}^k m_{k+1}^k g + \boldsymbol{b}_{k+1}^k \left(\sum_{i=k+1}^p s^* m_{i+1}^i g - f_{i+1}^i \right) + \\
& c_k \boldsymbol{u}_k - c_{k+1}\boldsymbol{u}_{k+1}, \quad k = 1, 2, \cdots, p
\end{aligned}
\tag{2.78}
$$

式 (2.78) 等号左侧是两个未知量的积，右侧全部为已知常量。至此为止，"悬吊式低重力模拟"模型 (2.59) 第一式中所有变量已被消除，未知量和常量的关系已化至最简。因此，式 (2.78) 即为"悬吊式低重力模拟"模型 (2.59) 第一式的悬吊力解系。

需要特别注意：c_k 和 c_{k+1} 是可以随意设置的量。将它们包含在方程组 (2.59) 第一式的解系中，仅仅为了保证解系完整。如果没有特殊需要，完全可令 $c_k = c_{k+1} = 0$，使式 (2.78) 简化为更简洁的形式：

$$c_{k+1}^{k*} f_{k+1}^k = s^* c_{k+1}^k m_{k+1}^k g + \boldsymbol{b}_{k+1}^k \left(\sum_{i=k+1}^p s^* m_{i+1}^i g - f_{i+1}^i \right), \quad k = 1, 2, \cdots, p \quad (2.79)$$

式 (2.78) 和式 (2.79) 都是向量等式。将等式右边记为向量 $\boldsymbol{\beta}_k$，$\boldsymbol{\beta}_k$ 是已知矢量。式 (2.78) 和式 (2.79) 可写为

$$f_{k+1}^k c_{k+1}^{k*} = \boldsymbol{\beta}_k \quad (2.80)$$

式 (2.80) 说明，悬吊力作用点矢量 c_{k+1}^{k*} 必须与 $\boldsymbol{\beta}$ 共线。若 c_{k+1}^{k*} 与 $\boldsymbol{\beta}$ 同向，则悬吊力必须为正值，即悬吊力向上；若 c_{k+1}^{k*} 与 $\boldsymbol{\beta}$ 逆向，则悬吊力必须为负值，即悬吊力向下。这为满足"只有一个悬吊力向上，其余悬吊力向下"提供了条件。

2.4.1.2 $p < k \leqslant n$ 段悬吊力解系

补偿约束式 (2.59) 在此段内恒成立。

2.4.1.3 $n < k \leqslant n + 3$ 段悬吊力解系

在此段内，"悬吊式低重力模拟"模型为

$$\hat{\boldsymbol{z}} \cdot \frac{\partial \boldsymbol{r}}{\partial q_k} \sum_{i=0}^p m_{i+1}^i g = \hat{\boldsymbol{z}} \cdot \frac{\partial \boldsymbol{r}}{\partial q_k} \sum_{i=0}^p f_{i+1}^i, \quad k = n+1, n+2, n+3 \quad (2.81)$$

因为 $\boldsymbol{r} = (q_{n+1}, q_{n+2}, q_{n+3})$，所以，当 $k = n+1$ 时，式 (2.81) 为

$$(0, 0, 1)^{\mathrm{T}} \cdot (1, 0, 0)^{\mathrm{T}} \sum_{i=0}^p m_{i+1}^i g = (0, 0, 1)^{\mathrm{T}} \cdot (1, 0, 0)^{\mathrm{T}} \sum_{i=0}^p f_{i+1}^i \quad (2.82)$$

该等式恒成立。相似地，当 $k = n+2$ 时，式 (2.81) 恒成立。这是因为在设定阶段，假设了悬吊力无水平方向分力。

当 $k = n+3$ 时，式 (2.81) 为

$$s^* \sum_{i=0}^p m_{i+1}^i g = \sum_{i=0}^p f_{i+1}^i \quad (2.83)$$

式 (2.83) 可写为

$$f_1^0 = s^* \sum_{i=0}^p m_{i+1}^i g - \sum_{i=1}^p f_{i+1}^i \quad (2.84)$$

由于 $f_{i+1}^i, i = 1, 2, \cdots, p$ 已选定，因此为已知量，故 f_1^0 唯一可解。f_1^0 是车厢悬吊力的大小。至此，只有车厢悬吊力的作用点尚未确定。

2.4.1.4　$n+3 < k \leqslant n+6$ 段悬吊力解系

此段补偿约束的作用是确定车厢悬吊力的作用点。在此段内，悬吊力约束为

$$
\frac{\partial \boldsymbol{R}_{O_1}^O}{\partial q_k} \sum_{j=0}^{p} s^* \boldsymbol{\Theta}_j \left(\boldsymbol{c}_{j+1}^j m_{j+1}^j + \boldsymbol{b}_{j+1}^j \sum_{i=j+1}^{p} m_{i+1}^i \right) g -
$$

$$
\boldsymbol{\Theta}_j \left(\boldsymbol{c}_{j+1}^{j*} f_{j+1}^j + \boldsymbol{b}_{j+1}^j \sum_{i=j+1}^{p} f_{i+1}^i \right) = (s_x, s_y, 0) \tag{2.85}
$$

式 (2.85) 中，$\boldsymbol{R}_{O_1}^O = \boldsymbol{R}_z(q_{n+6}) \boldsymbol{R}_y(q_{n+5}) \boldsymbol{R}_x(q_{n+4})$。当 $k = n+4$ 时：

$$
\frac{\partial \boldsymbol{R}_{O_1}^O}{\partial q_4} = \boldsymbol{R}_z(q_{n+6}) \boldsymbol{R}_y(q_{n+5}) \frac{\partial \boldsymbol{R}_x(q_{n+4})}{\partial q_4} \tag{2.86}
$$

其中，

$$
\frac{\partial \boldsymbol{R}_x(q_{n+4})}{\partial q_4} = \boldsymbol{S}_x(q_{n+4}) \boldsymbol{R}_x(q_{n+4})
$$

式中，$\boldsymbol{S}_x(q_{n+4})$ 是绕 x 轴的螺旋矩阵。考虑螺旋矩阵性质：

$$
\boldsymbol{S}_x(q_{n+4}) \boldsymbol{r} = \widehat{x} \times \boldsymbol{r}
$$

即螺旋矩阵 $\boldsymbol{S}_x(q_{n+4})$ 将任意向量映射至 Oxy 平面内。所以，当 $k = n+4$ 时，式 (2.85) 的含义是求和号中的向量经 $\partial \boldsymbol{R}_x(q_{n+4})/\partial q_4$ 映射至 Oyz 平面，经 $\boldsymbol{R}_y(q_{n+5})$ 映射后绕 y 轴转 q_{n+5}，经 $\boldsymbol{R}_z(q_{n+6})$ 映射后绕 z 轴转 q_{n+6}，所得结果的 z 轴分量为零。由于 q_{n+5} 和 q_{n+6} 可取任意值，所以 $\boldsymbol{R}_z(q_{n+6}) \boldsymbol{R}_y(q_{n+5})$ 可将任意非零向量旋转至 z 轴非零状态。因此，当 $k = n+4$ 时，式 (2.85) 成立的充要条件是

$$
\sum_{j=0}^{p} s^* \boldsymbol{\Theta}_j \left(\boldsymbol{c}_{j+1}^j m_{j+1}^j + \boldsymbol{b}_{j+1}^j \sum_{i=j+1}^{p} m_{i+1}^i \right) g - \boldsymbol{\Theta}_j \left(\boldsymbol{c}_{j+1}^{j*} f_{j+1}^j + \boldsymbol{b}_{j+1}^j \sum_{i=j+1}^{p} f_{i+1}^i \right) = \boldsymbol{0} \tag{2.87}
$$

此充要条件同样使得 $k = n+5$ 和 $k = n+6$ 时式 (2.85) 成立。将 $0 < k \leqslant p$ 段悬吊力解系 (2.78) 代入约束式 (2.87)，得

$$
\boldsymbol{c}_1^{0*} f_1^0 = s^* \boldsymbol{c}_1^0 m_1^0 g + \boldsymbol{b}_1^0 \sum_{i=1}^{p} (s^* m_{i+1}^i g - f_{i+1}^i) - c_1 \boldsymbol{u}_1 \tag{2.88}
$$

式 (2.88) 等号右侧全部为已知量，等号左侧的 f_1^0 已经由式 (2.84) 求出，只有 $\boldsymbol{c}_1^{0*}$ 是未知量，因此 $\boldsymbol{c}_1^{0*}$ 唯一可求。$\boldsymbol{c}_1^{0*}$ 是车厢悬吊力的作用点。

至此，单关节链悬吊力解完全确定。需要注意：c_1 是可以随意设置的量。将它包含在方程 (2.88) 中仅为了保证解系完整。如果没有特殊需要，完全可以令 $c_1 = 0$，使式 (2.88) 简化为更简洁的形式。

2.4.1.5 单关节链悬吊力解系小结

将单链悬吊力的解系进行总结，列于式 (2.89)：

$$
\begin{cases}
c_{k+1}^{k*} f_{k+1}^k = s^* \boldsymbol{c}_{k+1}^k m_{k+1}^k g + \boldsymbol{b}_{k+1}^k \left(\sum_{i=k+1}^{p} s^* m_{i+1}^i g - f_{i+1}^i \right) + \\
\quad c_k \boldsymbol{u}_k - c_{k+1} \boldsymbol{u}_{k+1}, \quad k = 1, 2, \cdots, p & (2.89a) \\
f_1^0 = s^* \sum_{i=0}^{p} m_{i+1}^i g - \sum_{i=1}^{p} f_{i+1}^i & (2.89b) \\
\boldsymbol{c}_1^{0*} f_1^0 = s^* \boldsymbol{c}_1^0 m_1^0 g + \boldsymbol{b}_1^0 \sum_{i=1}^{p} (s^* m_{i+1}^i g - f_{i+1}^i) - c_1 \boldsymbol{u}_1 & (2.89c)
\end{cases}
$$

解系式 (2.89a) 为除车厢悬吊外的悬吊力的解，式 (2.89b) 用于确定车厢悬吊力大小和正负，式 (2.89c) 用于确定车厢悬吊力的作用点。需要特别说明的是，式 (2.89b) 和式 (2.89c) 分别是模型在 $n < k \leqslant n+3$ 段和 $n+3 < k \leqslant n+6$ 段的解。解该方程分 3 步：① 利用式 (2.89a)，先算 $k = p$ 的解，再算 $k = p-1$ 的解，直至算至 $k = 1$ 的解；② 将第一步的结果代入式 (2.89b)，得出车厢悬吊力的大小和方向；③ 将前两步的结果代入式 (2.89c)，得出车厢悬吊力的作用点。

2.4.2 多关节链的悬吊力解系

前面讨论了单关节链的悬吊力解系，本节讨论多关节链的悬吊力解系。令 $\boldsymbol{q}_r = (q_{p+1}, q_{p+2}, \cdots, q_r)(r < n)$ 对应第二条不分叉的关节链，关节 $q_i(i = p+1, p+2, \cdots, r-1)$ 和关节 q_{i+1} 相邻，且前者为后者的前端，q_r 为关节链的末端。为表达一致，使用 m_{r+1}^r 和 $\boldsymbol{c}_{r+1}^r$ 代替 m_T^r 和 $\boldsymbol{c}_T^r$。由于在第一条关节链中未使用 $\boldsymbol{b}_{p+1}$，因此将从 O_1 指向 q_{p+1} 的矢量记为 $\boldsymbol{b}_{p+1}^p$。如图 2.18 所示。

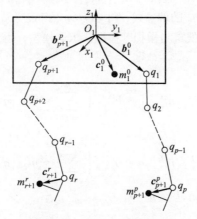

图 2.18 双关节链参数定义

若如此构造，参照式 (2.53) 可得第二条关节链的势能 G_r'：

$$
G_r' = \hat{\boldsymbol{z}} \cdot \sum_{i=p}^{r} m_{i+1}^i g \boldsymbol{R}_{O_1}^O \left(\sum_{j=p}^{i-1} \boldsymbol{\Omega}_j \boldsymbol{b}_{j+1}^j + \boldsymbol{\Omega}_i \boldsymbol{c}_{i+1}^i \right) + \hat{\boldsymbol{z}} \cdot \boldsymbol{r} \sum_{i=p}^{r} m_{i+1}^i g \tag{2.90}
$$

由于已经将车厢势能包含于第一条关节链势能 G_r 中，因此 G_r' 中不应包含车厢势能。为此，定义 $m_{p+1}^p = 0$。$\boldsymbol{\Omega}_j$ 的定义为

$$\boldsymbol{\Omega}_j(q_{p+1}, q_{p+2}, \cdots, q_j) = \prod_{l=p+1}^{j} \boldsymbol{R}_{ul}(q_l)$$

为使 $\boldsymbol{\Omega}_j$ 位于两层积分号之间，转化式 (2.90) 的求和顺序：

$$G_r' = \widehat{\boldsymbol{z}} \cdot \sum_{j=p}^{r} \boldsymbol{R}_{O_1}^O \boldsymbol{\Omega}_j \left(\boldsymbol{c}_{j+1}^j m_{j+1}^j + \boldsymbol{b}_{j+1}^j \sum_{i=j+1}^{r} m_{i+1}^i \right) g + \widehat{\boldsymbol{z}} \cdot \boldsymbol{r} \sum_{i=p}^{r} m_{i+1}^i g \quad (2.91)$$

将两条关节链的势能 G_r 和 G_r' 相加，并对 $q_k(k=1,2,\cdots,n+6)$ 求导，得

$$\frac{\partial G}{\partial q_k} = \begin{cases} \widehat{\boldsymbol{z}} \cdot \sum_{j=k}^{p} \boldsymbol{R}_{O_1}^O \frac{\partial \boldsymbol{\Theta}_j}{\partial q_k} \left(\boldsymbol{c}_{j+1}^j m_{j+1}^j + \boldsymbol{b}_{j+1}^j \sum_{i=j+1}^{r} m_{i+1}^i \right) g, & k=1,2,\cdots,p \\ \widehat{\boldsymbol{z}} \cdot \sum_{j=k}^{r} \boldsymbol{R}_{O_1}^O \frac{\partial \boldsymbol{\Omega}_j}{\partial q_k} \left(\boldsymbol{c}_{j+1}^j m_{j+1}^j + \boldsymbol{b}_{j+1}^j \sum_{i=j+1}^{r} m_{i+1}^i \right) g, & k=p+1,p+2,\cdots,r \\ \boldsymbol{0}, & k=r+1,r+2,\cdots,n \\ \widehat{\boldsymbol{z}} \cdot \frac{\partial \boldsymbol{r}}{\partial q_k} \sum_{i=0}^{r} m_{i+1}^i g, & k=n+1,n+2,n+3 \\ \widehat{\boldsymbol{z}} \cdot \sum_{j=0}^{r} \frac{\partial \boldsymbol{R}_{O_1}^O}{\partial q_k} \boldsymbol{\Theta}_j \left(\boldsymbol{c}_{j+1}^j m_{j+1}^j + \boldsymbol{b}_{j+1}^j \sum_{i=j+1}^{p} m_{i+1}^i \right) g, & k=n+4,n+5,n+6 \end{cases}$$

$$(2.92)$$

将式 (2.92) 中的 $\boldsymbol{c}_{j+1}^j(\boldsymbol{0})$ 置换为 $\boldsymbol{c}_{j+1}^{j*}$，$m_{j+1}^j g$ 和 $m_{i+1}^i g$ 分别置换为 $\boldsymbol{f}_{j+1}^j$ 和 $\boldsymbol{f}_{i+1}^i$，即得到悬吊力势能 G^* 对 q_k 的偏导式；将 $\partial G/\partial q_k$ 和 $G^*/\partial q_k$ 代入补偿约束式 (2.44)，得到多关节链的"悬吊式低重力模拟"模型。求解模型，得到多关节链的悬吊力解系如式 (2.89)：

$$\begin{cases} \boldsymbol{c}_{k+1}^{k*} f_{k+1}^k = s^* \boldsymbol{c}_{k+1}^k m_{k+1}^k g + \boldsymbol{b}_{k+1}^k \left(\sum_{i=k+1}^{p} s^* m_{i+1}^i g - f_{i+1}^i \right) + \\ c_k \boldsymbol{u}_k - c_{k+1} \boldsymbol{u}_{k+1}, \quad k=1,2,\cdots,p \qquad (2.93a) \\ \boldsymbol{c}_{k+1}^{k*} f_{k+1}^k = s^* \boldsymbol{c}_{k+1}^k m_{k+1}^k g + \boldsymbol{b}_{k+1}^k \left(\sum_{i=k+1}^{r} s^* m_{i+1}^i g - f_{i+1}^i \right) + \\ c_k \boldsymbol{u}_k - c_{k+1} \boldsymbol{u}_{k+1}, k=p+1,\cdots,r \qquad (2.93b) \\ \sum_{i=0}^{r} f_{i+1}^i = s^* \sum_{i=0}^{r} m_{i+1}^i g \qquad (2.93c) \\ \boldsymbol{c}_1^{0*} f_1^0 = s^* \boldsymbol{c}_1^0 m_1^0 g + \boldsymbol{b}_1^0 \sum_{i=1}^{p} (s^* m_{i+1}^i g - f_{i+1}^i) + \\ \boldsymbol{b}_{p+1}^p \sum_{i=p+1}^{r} (s^* m_{i+1}^i g - f_{i+1}^i) - c_1 \boldsymbol{u}_1 - c_{p+1} \boldsymbol{u}_{p+1} \qquad (2.93d) \end{cases}$$

比较双链和单链的悬吊力解系，有如下特点：① 两解系的第一式相同、解系式 (2.93b) 不含式 (2.89a) 中的参数（除 s^* 外），这说明两条关节链的补偿解系相互独立；② 解系式 (2.93c) 和解系式 (2.89b) 相同，这说明车厢力大小的解不变；③ 解系式 (2.93d) 比解系式 (2.89c) 只多两项，此项为第二关节链悬吊力对车厢悬吊力作用点的影响。

综上所述，星球车多关节链上的悬吊力解系相互独立。换句话说，每条单关节链的悬吊力解系可以单独求解，它们的解与其他关节链上的悬吊力无关。

2.4.3 分叉关节链的悬吊力解系

将图 2.18 中双关节链参数所对应的星球车做如下构造：取消车厢相对固定坐标系的移动自由度，相应地取消广义坐标 q_{n+1}、q_{n+2} 和 q_{n+3}；取消车厢相对地面坐标系 y 轴和 z 轴的旋转自由度，相应地取消广义坐标 q_{n+5} 和 q_{n+6}；只保留车厢相对地面坐标系 x 轴的旋转自由度，相应地保留广义坐标 q_{n+4}；将车厢坐标系原点 O_1 设置于关节 q_{n+4} 上，如图 2.19 所示。若如此构造，关节 q_{n+4} 即为分叉关节，关节链 $(q_1, q_2, \cdots, q_p)$ 和 $(q_{p+1}, q_{p+2}, \cdots, q_r)$ 即为两条分叉的关节链。

与双关节链的相比，此处仅取消了广义坐标 q_{n+1}、q_{n+2}、q_{n+3}、q_{n+5} 和 q_{n+6}，并将车厢坐标系原点 O_1 设置于关节 q_{n+4} 上。因此，只需要从解系 (2.93) 中取消对应 q_{n+1}、q_{n+2}、q_{n+3}、q_{n+5} 和 q_{n+6} 的约束，并进行符号置换即可获得分叉关节链的悬吊力解系。置换内容如下：将原由车厢坐标系原点 O_1 指向 q_1 的矢量 $\boldsymbol{b}_1^0$ 置换为由 q_{n+4} 关节指向 q_1 的矢量 $\boldsymbol{b}_1^{n+4}$；相似地，将 $\boldsymbol{b}_{p+1}^p$ 置换为 $\boldsymbol{b}_{p+1}^{n+4}$，将 $\boldsymbol{m}_1^0$ 和 $\boldsymbol{c}_1^0$ 置换为 m_1^{n+4} 和 $\boldsymbol{c}_1^{n+4}$，将 $\boldsymbol{f}_1^0$ 和 $\boldsymbol{c}_1^{0*}$ 置换为 $\boldsymbol{f}_1^{n+4}$ 和 $\boldsymbol{c}_1^{n+4*}$。

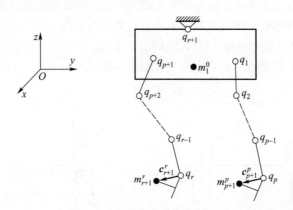

图 2.19 分叉关节链参数定义

由于取消了 q_{n+1}、q_{n+2} 和 q_{n+3}，因此应将约束式 (2.93) 从解系中去除 $\sum_{i=0}^{r} \boldsymbol{f}_{i+1}^i = s^* \sum_{i=0}^{r} m_{i+1}^i g$（此解是多关节链模型在 $n < k \leqslant n+3$ 段的解系），即取消对车厢悬吊力大小和方向的限制。由于取消了 q_{n+5} 和 q_{n+6}，因此车厢悬吊力作用点的解系应增

加沿转轴 $\hat{\boldsymbol{x}}$ 的自由度。综上所述，分叉关节链的悬吊力解系为

$$
\begin{cases}
\boldsymbol{c}_{k+1}^{k*}\boldsymbol{f}_{k+1}^{k} = s^*\boldsymbol{c}_{k+1}^{k}m_{k+1}^{k}g + \boldsymbol{b}_{k+1}^{k}\left(\displaystyle\sum_{i=k+1}^{p} s^*m_{i+1}^{i}g - f_{i+1}^{i}\right) + \\
c_k\boldsymbol{u}_k - c_{k+1}\boldsymbol{u}_{k+1}, \quad k = 1, 2, \cdots, p \\
\boldsymbol{c}_{k+1}^{k*}\boldsymbol{f}_{k+1}^{k} = s^*\boldsymbol{c}_{k+1}^{k}m_{k+1}^{k}g + \boldsymbol{b}_{k+1}^{k}\left(\displaystyle\sum_{i=k+1}^{r} s^*m_{i+1}^{i}g - f_{i+1}^{i}\right) + \\
c_k\boldsymbol{u}_k - c_{k+1}\boldsymbol{u}_{k+1}, \quad k = p+1, \cdots, r \\
\boldsymbol{c}_1^{n+4*}\boldsymbol{f}_1^{n+4} = s^*\boldsymbol{c}_1^{n+4}m_1^{n+4}g + \boldsymbol{b}_1^{n+4}\displaystyle\sum_{i=1}^{p}(s^*m_{i+1}^{i}g - f_{i+1}^{i}) + \\
\boldsymbol{b}_p^{n+4}\displaystyle\sum_{i=p+1}^{r}(s^*m_{i+1}^{i}g - f_{i+1}^{i}) + c_{n+4}\boldsymbol{u}_{n+4} - c_1\boldsymbol{u}_1 - c_{p+1}\boldsymbol{u}_{p+1}
\end{cases} \tag{2.94}
$$

式中，$\hat{\boldsymbol{u}}_{n+4} = \hat{\boldsymbol{x}}$。这说明，两个分叉关节链的悬吊力解系是相互独立的。

分叉关节链是一种特殊的多关节链，前者和后者的区别在于：多关节链的"分叉关节"是具有 6 个空间自由度的车厢；分叉关节链的"分叉关节"是转动关节，只有 1 个转动自由度。在去除车厢的 3 个平移自由度和 2 个转动自由度之后，多关节链即转化为分叉关节链。需要注意的是，约束车厢自由度的实质是取消了相应的广义坐标，因而取消了针对这些广义坐标的约束条件。这个过程扩大了多关节链的悬吊力的解系。这说明，总可以将一个分叉关节链视为多关节链进行悬吊力求解，因为求出的解系总是完整解系的一个真子集。实际上，式 (2.93) 就是式 (2.94) 的真子集。

2.4.4　差速器耦合关节链的悬吊力解系

若星球车中含有差速器，由差速器连接的两条关节链运动是耦合的。差速器的作用是使与差速轴相连的两个摇臂相对车厢的转角互为负数。所以，既可以使用一个广义坐标 q_1 表示差速器自由度，也可以使用 q_1 和 q_2 分别表示两个转动自由度，且使 $q_1 = -q_2$。如图 2.20 所示，这两种定义方法是一致的。

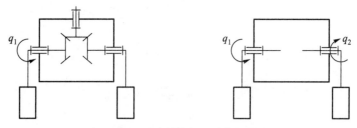

图 2.20　差速关节的两种定义方法

在多关节链解系计算中，q_1 和 q_{p+1} 关节连接于车厢上，并且 q_1 和 q_{p+1} 不是关联变量。这说明，不管 q_1 和 q_{p+1} 如何取值，解系式 (2.93) 都满足重力模拟的要求。特殊地，若令 $q_1 = q_{p+1}$，解系式 (2.93) 也满足重力补偿的要求；换句话说，若将多关节链中的 q_1 和 q_{p+1} 关节置换为差速器关节，解系式 (2.93) 仍旧满足重力补偿的要求。因此，在计算悬吊力解系时，可以忽略差速器对关节链的耦合效果。

2.4.5 悬吊力解系小结

根据本章的分析结果，可以将悬吊力的解系归纳如下。对于星球车中的任一个单关节链 $(q_1, q_2, \cdots, q_p)$，其此悬吊力 $(f_2^1, f_3^2, \cdots, f_{p+1}^p)$ 的解系为

$$
\boldsymbol{c}_{k+1}^{k*} f_{k+1}^k = s^* \boldsymbol{c}_{k+1}^k m_{k+1}^k g + \boldsymbol{b}_{k+1}^k \left(\sum_{i=k+1}^p s^* m_{i+1}^i g - f_{i+1}^i \right) +
$$
$$
c_k \boldsymbol{u}_k - c_{k+1} \boldsymbol{u}_{k+1}, \quad k = 1, 2, \cdots, p \tag{2.95}
$$

如果关节链 $(q_1, q_2, \cdots, q_p)$ 和关节链 $(q_{p+1}, q_{p+2}, \cdots, q_r)$ 在关节 q_{r+1} 处分叉，分叉关节前端刚体上的悬吊力 f_1^{r+1} 服从约束：

$$
\boldsymbol{c}_1^{r+1*} f_1^{r+1} = s^* \boldsymbol{c}_1^{r+1} m_1^{r+1} g + \boldsymbol{b}_1^{r+1} \sum_{i=1}^p (s^* m_{i+1}^i g - f_{i+1}^i) +
$$
$$
\boldsymbol{b}_p^{r+1} \sum_{i=p+1}^r (s^* m_{i+1}^i g - f_{i+1}^i) + c_{r+1} \boldsymbol{u}_{r+1} - c_1 \boldsymbol{u}_1 - c_{p+1} \boldsymbol{u}_{p+1} \tag{2.96}
$$

车厢悬吊力 f_1^0 的大小为

$$
f_1^0 = s^* \sum_{i=0}^r m_{i+1}^i g - \sum_{i=1}^r f_{i+1}^i \tag{2.97}
$$

车厢悬吊力的作用点 $\boldsymbol{c}_1^{0*}$ 为

$$
\boldsymbol{c}_1^{0*} f_1^0 = s^* \boldsymbol{c}_1^0 m_1^0 g + \boldsymbol{b}_1^0 \sum_{i=1}^p (s^* m_{i+1}^i g - f_{i+1}^i) +
$$
$$
\boldsymbol{b}_{p+1}^p \sum_{i=p+1}^r (s^* m_{i+1}^i g - f_{i+1}^i) - c_1 \boldsymbol{u}_1 - c_{p+1} \boldsymbol{u}_{p+1} \tag{2.98}
$$

式 (2.95)~ 式 (2.98) 即为星球车悬吊力的解系。

2.5 星球车的单索悬吊式低重力模拟方法

2.5.1 单索"悬吊式低重力模拟"模型

2.5.1.1 悬吊力的计算

"悬吊式低重力模拟"模型的解系 [即式 (2.95)~ 式 (2.98)] 中总存在一类解向量，此类解向量只含一个正分量。此正分量对应吊索悬吊力，其余负分量为配重对应的悬吊力，该特殊解对应的就是单索"悬吊式低重力模拟"模型。

1. 单关节链上的悬吊力

对于星球车中的任意一个单关节链 $(q_1, q_2, \cdots, q_p)$，要求其悬吊力 $(f_2^1, f_3^2, \cdots,$

f_{p+1}^p) 全部分量为负值，即：

$$
\begin{cases}
\boldsymbol{c}_{k+1}^{k*} f_{k+1}^k = s^* \boldsymbol{c}_{k+1}^k m_{k+1}^k g + \boldsymbol{b}_{k+1}^k \left(\sum_{i=k+1}^{p} s^* m_{i+1}^i g - f_{i+1}^i \right) + \\
c_k \boldsymbol{u}_k - c_{k+1} \boldsymbol{u}_{k+1}, \quad k = 1, 2, \cdots, p \\
f_{k+1}^k < 0
\end{cases}
\tag{2.99}
$$

式 (2.99) 总是有解的。这是因为，式 (2.99) 的第一式是一个矢量等式，将等式右边记为向量 $\boldsymbol{\beta}_k$，$\boldsymbol{\beta}_k$ 是已知矢量。式 (2.99) 可写为

$$
\begin{cases}
f_{k+1}^k \boldsymbol{c}_{k+1}^{k*} = \boldsymbol{\beta}_k, \\
f_{k+1}^k < 0
\end{cases}, \quad k = 1, 2, \cdots, p
$$

上式说明，悬吊力作用点矢量 $\boldsymbol{c}_{k+1}^{k*}$ 与必须与 $\boldsymbol{\beta}_k$ 共线。若 $\boldsymbol{c}_{k+1}^{k*}$ 与 $\boldsymbol{\beta}_k$ 同向，则悬吊力大小为正值，即悬吊力向上；若 $\boldsymbol{c}_{k+1}^{k*}$ 与 $\boldsymbol{\beta}_k$ 逆向，则悬吊力大小为负值，即悬吊力向下。在每一个单关节链内，总是令 $\boldsymbol{c}_{k+1}^{k*}$ 与 $\boldsymbol{\beta}_k$ 逆向，则悬吊力必全为负值。

2. 分叉关节链前端构件的悬吊力

如果一个关节链 $(q_1, q_2, \cdots, q_p)$ 和另一个关节链 $(q_{p+1}, q_{p+2}, \cdots, q_r)$ 在关节 q_{r+1} 处分叉，要求分叉关节前端刚体上的悬吊力 f_1^{r+1} 为负值，即：

$$
\begin{cases}
\boldsymbol{c}_1^{r+1*} f_1^{r+1} = s^* \boldsymbol{c}_1^{r+1} m_1^{r+1} g + \boldsymbol{b}_1^{r+1} \sum_{i=1}^{p} (s^* m_{i+1}^i g - f_{i+1}^i) + \\
\boldsymbol{b}_p^{r+1} \sum_{i=p+1}^{r} (s^* m_{i+1}^i g - f_{i+1}^i) + c_{r+1} \boldsymbol{u}_{r+1} - c_1 \boldsymbol{u}_1 - c_{p+1} \boldsymbol{u}_{p+1} \\
f_1^{r+1} < 0
\end{cases}
\tag{2.100}
$$

与式 (2.99) 相似，式 (2.100) 是一个矢量等式，总可以通过调整 $\boldsymbol{c}_1^{r+1*}$ 的取值，使得 f_1^{r+1} 的值为负值。

3. 车厢悬吊力

由于其他悬吊力都向下，所以车厢悬吊力 f_1^0 的值必为正值，不必作出额外约束。车厢悬吊力大小和作用点可直接用式 (2.101) 求解：

$$
\begin{cases}
f_1^0 = s^* \sum_{i=0}^{r} m_{i+1}^i g - \sum_{i=1}^{r} f_{i+1}^i \\
\boldsymbol{c}_1^{0*} f_1^0 = s^* \boldsymbol{c}_1^0 m_1^0 g + \boldsymbol{b}_1^0 \sum_{i=1}^{p} (s^* m_{i+1}^i g - f_{i+1}^i) + \\
\boldsymbol{b}_{p+1}^p \sum_{i=p+1}^{r} (s^* m_{i+1}^i g - f_{i+1}^i) - c_1 \boldsymbol{u}_1 - c_{p+1} \boldsymbol{u}_{p+1}
\end{cases}
\tag{2.101}
$$

式 (2.99)~式 (2.101) 即为星球车的"悬吊式低重力模拟"模型。此模型中只有车厢补偿悬吊力为正值，此悬吊力使用吊索施加；其余悬吊力均为负值，这些悬吊力使用配重施加。按照式 (2.99)、式 (2.100) 和式 (2.101) 的顺序逐步求解，单索"悬吊式低重力模拟"模型总是有解。这就说明，对于只含转动关节的星球车，总是可以实现单索悬吊式低重力模拟。

2.5.1.2 摇臂–转向架式六轮星球车的单索"悬吊式低重力模拟"模型

1. 摇臂配重

因为多个关节链间的悬吊力解系互相独立，所以首先只考虑星球车一侧关节链的重力模拟。根据多个关节链悬吊力的独立原则，该构型车摇臂上配重的选取不受另一侧影响，所以可以单独针对一侧摇臂进行计算。另一侧摇臂的配重计算方法完全相同，此处不再赘述。

将包含单侧悬架的星球车分为 3 个刚体：车厢、主摇臂和与主摇臂直接相连的车轮，副摇臂和与副摇臂相连的两个车轮，如图 2.21 所示。将车厢坐标系 $O_1x_1y_1z_1$ 建立于车厢上，将差速器自由度的广义坐标记为 q_1，将主副摇臂间的旋转自由度的广义坐标记为 q_2。车厢的质心位置如图 2.21(a) 所示，将其质量记为 m_1^0；差速器和单个车轮的质心位置如图 2.21(b) 所示，将其质量记为 m_2^1；副摇臂和两个车轮的质心位置如图 2.21(c) 所示，将其质量记为 m_3^2。若如此布置，关节链的示意图如图 2.21(d) 所示。

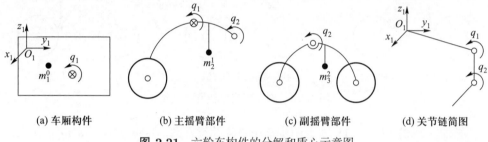

(a) 车厢构件　　　(b) 主摇臂部件　　　(c) 副摇臂部件　　　(d) 关节链简图

图 2.21　六轮车构件的分解和质心示意图

将星球车置于平地上，此时广义坐标向量为 **0**。此时定义关节链参数中的常量。在车厢坐标系内，从车厢坐标系原点 O_1 指向车厢质心和 q_1 关节的矢量记为 c_1^0 和 b_1^0，从 q_1 关节指向主摇臂质心和 q_2 关节的矢量记为 c_2^1 和 b_2^1，从 q_2 关节指向副摇臂质心的矢量记为 c_3^2，没有 b_3^2，如图 2.22 所示。这里定义的所有量都为已知常量。

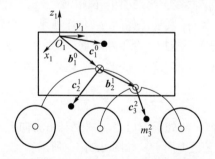

图 2.22　摇臂–转向架式六轮星球车关节链参数中的常量定义

根据解系式 (2.99) 计算副摇臂的悬吊力。因为关节链中含 2 个关节，因此式 (2.99) 中 $p = 2$。首先令式 (2.99) 第一式中 $k = 2$，且令自由变量 $c = 0$，则式 (2.99) 第一式为

$$c_3^{2*} f_3^2 = s^* c_3^2 m_3^2 g$$

即由 q_2 关节指向悬吊力作用点的矢量 $\boldsymbol{c}_3^{2*}$ 必须与 $\boldsymbol{c}_3^2$ 共线。如 $\boldsymbol{c}_3^{2*}$ 与 $\boldsymbol{c}_3^2$ 同向，则 f_3^2 为正值，悬吊力向上；如 $\boldsymbol{c}_3^{2*}$ 与 $\boldsymbol{c}_3^2$ 反向，则 f_3^2 必须为负值，悬吊力向下。悬吊力的幅值等于 $s^*|\boldsymbol{c}_3^2|/|\boldsymbol{c}_3^{2*}|m_3^2g$，即悬吊力离 q_2 关节越远，悬吊力的幅值越小，如图 2.23 (a) 所示。为使用配重施加悬吊力，需令 $\boldsymbol{c}_3^{2*}$ 与 $\boldsymbol{c}_3^2$ 反向；特殊地，令 $\boldsymbol{c}_3^{2*}=-\boldsymbol{c}_3^2$，则 $f_3^2=-s^*m_3^2g$。注意，此处 g 为负值，s^* 为负值，因此悬吊力为负值，如图 2.23(b) 所示。如果令 $\boldsymbol{c}_3^{2*}=\boldsymbol{c}_3^2$，则 $f_3^2=s^*m_3^2g$，悬吊力作用于构件质心，悬吊力为正值，方向向上，此解即为最常用的吊质心方法，如图 2.23(c)。

从副摇臂悬吊力的选择可以看出，星球车悬吊力的选择具有自由度。从悬吊力解系中选择不同的解，对应不同的模拟方案。

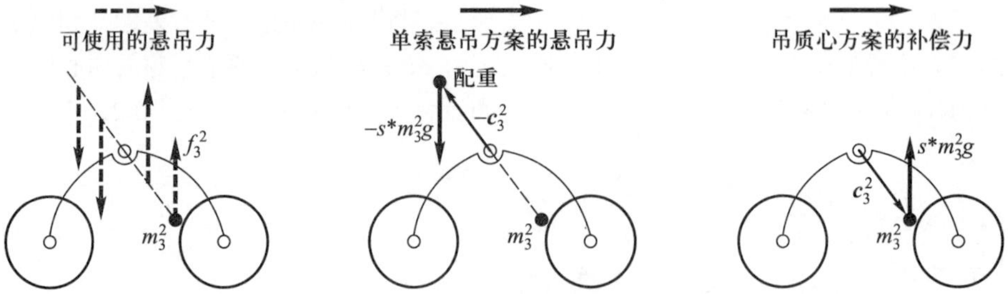

(a) 悬吊力可能施加方法　(b) 采用配重的方法　(c) 多吊索悬吊方法

图 2.23　副摇臂施加悬吊力方案

令式 (2.99) 中 $k=1$；如上一步选用单索补偿方案，需将 $f_3^2=-s^*m_3^2g$ 代入式 (2.99)，得

$$\boldsymbol{c}_2^{1*}f_2^1=s^*\boldsymbol{c}_2^1m_2^1g+2s^*\boldsymbol{b}_2^1m_3^2g \tag{2.102}$$

为实现单索模拟方案，此处仍旧需使 f_2^1 为负值。为明确 $\boldsymbol{c}_2^{1*}f_2^1$ 的物理意义，将 $\boldsymbol{c}_2^{1*}f_2^1$ 拆为两项：第一项为 $(-\boldsymbol{c}_2^1)(-s^*m_2^1g)$，第二项为 $(-\boldsymbol{b}_2^1)(-2s^*m_3^2g)$；两项和仍旧满足式 (2.102)。第一项 $(-\boldsymbol{c}_2^1)(-s^*m_2^1g)$ 对应安置于 $-\boldsymbol{c}_2^1$ 处的配重 $-s^*m_2^1g$，此配重与主摇臂质心和关节 q_1 共线；第二项 $(-\boldsymbol{b}_2^1)(-2s^*m_3^2g)$ 对应安置于 $-\boldsymbol{b}_2^1$ 处的配重 $-2s^*m_3^2g$，它与关节 q_1 和 q_2 共线。如图 2.24(a) 所示。实际中，可根据力合并原则将两个配重合并，因而只需要施加一个等效配重；此处不再赘述。

若采用多索悬吊方案，需将 $f_3^2=s^*m_3^2g$ 代入式 (2.102)，得

$$\boldsymbol{c}_2^{1*}f_2^1=s^*\boldsymbol{c}_2^1m_2^1g$$

与副摇臂悬吊力选择相似，此处仍旧可令主摇臂悬吊力向上或向下。若令 $\boldsymbol{c}_2^{1*}=\boldsymbol{c}_2^1$，则 $f_2^1=s^*m_2^1g$；主摇臂悬吊力向上，如图 2.24(b) 所示。

若令 $\boldsymbol{c}_3^{2*}=-\boldsymbol{c}_3^2$，则 $f_3^2=-s^*m_3^2g$；主摇臂悬吊力向下，构成副摇臂吊质心，主摇臂配重的混合方案，如图 2.25 所示。

至此，已经明确了摇臂配重的计算。将主副摇臂的配重模型归纳如下。副摇臂配重应满足下面的约束形式：

$$\begin{cases}\boldsymbol{c}_3^{2*}f_3^2=s^*\boldsymbol{c}_3^2m_3^2g\\ f_3^2<0\end{cases} \tag{2.103}$$

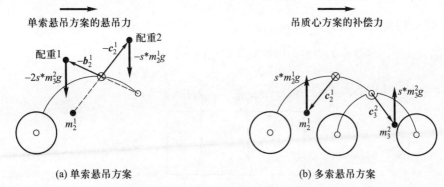

图 2.24　主摇臂施加悬吊力方案

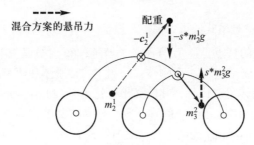

图 2.25　主摇臂配重的混合悬吊方案

主摇臂配重应满足：

$$\begin{cases} c_2^{1*}f_2^1 = s^*c_2^1 m_2^2 g + b_2^1(s^*m_3^2 g - f_3^2) \\ f_2^1 < 0 \end{cases} \tag{2.104}$$

2. 车厢悬吊力

令车厢悬吊力解系式 (2.101) 中 $p=2, r=4$。f_2^1 和 f_3^2 是一侧的主、副摇臂配重，f_4^3 和 f_5^4 是一侧的主、副摇臂配重，f_1^0 是车厢悬吊力。不失一般性，可认为星球车左右对称，因此 $b_1^0 = b_3^2, b_1^0$ 和 b_3^2 分别是车厢坐标系原点至两侧差速轴关节的矢量。车厢悬吊力的大小为

$$f_1^0 = s^* \sum_{i=0}^{4} m_{i+1}^i g - \sum_{i=1}^{4} f_{i+1}^i \tag{2.105}$$

车厢悬吊力的作用点 c_1^{0*} 服从：

$$c_1^{0*}f_1^0 = s^*c_1^0 m_1^0 g + 2b_1^0 \sum_{i=1}^{2}(s^*m_{i+1}^i g - f_{i+1}^i) \tag{2.106}$$

车厢悬吊力 $c_1^{0*}f_1^0$ 可分为 3 项。第一项 $s^*c_1^0 m_1^0 g$ 对应施加于 c_1^0 处 (即车厢质心) 的向上悬吊力 $s^*m_1^0 g$；第二项 $b_1^0 \sum_{i=1}^{2}(s^*m_{i+1}^i g - f_{i+1}^i)$ 对应施加于 b_1^0 处 (即差速关节处) 的向上悬吊力 $\sum_{i=1}^{2}(s^*m_{i+1}^i g - f_{i+1}^i)$，如图 2.26 所示；第三项对应施加于差速器另

一端 b_3^0 处的向上悬吊力 $\sum\limits_{i=3}^{4}(s*m_{i+1}^i g - f_{i+1}^i)$，图 2.26 中未标出此力。实际中，可根据力的合并原则将 3 个力合并，因而只需要施加一个等效悬吊力。

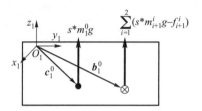

图 2.26 车厢悬吊力的作用点

2.5.1.3 八轮车单索"悬吊式低重力模拟"模型

八轮车的关节链的特点是：① 含两条关节链；② 含分叉关节链；③ 含差速器关节。八轮车每个关节链中包含 3 个刚体：一个主摇臂刚体和两个副摇臂刚体。将差速器用两个不相关的旋转关节代替，其广义坐标记为 q_1 和 q_4，分别位于车厢两侧；将主副摇臂间的旋转自由度记为 q_2 和 q_3，另一侧对应关节记为 q_5 和 q_6。一侧关节链中，q_1 为分叉关节；q_2 和 q_3 为两个分叉关节链，如图 2.27(a) 和图 2.27(b) 所示。其余参数定义不再赘述。

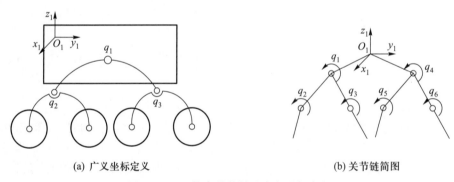

(a) 广义坐标定义   (b) 关节链简图

图 2.27 八轮车关节链及广义坐标定义

1. 摇臂配重

首先计算副摇臂配重。按照多关节链悬吊力解系独立和分叉关节链悬吊力解系独立的原则，4 个副摇臂上的悬吊力相互独立，可以分别计算。以下以计算 q_2 关节连接的副摇臂上的配重为例，其余副摇臂配重计算方法完全相同。因为关节链含 q_1 和 q_2 两个关节，因此令式 (2.99) 中 $p = 2$；因为 q_2 是关节链中的第二个关节，因此令式 (2.99) 中 $k = 2$，且令自由变量 $c = 0$。副摇臂的配重应满足：

$$\begin{cases} c_T^{2*} f_T^2 = s * c_T^2 m_T^2 g \\ f_T^2 < 0 \end{cases} \tag{2.107}$$

副摇臂配重如图 2.28(a) 所示。其余副摇臂配重计算方法相同。

使用分叉关节悬吊力解系式 (2.100) 计算主摇臂配重。对应 q_1 关节，主摇臂悬吊力解为

$$\boldsymbol{c}_2^{1*} f_2^1 = s^* \boldsymbol{c}_2^1 m_2^1 g + \boldsymbol{b}_2^1 (s^* m_{\mathrm{T}}^2 g - f_{\mathrm{T}}^2) + \boldsymbol{b}_3^1 (s^* m_{\mathrm{T}}^3 g - f_{\mathrm{T}}^3)$$

假设同一侧两个副摇臂结构相同，主摇臂的悬吊力应服从：

$$\begin{cases} \boldsymbol{c}_2^{1*} f_2^1 = s^* \boldsymbol{c}_2^1 m_2^1 g + 2\boldsymbol{b}_2^1 (s^* m_{\mathrm{T}}^2 g - f_{\mathrm{T}}^2) + 2\boldsymbol{b}_3^1 (s^* m_{\mathrm{T}}^3 g - f_{\mathrm{T}}^3) \\ f_2^1 < 0 \end{cases} \tag{2.108}$$

主摇臂配重对应 3 部分，分别是配置于 $-\boldsymbol{c}_2^1$ 的配重 $-s^* m_2^1 g$、配置于 $-\boldsymbol{b}_2^1$ 的配重 $-2s^* m_{\mathrm{T}}^2 g$ 和配置于 $-\boldsymbol{b}_3^1$ 的配重 $-2s^* m_{\mathrm{T}}^3 g$，如图 2.28(b) 所示。实际中可根据力合并原则将 3 个配重合并，因而只需要施加一个等效配重，此处不再赘述。另一侧主摇臂的配重方法相同。在实际中，八轮星球车两侧摇臂的质心和尺寸特性总是对称的，因此两侧摇臂配重的大小、安装位置是完全一致的，只需要计算一侧摇臂的配重即可。

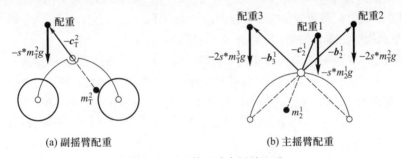

(a) 副摇臂配重　　　　　　(b) 主摇臂配重

图 2.28　八轮星球车摇臂配重

2. 车厢悬吊力

使用车厢悬吊力解系式 (2.101) 计算车厢悬吊力大小和作用点。八轮车的车厢悬吊力应服从：

$$\begin{cases} f_1^0 = s^* \sum mg - \sum f \\ \boldsymbol{c}_1^{0*} f_1^0 = s^* \boldsymbol{c}_1^0 m_1^0 g + 2\boldsymbol{b}_1^0 \sum (s^* mg - f) \end{cases} \tag{2.109}$$

2.5.2 摇臂–转向架式六轮星球车单索悬吊的轮地接触压力分析

轮地接触压力（以下简称"轮地力"）是检验低重力模拟方法正确与否的依据。如果轮地力被模拟至低重力状态，则认为低重力模拟方法正确。为证明星球车单索悬吊式低重力模拟方法的正确性，建立轮地力模型，并对模拟低重力状态和真实低重力状态下轮地力进行比较，如果两种状态下轮地力一致，则说明星球车的单索悬吊式低重力模拟方法能够准确地模拟星球车的轮地力。

2.5.2.1　轮地力模型研究

本节首先定义轮地力和星球车参数，然后建立轮地力模型。通过分析轮地力模型的解系，证明"轮地力模拟正确"等价于"轮地力特解 (全部轮地力水平分量为零时的特例) 模拟正确"，并提出轮地力特解模型。通过对模拟低重力状态和真实低重力状态下轮地力的比较，得出重力模拟的判据。

1. 轮地力及参数定义

建立右手坐标系 $Oxyz$：y 轴正向与重力方向相反，x 轴平行于水平面且使得 Oxy 平面与星球车前进方向平行；各坐标轴单位矢量分别为 i、j、k。定义序号：星球车副摇臂为前端，记右前轮、右中轮、右后轮、左前轮、左中轮和左后轮分别为 $1 \sim 6$ 号轮；记右副摇臂、右前轮和右中轮为 1 号构件，右主摇臂和右后轮为 2 号构件，车厢为 3 号构件，左副摇臂、左前轮和左中轮为 4 号构件，左主摇臂和后轮为 5 号构件。定义位置：记右侧主副摇臂铰接点为 A，左侧对应点为 C，右侧主摇臂与车厢的差速轴连接点为 B，左侧对应点为 D，差速轴中点为 E，$1 \sim 5$ 号构件质心位置点分别为点 $F \sim J$，$1 \sim 6$ 号轮与地面接触点记为 $K \sim P$。定义矢量：记 N_k 为接触面对 k 号轮的轮地力矢量，它与各轴投影值关系记为 $N_k = H_k i + V_k j + I_k k$；记 r_{AB} 为从点 A 到点 B 的位置矢量，它与各轴投影值的关系记为 $r_{AB} = x_{AB} i + y_{AB} j + z_{AB} k$；记 $T_A(N_1) = N_1 \times r_{AK}$ 为 K 点轮地力 N_1 相对 A 点的矩矢，简记为 $T_{N_1}^A$，它与各轴投影值关系记为 $T_{N_1}^A = X_{N_1}^A i + Y_{N_1}^A j + Z_{N_1}^A k$；记 m_k 和 G_k 为 k 号构件的质量和重力。其余定义：记车侧倾角为 α，记模拟低重力加速度值为 g/s，$s > 1$。图 2.29(a) 是 Oxy 平面视图，图 2.29(b) 是 Oyz 平面视图。

为了表达摇臂旋转关节的转矩传递特性，将坐标系 $Oxyz$ 绕 x 轴旋转 α 角，得到新坐标系 $Ox'y'z'$，使 $Ox'y'$ 平面与摇臂转动关节的轴线垂直，如图 2.29(b) 所示。将 $Ox'y'$ 称为俯仰平面、$Oy'z'$ 称为侧倾平面、$Oz'x'$ 称为转向平面。N_1 相对 A 点矢矩 $T_{N_1}^A$ 在坐标系 $Ox'y'z'$ 各轴投影值 $X_{N_1}^{A'}$、$Y_{N_1}^{A'}$、$Z_{N_1}^{A'}$ 和在 $Oxyz$ 各轴投影值 $X_{N_1}^A$、$Y_{N_1}^A$、$Z_{N_1}^A$ 的关系为

$$\begin{pmatrix} X_{N_1}^{A'} \\ Y_{N_1}^{A'} \\ Z_{N_1}^{A'} \end{pmatrix} = \begin{pmatrix} 1 & 0 & 0 \\ 0 & \cos\alpha & -\sin\alpha \\ 0 & \sin\alpha & \cos\alpha \end{pmatrix} \begin{pmatrix} X_{N_1}^A \\ Y_{N_1}^A \\ Z_{N_1}^A \end{pmatrix} \tag{2.110}$$

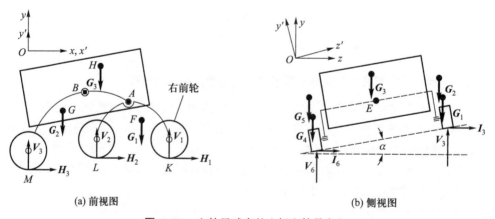

(a) 前视图   (b) 侧视图

图 2.29 六轮星球车的坐标和符号定义

2. 轮地力模型及其解系

首先分析转矩平衡关系。在 $Ox'y'$ 平面内副摇臂转动关节不传递转矩。相对 z' 轴，构件 1 上轮地力 N_1、N_2 和重力 G_1 相对 A 点的转矩投影 $Z_{N_1}^{A'}$、$Z_{N_2}^{A'}$ 和 $Z_{G_1}^{A'}$ 互

相平衡，如图 2.30 (a) 所示，即

$$Z_{N_1}^{A'} + Z_{N_2}^{A'} = -Z_{G_1}^{A'} \tag{2.111}$$

$Ox'y'$ 平面内，差速器传递给单侧摇臂的转矩 T_B 是车厢质心相对差速轴转矩的 $1/2$，即 $T_B = Z_{G_3}^{B'}/2$。相对 z' 轴，构件 2 上轮地力 $\boldsymbol{N}_3$、A 点内力 $-\boldsymbol{N}_A$ 和重力 $\boldsymbol{G}_2$ 相对 B 点转矩 $Z_{N_3}^{B'}$、$Z_{-N_A}^{B'}$ 和 $Z_{G_2}^{B'}$ 平衡了差速器传至构件 2 的转矩 T_B，如图 2.30 (b) 所示。构件 2 转矩平衡式为

$$Z_{N_3}^{B'} + Z_{-N_A}^{B'} = -Z_{G_2}^{B'} - Z_{G_3}^{B'}/2 \tag{2.112}$$

构件 4、5 转矩平衡方程与式 (2.111)、式 (2.112) 相似，分别是

$$Z_{N_4}^{C'} + Z_{N_5}^{C'} = -Z_{G_4}^{C'} \tag{2.113}$$

$$Z_{N_6}^{D'} + Z_{-N_C}^{D'} = -Z_{G_5}^{D'} - Z_{G_3}^{D'}/2 \tag{2.114}$$

在 $Oy'z'$ 平面内星球车没有自由度。由于 x' 轴与 x 轴重合，轮地力 x 轴分量 H 相对 x' 轴无转矩。相对 x' 轴，轮地力竖直分量 V、水平分量 I 和质心重力 G 相对任意点 (可选为差速轴中点 E) 的转矩互相平衡，如图 2.30(b)。平衡关系记为

$$\sum (X_V^{E'} + X_1^{E'}) = -\sum X_G^{E'} \tag{2.115}$$

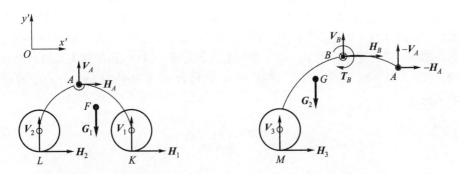

(a) 副摇臂分离体受力   (b) 主摇臂分离体受力

图 2.30 摇臂构件的分离体受力分析

在 $Oz'x'$ 平面星球车没有自由度。相对 y' 轴，轮地力的三向分量 H、V、I 和重力 G 相对任意点 (可选为差速轴中点 E) 的转矩互相平衡

$$\sum (Y_H^{E'} + Y_V^{E'} + Y_I^{E'}) = -\sum Y_G^{E'} \tag{2.116}$$

然后分析力平衡。由于在 x、y、z 方向上整车受力平衡，因此

$$\sum H = 0, \quad \sum V = -\sum G, \quad \sum I = 0 \tag{2.117}$$

联立式 (2.111)～式 (2.117)，将式 (2.110) 代入式 (2.111)～式 (2.116)，获得转矩平衡关系在坐标系 $Oxyz$ 内的表达，将构件 1、3 的力平衡关系代入式 (2.112)、式 (2.114)，

以消除内力项 $Z_{-N_A}^{B'}$、$Z_{-N_C}^{B'}$，得到轮地力平衡模型：

$$\begin{cases} \sum H = 0, \sum V = -\sum G, \sum I = 0 \\ \sum(X_V^E + X_I^E) = -\sum X_G^E \\ \sum[(Y_H^E + Y_I^E) - \tan\alpha(Z_H^E + Z_V^E)] = \sum(\tan\alpha Z_G^E) \\ \tan\alpha(Y_{N_1}^A + Y_{N_2}^A) + (Z_{N_1}^A + Z_{N_2}^A) = -\tan\alpha Y_{G_1}^A - Z_{G_1}^A \\ \tan\alpha(Y_{N_4}^C + Y_{N_5}^C) + (Z_{N_4}^C + Z_{N_5}^C) = -\tan\alpha Y_{G_4}^C - Z_{G_4}^C \\ \tan\alpha[Y_{N_3}^B + z_{BA}(H_1 + H_2) - x_{BA}(I_1 + I_2)] + [Z_{N_3}^B + \\ \quad x_{BA}(V_1 + V_2) - y_{BA}(H_1 + H_2)] = -(x_{BA}G + Z_{G_2}^B + Z_{G_3}^E/2) \\ \tan\alpha[Y_{N_6}^D + z_{DC}(H_4 + H_5) - x_{DC}(I_4 + I_5)] + [Z_{N_6}^D + \\ \quad x_{DC}(V_4 + V_5) - y_{DC}(H_4 + H_5)] = -(x_{DC}G_4 + Z_{G_5}^D + Z_{G_3}^E/2) \end{cases} \tag{2.118}$$

只将无法简写的转矩写为力和力臂乘积形式。因为模型 (2.118) 的等号左边只有含轮地力的项及其系数，等号右边只有含质心重力的项及其系数，所以以轮地力模型是轮地力系和质心重力系之间的线性映射。将轮地力模型写为矢量方程形式

$$\mathbf{R}_{9\times18}\mathbf{n}_{18\times1} = \mathbf{b}_{9\times1}g \tag{2.119}$$

式中，$\mathbf{n}_{18\times1} = (H_1, H_2, \cdots, H_6, V_1, V_2, \cdots, V_6, I_1, I_2, \cdots, I_6)$ 是轮地力系投影矢量；$\mathbf{b}_{9\times1}g$ 是由等号右边的质心重力项及其系数构成。系数矩阵 $\mathbf{R}_{9\times18}$ 由星球车姿态唯一确定，它的前 3 行为力平衡方程的系数，元素为 1、-1 或 0；后 6 行由转矩平衡方程的系数构成，是力臂矢径在 x、y、z 的投影。方程组 (2.118) 由线性无关的平衡方程构成，因此系数阵秩 $R(\mathbf{R})$ 与增广阵秩 $R(\mathbf{R}, \mathbf{b})$ 同为 9，解集秩为 $18 - 9 = 9$。轮地力解的结构为

$$\mathbf{n} = \mathbf{\eta} + \sum_{i=1\sim9} c_i\mathbf{\xi}_i \tag{2.120}$$

式中，$\mathbf{\xi}_i$ $(i = 1 \sim 9)$ 是齐次方程 $\mathbf{R}_{9\times18}\mathbf{n}_{18\times1} = \mathbf{0}$ 的基础解系；c_i 是任意实数；$\mathbf{\eta}$ 是式 (2.119) 的特解。

轮地力模型欠约束的原因是重力模拟不需要考虑各轮转速关系和沙土性质的约束。使用轮地力模型讨论重力模拟过于繁琐，下节给出更简练的方法。

3. 轮地力特解模型及其性质

定义：轮地力特解是所有轮地力水平分量都为 0 时的特例。由于水平分力都为 0，轮地力的特解可表示为

$$\mathbf{n}_{18\times1} = (\mathbf{0}_{6\times1}, V_1, V_2, \cdots, V_6, \mathbf{0}_{6\times1})$$

首先证明轮地力特解的唯一存在性。将形为 $\mathbf{n}_{18\times1} = (\mathbf{0}_{6\times1}, V_1, V_2, \cdots, V_6, \mathbf{0}_{6\times1})$ 的轮地力特解矢量代入方程组 (2.118)，使轮地力模型 (2.118) 退化为轮地力特解模型，

如下式所示：

$$\begin{cases} \sum V = -\sum G \\ \sum X_V^E = -\sum X_G^E \\ Z_{N_1}^A + Z_{N_2}^A = -Z_{G_1}^A \\ Z_{N_4}^C + Z_{N_5}^C = -Z_{G_4}^C \\ Z_{N_3}^B + x_{BA}(V_1 + V_2) = -(x_{BA}G + Z_{G_2}^B + Z_{G_3}^E/2) \\ Z_{N_6}^D + x_{DC}(V_4 + V_5) = -(x_{DC}G_4 + Z_{G_5}^D + Z_{G_3}^E/2) \end{cases} \tag{2.121}$$

方程组 (2.121) 中线性无关方程个数与未知数个数都为 6，所以轮地力特解唯一存在。即解系 (2.120) 中唯一存在系数组合 k_i $(i = 1 \sim 9)$，使得

$$(\mathbf{0}_{6\times1}, V_1, V_2, \cdots, V_6, \mathbf{0}_{6\times1}) = \boldsymbol{\eta} + \sum_{i=1}^{9} k_i \boldsymbol{\xi}_i$$

下面证明"轮地力特解被正确模拟"和"轮地力被正确模拟"等价。假设在地球重力场 g 中，轮地力特解被正确模拟为低重力场 g/s 中的数值，即

$$\mathbf{R}\left(\boldsymbol{\eta} + \sum_{i=1}^{9} k_i \boldsymbol{\xi}_i\right) = \boldsymbol{b}g/s \tag{2.122}$$

由于 $\boldsymbol{\xi}_i$ 是 $\mathbf{R}_{9\times18}\mathbf{N}_{18\times1} = \mathbf{0}$ 的基础解系，因此式 (2.122) 的成立与系数 k_i $(i = 1 \sim 9)$ 取值无关，即整个轮地力解系式 (2.120) 都被正确模拟。因此，"轮地力特解被正确模拟就是轮地力被正确模拟"的命题为真。由于上述命题的逆命题明显成立，因而"轮地力特解被正确模拟"和"轮地力被正确模拟"等价关系得证。

轮地力特解具有的良好性质：① 唯一存在；② 其模型在坐标系 $Ox'y'z'$ 和坐标系 $Oxyz$ 内的表达一致；③ 在低重力模拟的讨论中与轮地力等价。由于这些性质，下面的讨论可以针对轮地力特解简练地进行（以下将"轮地力特解"简称为"轮地力"），$\mathbf{N}_k$ 专指 k 号轮的轮地力。

4. 基于轮地力的低重力模拟判据

低重力模拟的判据是检验低重力模拟是否正确的依据。

在 g/s 重力场中，轮地力方程为

$$\mathbf{R}\boldsymbol{n} = \boldsymbol{b}g/s$$

模拟状态下，悬吊力 $\boldsymbol{F}$ 影响构件的力和力矩平衡，因此轮地力方程中包含了悬吊力项

$$\mathbf{R}\boldsymbol{n} = \boldsymbol{b}g + g(\boldsymbol{F})$$

式中，$g(\boldsymbol{F})$ 是悬吊力项。因为悬吊力和重力都作用于构件上，它们的区别仅是作用点和方向不同，所以悬吊力项 $g(\boldsymbol{F})$ 和重力项 $\boldsymbol{b}g$ 的形式相似。

模拟状态和低重力状态的轮地力方程的等号左边相等。若补偿正确，两方程等号右边必相等，即 $\boldsymbol{b}g + g(\boldsymbol{F}) = \boldsymbol{b}g/s$，移项后为

$$g(\boldsymbol{F}) = (1/s - 1)\boldsymbol{b}g \tag{2.123}$$

式 (2.123) 即为重力补偿的判据。

2.5.2.2 单索重力补偿的轮地力校验

为证明单索重力补偿能够准确地模拟星球车轮地力，使用重力模拟判据校验轮地力的模拟效果。若判据成立，则说明单索悬吊式低重力模拟能够准确模拟星球车的轮地力。

由于六轮星球车单索悬吊式低重力模拟的校验过于复杂，此处先给出四轮星球车重力模拟的校验过程，以便理解。在此基础上，再进行六轮星球车单索低重力模拟的轮地力校验。

1. 四轮车单索悬吊力系及其性质

由于轮地力是笛卡儿坐标系内的力，所以需要在笛卡儿坐标系中求解悬吊力。分别定义四轮车的右前轮、右后轮、左前轮和左后车轮为 1~4 号轮；记右摇臂构件、车厢构件和左摇臂构件分别为 1~3 号构件。记右摇臂与差速轴连接点为 A、左侧对应点为 B、差速轴中点为 C、1~3 号构件质心点分别为 D、E 和 F。记作用于 i 号构件的悬吊力为 F_i，其余标记沿用上文规定。下面给出四轮星球车悬吊力系。

1) 右摇臂配重

在右摇臂构件的 D' 点设置配重，使点 A 位于线段 $D'D$ 上，如图 2.31(a) 所示。使配重重力 F_1、构件自重 G_1 相对 AA 点的矢矩比值为 $(1/s-1)$：

$$F_1 r_{AD'} = (1/s-1)G_1 r_{AD} \tag{2.124}$$

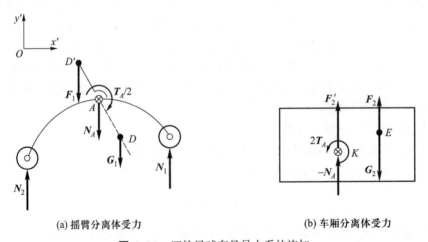

(a) 摇臂分离体受力   (b) 车厢分离体受力

图 2.31　四轮星球车悬吊力系的施加

若如此设置，右摇臂配重满足悬吊力解系式 (2.99)。由于点 D'、A 和 D 共线，所以不管右摇臂处于何种姿态，空间矢量 $r_{AD'}$、r_{AD} 在各轴投影的比值恒为 $1/s-1$，因而式 (2.124) 与下面方程组等价：

$$\begin{cases} X_{F_1}^A = (1/s-1)X_{G_1}^A \\ Y_{F_1}^A = (1/s-1)Y_{G_1}^A \\ Z_{F_1}^A = (1/s-1)Z_{G_1}^A \end{cases}$$

引用式 (2.124) 时，总是指使用其等价方程组中的某一项。这种等价关系在下文定义其他配重时不再重复给出。

2) 左摇臂配重

按照相同的方法在左摇臂构件配置配重 F_3。保证两侧配重重力 F_1、F_3 比值等于构件重力 G_1、G_3 比值。

$$F_1/F_3 = G_1/G_3 = (F_1 + G_1)/(F_3 + G_3) \tag{2.125}$$

需要特别说明的是，式 (2.125) 保证了两侧配重的"对称性"。单索悬吊力解系式 (2.99) ～ 式 (2.101) 并没有对悬吊力"对称性"的要求；换句话说，对于一个对称的四轮星球车，其车厢两侧的配重可以不对称。虽然这不影响重力补偿的效果，但是给工程实施带来不便。这是此处额外要求配重对称性的原因。

3) 车厢悬吊力

在车厢构件的质心 E 处施加向上悬吊力 F_2，如图 2.31(b) 所示，使其与车厢重力 G_2 比值为 $(1/s - 1)$：

$$F_2 = (1/s - 1)G_2 \tag{2.126}$$

在差速轴线上寻找特殊点 K 点，使其满足约束：

$$r_{KA}(F_1 + G_1) + r_{KB}(F_3 + G_3) = 0 \tag{2.127}$$

在 K 点施加向上悬吊力 F_2'，其大小为

$$F_2' = -(F_1 + F_3) + (1/s - 1)(G_1 + G_3) \tag{2.128}$$

若如此布置，车厢悬吊力满足悬吊力解系式 (2.101)。由于 F_2 和 F_2' 在车厢作用点位置、大小不变，方向始终竖直向上，因此可将两力合并。合并力的作用点即为补偿吊索的作用点，力大小为吊索施加给星球车的悬吊力。因此，在实际中只使用一根吊索，重力补偿方案仍为单索方案。此处使用两个车厢悬吊力进行分析以便于理解。

2. 四轮车的轮地力校验

下面证明：在单索低重力模拟时，四轮星球车轮地力被正确地模拟至低重力状态。在地球重力环境中，四轮星球车轮地力模型为

$$\begin{cases} \sum N = -\sum G \\ \sum X_N^K = -\sum X_G^K \\ Z_{N_1}^A + Z_{N_2}^A = -(Z_{G_1}^A + Z_{G_2}^C/2) \\ Z_{N_3}^B + Z_{N_4}^B = -(Z_{G_3}^B + Z_{G_2}^C/2) \end{cases}$$

根据补偿判据 (2.123)，四轮车的悬吊力和重力的关系应满足：

$$\begin{cases} F_1 + F_2 + F_2' + F_3 = (1/s - 1)\sum G & \text{(2.129a)} \\ X_{F_1}^K + X_{F_2}^K + X_{F_2'}^K + X_{F_3}^K = (1/s - 1)\sum X_G^K & \text{(2.129b)} \\ Z_{F_1}^A + (Z_{F_2'}^C + Z_{F_2}^C)/2 = (1/s - 1)(Z_{G_1}^A + Z_{G_2}^C/2) & \text{(2.129c)} \\ Z_{F_3}^B + (Z_{F_2'}^C + Z_{F_2}^C)/2 = (1/s - 1)(Z_{G_3}^B + Z_{G_2}^C/2) & \text{(2.129d)} \end{cases}$$

将方程组 (2.129) 等号左边的项对应加到轮地力模型的等号左侧，就是施加悬吊力后的轮地力模型 $\boldsymbol{Rn} - g(\boldsymbol{F}) = \boldsymbol{bg}$。由于篇幅关系此处不再详细证明。

将式 (2.126)、式 (2.128) 相加，并将补偿项移至左边，重力项移至右边，得到式 (2.129a)。

由于 F_2、G_2 共点反向，因此 $Z_{F_2}^C = (1/s - 1)Z_{G_2}^C$；由于 F_2' 在差速轴上、差速轴平行于 z 轴且 C 是差速轴上一点，因此 $Z_{F_2'}^C = 0$，即：

$$Z_{F_2}^C + Z_{F_2'}^C = (1/s - 1)Z_{G_2}^C \tag{2.130}$$

将式 (2.130) 与右摇臂配重约束式 (2.124) 相加，即为式 (2.129c)。相似地，式 (2.129d) 也成立。

下面证明式 (2.129b) 成立。将悬吊力和重力关系投影于 $Oy'z'$ 平面，如图 2.32(a) 所示。因为配重和构件质心是相对于差速轴铰接点 A、B 配置的，所以计算它们对 K 点转矩时，总是使用其铰接点处的等效力系。举例：为计算 F_1 对 K 点转矩，将其平移至 A 点产生等效力系 F_A、T_A，如图 2.32(b) 所示；由等效力系的概念可知，平移前后的力系对任意点的转矩不变，即 $X_{F_1}^K = T_A + F_A z_{AK}$。

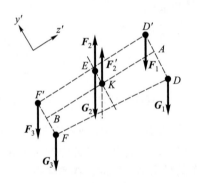 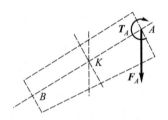

(a) $Oy'z'$平面投影受力分析　　　　　　　(b) 力的等效平移

图 2.32 四轮摇臂式星球车受力的 $Oy'z'$ 平面投影

证明分为两部分：

（1）在 $Oy'z'$ 平面内配重约束式 (2.113) 等价于：

$$X_{F_1}^A = (1/s - 1)X_{G_1}^A \tag{2.131}$$

相似地，存在关系：

$$X_{F_3}^B = (1/s - 1)X_{G_3}^B \tag{2.132}$$

（2）将两侧配重比值的约束式 (2.125) 代入式 (2.127) 得

$$G_1 z_{KA} + G_3 z_{KB} = 0 \tag{2.133}$$

$$F_1 z_{KA} + F_3 z_{KB} = 0 \tag{2.134}$$

将式 (2.131) ～ 式 (2.134) 的等号两边相加，并将等价力系相对任意点转矩相等的性质代入，得

$$X_{F_1}^K + X_{F_3}^K = (1/s - 1)(X_{G_1}^K + X_{G_3}^K)$$

将关系 $X_{F_2'}^K = 0$、$X_{F_2}^K = (1/s - 1)X_{G_2}^K$ 与上式相加，得式 (2.129b)。

方程组 (2.129) 成立证毕。在所有姿态下，四轮星球车全部轮地力都被正确补偿至低重力状态。

3. 六轮车单索悬吊力系及其性质

由于轮地力是笛卡儿坐标系内的力，所以需要在笛卡儿坐标系中求解悬吊力。

1）右副摇臂配重

在右侧副摇臂构件 F' 点设置配重，令点 A 位于线段 FF' 上，如图 2.33(a) 所示。使配重块的重力 F_1 与距离 $r_{AF'}$ 满足：

$$F_1 r_{AF'} = (1/s - 1)G_1 r_{AF} \tag{2.135}$$

若如此布置，右副摇臂配重满足悬吊力解系式 (2.99)。

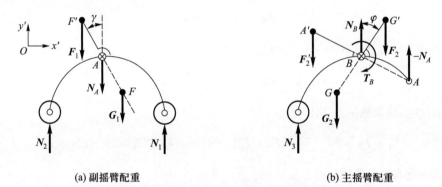

(a) 副摇臂配重　　　　　　　　　　　　　　(b) 主摇臂配重

图 2.33　六轮星球车摇臂配重的施加

2）右主摇臂配重

在右侧主摇臂构件的 G' 点设置第一配重，使点 B 位于线段 GG' 上，如图 2.33(b) 所示，使配重块的重力 F_2 与距离 $r_{BG'}$ 满足：

$$F_2 r_{BG'} = (1/s - 1)G_2 r_{BG} \tag{2.136}$$

在右侧主摇臂 A' 点设置第二配重，使点 B 位于线段 AA' 上，使配重块的重力 F_2' 与距离 $r_{BA'}$ 满足：

$$F_2' r_{BA'} = (1/s - 1)G_1 r_{BA} - F_1 r_{BA} \tag{2.137}$$

若如此布置，右主摇臂配重满足悬吊力解系式 (2.99)。主摇臂第二配重式 (2.137) 中出现了副摇臂构件自重 G_1 和配重 F_1。这是因为构件 1 力平衡关系为

$$N_A = N_1 + N_2 + F_1 + G_1$$

即 G_1 和 F_1 通过影响 A 点的内力 $-N_A$ 而影响主摇臂构件的转矩平衡。G_1 是星球车自重属性，因此按照 $(1/s-1)$ 比例抵消其影响；F_1 不是星球车自重属性，因此按照 -1 比例完全消除其影响。六轮车副摇臂构件的重力和配重影响到主摇臂配重，这是六轮星球车和四轮星球车在配重方面的主要不同。

3）左副摇臂配重

左侧副、主摇臂构件上用相同方法配置配重 F_4、F_5 和 F_5'，保证右、左两侧配重比值有如下关系：

$$\frac{F_1 + F_2 + F_2'}{F_4 + F_5 + F_5'} = \frac{G_1 + G_2}{G_4 + G_5} \tag{2.138}$$

需要特别说明的是，式 (2.138) 保证了两侧配重的"对称性"。单索悬吊力解系式 (2.99)～式 (2.101) 并没有对悬吊力"对称性"的要求；换句话说，对于一个对称的六轮星球车，其车厢两侧的配重可以不对称。虽然这不影响重力补偿的效果，但是给工程实施带来不便。这是此处额外要求配重对称性的原因。

4）车厢悬吊力

在车厢构件的质心 H 处设置悬吊力：

$$F_3 = (1/s - 1)G_3 \tag{2.139}$$

在差速轴线上设置 Q 点，使得

$$r_{QA}(G_1 + G_2) + r_{QB}(G_4 + G_5) = 0 \tag{2.140}$$

在 Q 点施加悬吊力 F_3'，使得

$$F_3' = -(F_1 + F_2 + F_2' + F_4 + F_5 + F_5') + (G_1 + G_2 + G_4 + G_5)(1/s - 1) \tag{2.141}$$

若如此布置，车厢悬吊力满足悬吊力解系式 (2.101)。

4. 六轮车的轮地力校验

根据轮地力方程组 (2.121) 和模拟判据 (2.123)，悬吊力系应满足关系：

$$\begin{cases} \sum F = (1/s - 1) \sum G & (2.142\text{a}) \\ \sum X_F^Q = (1/s - 1) \sum X_G^Q & (2.142\text{b}) \\ Z_{F_1}^A = (1/s - 1)Z_{G_1}^A & (2.142\text{c}) \\ Z_{F_4}^C = (1/s - 1)Z_{G_4}^C & (2.142\text{d}) \\ Z_{F_2}^B + Z_{F_2'}^B + F_1 x_{BA} + Z_{F_3}^E + Z_{F_3'}^E = (1/s - 1)(x_{BA}G_1 + Z_{G_2}^B + Z_{G_3}^E/2) & (2.142\text{e}) \\ Z_{F_5}^D + Z_{F_5'}^D + F_4 x_{DC} + Z_{F_3}^D + Z_{F_3'}^D = (1/s - 1)(x_{DC}G_4 + Z_{G_5}^D + Z_{G_3}^E/2) & (2.142\text{f}) \end{cases}$$

式 (2.142a) 是式 (2.139) 和式 (2.141) 加和的结果；式 (2.142c) 是右副摇臂配重式 (2.135) 的等价关系；相似地，式 (2.142d) 成立。下面证明式 (2.142b)、(2.142e)、(2.142f) 成立。

将主摇臂第一配重约束式 (2.136) 和第二配重约束式 (2.137) 在 Oyz 平面的等价关系相加得

$$Z_{F_2}^B + Z_{F_2'}^B + F_1 x_{BA} = (1/s - 1)(G_1 x_{BA} + Z_{G_2}^B) \tag{2.143}$$

由于车厢悬吊力 F_3 和重力 G_3 共点反向，车厢悬吊力 F_3' 在差速轴上，因此：

$$Z_{F_3'}^E + Z_{F_3}^E = (1/s - 1)Z_{G_3}^E/2 \tag{2.144}$$

将式 (2.143) 和式 (2.144) 相加即得式 (2.142e)。相似地，式 (2.142f) 成立。

下面证明式 (2.142b) 成立。将悬吊力和重力关系投影于 $Oy'z'$，如图 2.34(a) 所示。将摇臂质心重力和配重重力移至 B、D 获得等效力系，使用等效力系分析它们对 Q 的力矩，如图 2.34(b) 所示。

证明分为两部分：

（1）将 F_1、F_2 和 F_2' 对 B 点转矩加和，并将 $z_{BF'} = z_{BA} + z_{AF'}$ 关系代入，得

$$X_{F_1}^B + X_{F_2}^B + X_{F_2'}^B = F_1(z_{BA} + z_{AF'}) + F_2 z_{BG'} + F_2' z_{BA'} \tag{2.145}$$

将配重 F_1、F_2 和 F_2' 的约束式 (2.135)、式 (2.136) 和式 (2.137) 代入式 (2.145)，得

$$X_{F_1}^B + X_{F_2}^B + X_{F_2'}^B = (1/s - 1)(X_{G_1}^B + X_{G_2}^B) \tag{2.146}$$

相似于式 (2.146)，有

$$X_{F_4}^D + X_{F_5}^D + X_{F_5'}^D = (1/s - 1)(X_{G_4}^D + X_{G_5}^D) \tag{2.147}$$

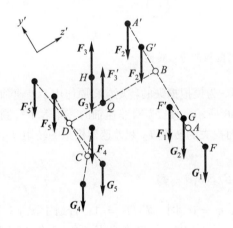 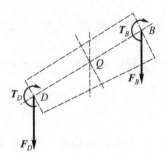

(a) $Oy'z'$平面受力分析 (b) 力的平移

图 2.34 六轮摇臂式星球车受力的 $Oy'z'$ 平面投影

（2）将两侧配重比值的约束式 (2.138) 代入 Q 点约束式 (2.140)，得

$$(F_1 + F_2 + F_2')z_{BQ} + (F_4 + F_5 + F_5')z_{DQ} = 0 \tag{2.148}$$

$$0 = (G_1 + G_2)z_{BQ} + (G_4 + G_5)z_{DQ} \tag{2.149}$$

将式 (2.146) ∼ 式 (2.149) 等号两边分别相加，并将等价力系相对任意点转矩相等的性质代入，得

$$\sum_{i=1,2,4,5} X_{F_i}^Q + X_{F_2'}^Q + X_{F_5'}^Q = (1/s - 1) \sum_{i=1,2,4,5} X_{G_i}^Q \tag{2.150}$$

将式 (2.150) 与 $X_{F_3'}^Q = 0$、$X_{F_3}^Q = (1/s - 1)X_{G_3}^Q$ 相加，得式 (2.142b)。方程组 (2.142) 成立，证毕。在所有姿态下，六轮星球车的全部轮地力都被正确模拟至低重力状态。

2.5.3 六轮车单索补偿的仿真验证

2.5.3.1 主摇臂配重化简

利用车厢通过差速轴向主摇臂传递转矩的特性化简主摇臂配重。将整车置于水平地面。将主摇臂的两个配重等效分解为水平、竖直两个方向的配重。按照质心分解原则，将 A' 点配重分解为 B 点正上方 R 点和水平方向 R' 点两个配重块；使用同样方法分解 G' 点配重块，如图 2.35(a) 所示。将点 R' 和 S' 点的配重合并为新配重，位置记为 T'，将点 R 和 S 点的配重合并为新配重，位置记为 T，如图 2.35(b) 所示。

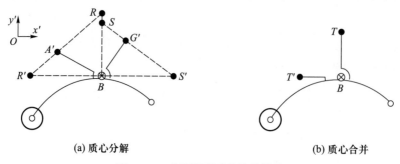

(a) 质心分解   (b) 质心合并

图 2.35　主摇臂配重的等效转换

取消 T' 点配重，主摇臂因此损失转矩。为模拟损失的转矩，将原作用于差速轴的车厢悬吊力 F_2' 沿 x 轴移动 Δx，如图 2.36 所示，使 F_2' 对差速轴的转矩等于一侧主摇臂损失转矩的两倍。主摇臂因取消配重而损失的转矩 T_2 和差速器模拟的转矩 T_1 的关系为

$$T_2/T_1 = \cos\beta / \cos(\beta + \phi)$$

式中，β 为车厢俯仰角；ϕ 为差速器转角。$\phi = 0°$ 时，$T_2/T_1 = 1$；普通工况下，取 $0° \leqslant \beta \leqslant 10°$，$0° \leqslant \phi \leqslant 10°$，$0.98 \leqslant T_2/T_1 \leqslant 1.05$，误差率小于 5%；极限工况下，取 $\beta = \phi = 20°$，$T_2/T_1 = 1.23$，误差率为 23%。注意此误差率是相对 T_1 得出的，实际中此误差对轮地力的影响可以忽略。

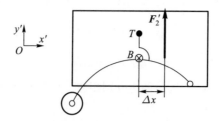

图 2.36　平移车厢力

2.5.3.2 仿真模型及参数设置

在动力学仿真软件中构建六轮摇臂星球车模型。将差速轴中点取为坐标原点。建立右手坐标系，前进方向取为 x 轴正方向，y 轴竖直向上，如图 2.37(a) 所示。设置两侧轮中心距为 748 mm，同侧相邻轮中心距为 585 mm，车轮半径为 165 mm。由于星球车模型关于 Oxy 平面对称，故只给出车厢和一侧悬架的属性，如表 2.2 所示。使用单索"悬吊式低重力模拟"模型算得一组单索悬吊力系，如表 2.3 所示。

表 2.2 星球车模型质量及尺寸属性

关键位置点	质量 m/kg	坐标 x/mm	坐标 y/mm	坐标 z/mm
车厢构件质心	101	100	80	0
主摇臂构件质心	4	−460	−320	353
副摇臂构件质心	5.5	338	−390	369
右前轮中心	—	585	−411	374
主副摇臂铰接点	—	248	−146	334
差速轴中心	—	0	0	0

表 2.3 第三组仿真悬吊力系参数

右侧构件及车厢悬吊力	力 f/N	坐标 x/mm	坐标 y/mm	坐标 z/mm
副摇臂配重	44.9	158	−98	369
简化的主摇臂配重	46.8	0	500	334
车厢质心悬吊力	825.3	100	80	0
平移的车厢悬吊力	338.4	43.9	0	0

地面模型设置为刚体。地形分为 4 段，如图 2.37(b) 所示。仿真开始时车置于水平段，然后通过长为 3 000 mm、斜度为 28.5° 的下坡段，然后通过长度为 2 500 mm

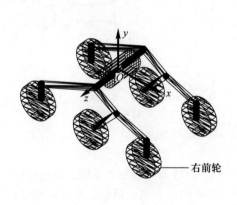

(a) 星球车模型

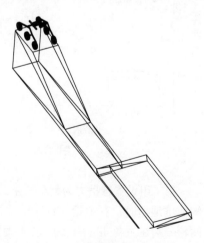

(b) 地形设置

图 2.37 仿真模型及坐标系

水平段，最后通过深为 150 mm、长为 3 500 mm 的单侧槽坑段。星球车在下坡段产生整车俯仰，在侧坑段同时产生整车俯仰和侧倾，如图 2.38(a) 所示。在开入和开出下坡时，主副摇臂铰接点产生转角，在侧坑段主副摇臂铰接点和差速器同时产生转角，如图 2.38(b) 所示。

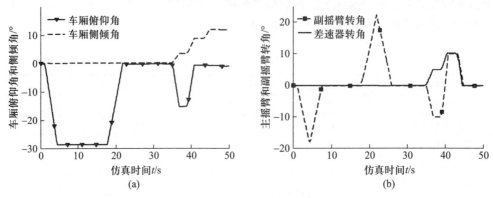

图 2.38 仿真中悬架姿态的变化

2.5.3.3 仿真结果及分析

为获得各轮在低重力环境下的标准轮地力，设置加速度为 g/s 且不施加悬吊力，结果以虚线加方块表示。后面的仿真中加速度设为 g。第一、二组仿真中仅向车厢上的整车合质心位置施加悬吊力，以模拟传统单索悬吊。

第一组设置悬吊力为整车质量的 5/6 以模拟 $g/6$ 环境。结果表明：在通过单侧槽坑地形时，右中轮与右后轮的轮地力补偿误差率约为 25%，两轮误差方向相反，如图 2.39 所示。

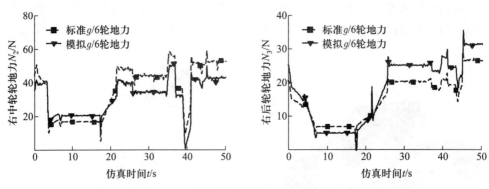

图 2.39 无配重方法模拟 $g/6$ 环境轮地力

第二组设置悬吊力为整车质量的 11/12，以模拟 $g/12$ 环境。结果表明：在通过单侧槽坑地形时，右中轮、右后轮的轮地力补偿误差率约为 50%，两轮误差方向相反；两轮分别在仿真 40 s 和 20 s 左右时轮地力为 0，即车轮被悬吊力拉离地面，如图 2.40 所示。第一、第二组仿真说明，只施加吊索悬吊力不能无误差地补偿轮地力；模拟重力场越低，轮地力的误差越大。

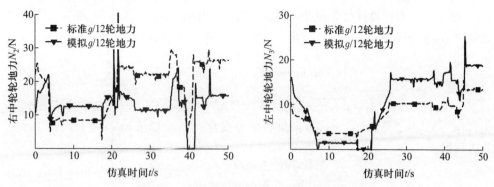

图 2.40 无配重方法模拟 $g/12$ 环境轮地力

第三组仿真中，按照表 2.3 中的参数施加悬吊力，以模拟 $g/6$ 环境；并按照 2.5.1 节方法化简主摇臂配重。仿真结果表明：单索-配重模拟方法可以无误差的模拟低重力状态下星球车轮地力，化简配重方法带来的误差可以忽略，如图 2.41 所示。

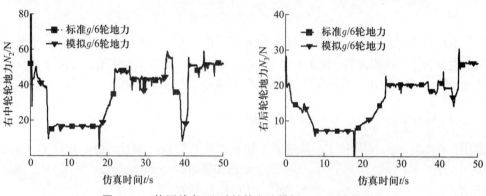

图 2.41 使用单索-配重补偿方法模拟 $g/6$ 环境轮地力

2.5.4 基于轮地力的悬吊力计算和校正

2.5.4.1 摇臂配重的计算

机械系统质心的实际值与设计值往往不同。如果使用质心信息计算悬吊力系，必须拆解星球车进行构件的质心测量。此外，悬吊力系的安装缺乏定位基准，实际操作中无法确定模拟效果。针对上述问题，本节以六轮星球车为例介绍不同姿态下的轮地力计算、校正悬吊力系的方法。

首先介绍俯仰平面内右副摇臂构件配重量和配重安装角度的计算方法。记其转点至质心的矢量 r_{AF} 在 $Ox'y'$ 平面内投影为 l_{AF}，摇臂水平时 l_{AF} 与竖直方向夹角为 γ，γ 即为配重安装角，如图 2.33(a) 所示。维持其余构件不动，使构件 1 绕 A 点旋转 ω 角，轮地力平衡模型 (2.118) 中的右副摇臂平衡式展开写为

$$-G_1 l_{AF} \sin(\gamma + \omega) = N_1 x_{AK} + N_2 x_{AL} \tag{2.151}$$

式中，γ 和 $G_1 l_{AF}$ 是定值未知量；ω 是设定旋转角；N_1 和 N_2 是可测量轮地力；

x_{AK} 和 x_{AL} 可根据设计参数和旋转角 ω 算出。记未知量 $G_1 l_{AF} = x_1$，$\sin\gamma = x_2$；记已知量 $\cos\omega = a_1$，$\sin\omega = a_2$，$Z_{N_1}^A + Z_{N_2}^A = b$，平衡式 (2.151) 改写为

$$-a_1 x_1 x_2 - a_2 x_1 \sqrt{1 - x_2^2} = b \qquad (2.152)$$

令 $x_1 x_2 = x_1'$，$x_1 \sqrt{1 - x_2^2} = x_2'$，将式 (2.152) 改写为二元一次方程形式 $a_1 x_1' + a_2 x_2' = -b$。由于系数 a_1、a_2、b 随旋转角 ω 变化，令 ω 取值 ω_1、ω_2 以获得二元一次方程组：

$$\begin{cases} a_{11} x_1' + a_{21} x_2' = -b_1 \\ a_{12} x_1' + a_{22} x_2' = -b_2 \end{cases} \qquad (2.153)$$

方程组 (2.153) 有唯一解。通过方程组解可以换算俯仰平面内右副摇臂构件配重量 $F_1 l_{AF'}$ 和安装角 γ。

$$F_1 l_{AF'} = (1/s - 1)\sqrt{(x_1'^2 + x_2'^2)}$$

$$\sin\gamma = x_1' / \sqrt{(x_1'^2 + x_2'^2)}$$

下面介绍俯仰平面内右主摇臂构件两个配重的计算。记主摇臂水平时 l_{BG} 与竖直方向夹角为 φ，φ 即为第一配重安装角，如图 2.33(b)。保持车厢水平，使构件 2 绕差速轴旋转 ω 角，轮地力平衡模型 (2.118) 中主摇臂平衡式展开写为

$$N_3 x_{BM} + (N_1 + N_2) x_{BA} = -G_2 l_{BG} \sin(\varphi + \omega) - G_1 x_{BA} - T_B \qquad (2.154)$$

式中，$G_2 l_{BG}$、φ、G_1 和 T_B 是定值未知量；其余量是已知量。记未知量 $G_2 l_{BG}$、$\sin\varphi$、G_1、T_B 分别为 x_1、x_2、x_3、x_4，记已知量 $\cos\omega$、$\sin\omega$、x_{BA} 为 a_1、a_2、a_3，记 $N_3 x_{BM} + (N_1 + N_2) x_{BA}$ 为 b，则式 (2.154) 改写为

$$a_1 x_1 x_2 + a_2 x_1 \sqrt{1 - x_2^2} + a_3 x_3 + x_4 = -b \qquad (2.155)$$

式 (2.155) 的实质是四元一次方程。记 $x_1 x_2 = x_1'$，$x_1 \sqrt{1 - x_2^2} = x_2'$，$x_3 = x_3'$，$x_4 = x_4'$。式 (2.155) 改写为

$$a_1 x_1' + a_2 x_2' + a_3 x_3' + x_4' = -b$$

由于系数 a_1、a_2、a_3、b 随旋转角 ω 变化，令 ω 取 4 个不同的值，获得四元一次方程组 $\boldsymbol{A}_{4\times4} \boldsymbol{x}_{4\times1}' = -\boldsymbol{b}_{4\times1}$。明显地，解矢量 $\boldsymbol{x}_{4\times1}'$ 唯一存在。换算得第一配重在俯仰平面内的配重 $F_2 l_{BG}$ 和安装角 φ。

$$F_2 l_{BG'} = (1/s - 1)\sqrt{(x_1'^2 + x_2'^2)}$$

$$\sin\varphi = x_1' / \sqrt{(x_1'^2 + x_2'^2)}$$

第二配重在俯仰平面内配重为

$$F_2' l_{BA'} = (1/s - 1) x_3' l_{BA} - F_1 l_{BA} \qquad (2.156)$$

式中，l_{BA} 为设计尺寸；F_1 为构件 1 的配重。

第二配重安装角度是设计角度，不须计算。本节不计算侧倾平面内配重和安装位置，因为在侧倾平面内星球车力矩平衡方式与刚体一致，通过校正车厢悬吊力位置可以完全消除配重位置误差的影响。

2.5.4.2 车厢悬吊力的校正

下面介绍校正悬吊力位置的方法。不施加任何悬吊力和配重，测量星球车某状态的轮地力，除以 s 后即为低重力环境中的标准轮地力。

将配重计算结果固定于摇臂。将车厢悬吊力粗略作用于理论位置，记作用点位置误差各轴分量分别为 $\Delta x'$、$\Delta y'$、$\Delta z'$，i 号轮轮地力误差 $\Delta_i = N_i - N_i'$。由于整车总重容易测量，因此悬吊力大小准确。这说明各轮轮地力误差总和为零，所以：

$$\Delta_1 + \Delta_2 + \Delta_3 = -(\Delta_4 + \Delta_5 + \Delta_6)$$

即一侧压差和与另一侧压差和等大反向，它们以两侧轮心距为力臂构成力偶，此力偶与 $F\Delta z'$ 平衡，所以 $\Delta z'$ 可求：

$$\Delta z' = -(\Delta_1 + \Delta_2 + \Delta_3)z_{KN}/F$$

轮地力误差总和为零的约束也可以写为

$$\Delta_3 + \Delta_6 = -(\Delta_1 + \Delta_2 + \Delta_4 + \Delta_5)$$

这说明两侧后轮轮地力误差和与其余轮轮地力误差和等大反向。它们力臂 x'_{KA} 构成力偶，此力偶与 $F\Delta x'$ 平衡，所以：

$$\Delta x' = -(\Delta_3 + \Delta_6)x_{KA}/F \tag{2.157}$$

按照算得的 $\Delta x'$ 和 $\Delta z'$ 值调整车厢悬吊力作用点，消除误差 $\Delta x'$ 和 $\Delta z'$。

在水平状态下竖直方向位置误差 $\Delta y'$ 对轮地力没有影响，因而将整车侧倾 α 角，使得 $\Delta y'$ 在水平面内产生投影 $\Delta y' \sin\alpha$。$\Delta y'$ 和 $\Delta z'$ 计算原理相同。

$$\Delta y' \sin\alpha = -(\Delta_1 + \Delta_2 + \Delta_3)z_{KN}/F \tag{2.158}$$

Δy 可求。按照计算结果调整作用点位置，消除 Δy 误差。车厢悬吊力调整完成。

2.5.4.3 轮地力特解测量台结构

轮地力特解测量台是配合悬吊力系的计算和校正工作设计的专用平台，其原理简图如图 2.42 所示。测量台包含 6 个可升降的轮地力测量单元。每个单元具备一个压力传感器、一个车轮滑台和一组可单独控制的升降单元。实验中将星球车置于轮地力特解测量台上，由升降单元控制各轮相对高度以改变星球车姿态，由压力传感器读出此姿态下的轮地力。

每个升降单元由单独的直驱电机驱动。直驱电机的转子固接至链轮，链轮驱动链条，链条将运动传递至滚珠丝杠机构，驱动车轮滑台在竖直方向移动，以达到改变各

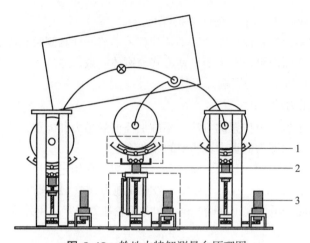

图 2.42 轮地力特解测量台原理图
1—车轮滑台；2—压力传感器；3—升降单元

轮高度的目的。电动机驱动模式分为两种：一种为所有车轮滑台同步升降，此时星球车姿态保持不变，整车产生竖直方向的位移；另一种为单个滑台升降，此时星球车各车轮的相对高度发生变化，星球车姿态发生变化。每个滑台的竖直方向高度由位移传感器测出，通过各传感器的差值，可以反算出星球车的姿态。在此姿态下，所有车轮的轮压由压力传感器测出。这样就得到了在某姿态下的轮地接触力。

为测量轮地力特解，必须消除车轮与测量台轮地力的水平分力。以副摇臂为例进行说明轮地力测量原理。将其水平置于轮地力特解测量台上，车轮和滑台的接触点用黑点表示，如图 2.43(a) 所示。当副摇臂转动 ω 角：① 前后轮轴投影距离由 L 变为 $L\cos\omega$；② 接触点绕轮轴转动 ω 角，如图 2.43(b) 所示。针对以上现象，在车轮与压力传感器之间设计平面滑台和圆弧滑台。使两轮轴投影距离的变化量被水平滑台吸收，释放水平分力；使接触点绕轮轴的旋转角被圆弧滑台吸收，释放接触面对轮轴的转矩。通过压力传感器读出的数值即为轮地力。此时测出的轮地力水平分量为 0，符合"轮地力特解"的要求。

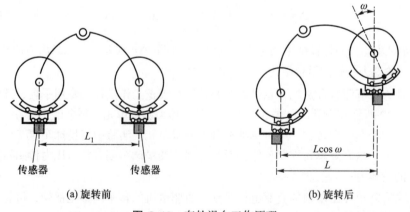

图 2.43 车轮滑台工作原理

轮地力特解测量台（图 2.44）的使用避免了拆解星球车进行构件质心测量的烦琐过程，也为检验补偿效果提供了依据。由于使用了车轮滑台，将星球车置于测量平台之后可以测量多组姿态下的轮地力。

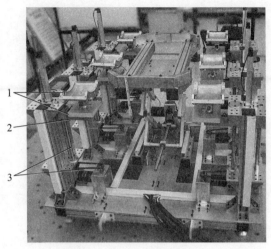

图 2.44 轮地力特解测量台
1—车轮滑台；2—压力传感器；3—升降单元

2.6 本章小结

为模拟星球车的低重力运动性能，悬吊力必须服从一定的约束条件。这些约束条件就构成悬吊力的约束方程组，称此方程组为"悬吊式低重力模拟"模型。为建立该模型，本章首先建立了星球车的动力学模型（适用于所有车型）；通过对比低重力状态和重力模拟状态的动力学方程组，推导了悬吊力约束方程组的形式（适用于所有星球车）。在推导关节链重力势能和悬吊力势能表达式的基础上，建立了悬吊力约束方程组的表达式（适用于只含转动关节的星球车），即"悬吊式低重力模拟"模型。

"悬吊式低重力模拟"模型的未知量是悬吊力大小和作用点，其解系具有自由度。为了获得悬吊力的解系，分别求解了单关节链、多关节链、分叉关节链的悬吊力解系，证明了多关节链或多个分叉关节链的悬吊力解系独立。给出差速器关节对补偿力悬吊力解系的影响，在此基础上，得出星球车补偿力悬吊力的解系。"悬吊式低重力模拟"模型是研究单索重力模拟的基础。

基于"悬吊式低重力模拟"模型完成了利用单根吊索和摇臂配重实现星球车运动测试的低重力模拟。通过向"悬吊式低重力模拟"模型的解系中加入约束条件，得到单索"悬吊式低重力模拟"模型的解系。给出六轮和八轮摇臂–转向架式星球车的单索悬吊力解系的算例。建立了轮地力模型，证明了单索"悬吊式低重力模拟"能够准确地模拟星球车轮地力。通过软件仿真，验证了单索"悬吊式低重力模拟"模型的正确性。为避免拆解星球车进行质心测量，提出通过星球车轮地力计算、校正悬吊力系的方法，给出轮地力测量方法和测试台结构。为向星球车车厢内部施加吊索悬吊力提供了依据。

第 3 章　机械臂地面运动测试的悬吊式微重力模拟方法

3.1　引言

月球表面的重力加速度只有地球表面的 1/6，火星表面的重力加速度只有地球表面的 3/8，因此，统称这两个星球的重力为"低重力"；地球同步轨道的重力加速度几乎为 0，因此，空间机械臂工作环境的重力为"微重力"。

对于串联空间机械臂而言，地面运动测试时重力在各关节处会产生很大的力矩，因此需要对每个杆件都进行重力模拟，串联空间机械臂地面运动性能测试时采用多索"悬吊式微重力模拟"方法。

串联机械臂各关节都是回转关节，理想情况下，在机械臂各杆件质心处直接施加与其重力等大且竖直向上的悬吊力完全可以抵消重力。但在实际情况下，机械臂各杆件自身的质心偏离其回转轴线，由于特殊要求不能在机械臂本体上添加配重，再加上现有的吊挂机构中施加悬吊力一般都是作用在回转轴线上，因此对于每个杆件来说，重力不能被完全补偿，这样势必会在每个关节处产生残余力矩。因此，每个杆件悬吊力的大小及作用位置会影响关节残余力矩的大小，而残余力矩的大小又是整个机械臂微重力模拟效果的指标。为了使重力模拟系统效果达到最好，本章首先对串联空间机械臂多索"悬吊式微重力模拟"悬吊力模型进行分析，得出各关节力矩与悬吊力之间的数学关系式，然后建立悬吊力优化模型，对模型进行求解，最终得到模拟效果较优的悬吊力。

3.2　机械臂和星球车微低重力模拟的关系

机械臂的关节间是串连关系，属于第 2 章中所述的"单关节链"，其悬吊力解系的计算方法服从 2.4.1.1 节介绍的"$0 < k \leqslant p$ 段悬吊力解系"。同样地，机械臂在理论上也存在"单索"微重力模拟方法，服从 2.5.1 节介绍的单索"悬吊式低重力模拟"模型。不同的是，在星球车单索"悬吊式低重力模拟"模型中，只有车厢的悬吊力向上，

用单根吊索提供悬吊力，而其他悬吊力向下，即用配重实现向下的悬吊力。但需要注意到，机械臂的关节链至少由 3 个关节构成，大部分由 6 或 7 个关节构成，其关节链过长使得单索"重力模拟方法中的"配重"质量过大，在实际中难以应用。

因此，空间机械臂的悬吊力都向上，用多根吊索提供悬吊力。即机械臂地面运动测试采用多索"悬吊式微重力模拟"方法；另外，由于大部分关节的质心不在其回转轴线上，而悬吊点都作用在关节回转轴线上，因此，还要对各关节进行转矩校正。综上，该方法归纳为"多点恒力悬吊-关节转矩校正"的空间机械臂微重力模拟方法。

在重力场-悬吊力等效转换模型基础上，提出将机械臂的吊装点位置表达为已知悬吊力作用点、求解悬吊力大小的设计方法，满足正样产品对施力位置的严格约束。将求得的悬吊力分解至关节吊点，根据机械臂构型将同一关节两侧的相邻分悬吊力合成，使悬吊力数量低于机械臂自由度，降低模拟系统复杂度。针对构件质心偏离几何轴线造成残余转矩的问题，采用相邻悬吊力微调法实现残余转矩校正，避免了机械臂运动时变悬吊力的需求。此方法适用于各种构型的串联回转关节的空间机械臂，如图3.1 所示，本团队针对"嫦娥五号"四自由度机械臂、"试验七号卫星"六自由度机械臂和"空间站核心舱"七自由度机械臂的地面运动性能测试问题，采用的都是该方法。

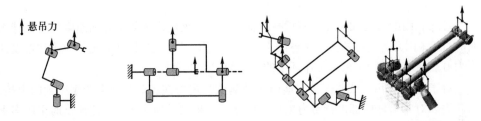

(a)"嫦娥五号"采样臂　　(b)"试验七号卫星"机械臂　　(c)"空间站核心舱"七自由度大型机械臂

图 3.1　各种构型机械臂的多索"悬吊式微重力模拟"方法

在第 2 章中，使用了拉格朗日体系对星球车的低重力模拟进行建模。这是因为星球车构造形式多种多样，使用拉格朗日-欧拉方程更易统一模型的形式。相对来说，机械臂关节链的构造形式简单、建模手段完备。因此在本章中，使用了牛顿体系在笛卡儿空间中进行机械臂的微重力模拟建模。

3.3　机械臂多吊点悬吊力模型的建立

本节的任务是建立关节力矩与悬吊力之间的数学关系式，对于机械臂来说，如果不考虑其柔性，该问题是一个多刚体静力学问题。由于机械臂可以工作在不同工况下，此问题变为不同工况下的多刚体静力学问题。

这里所提到的悬吊力是指直接加在机械臂各杆件回转轴线上的力，此力的大小和作用点位置由后文的优化所得，因此称其为优化悬吊力，优化悬吊力未考虑施加悬吊力的误差。本书涉及的机械臂的所有关节均为转动关节，以 7 自由度空间机械臂为例，其关节配置是肩部 3 关节、肘部 1 关节和腕部 3 关节，机械臂进行地面功能测试时已安装在舱体上。图 3.2 所示为机械臂构型示意图。

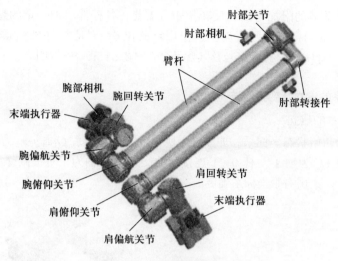

图 3.2 机械臂构型示意图

3.3.1 符号定义

由于本文涉及的空间机械臂是一个多刚体系统，为了便于后续分析，需先对符号进行定义。文中的空间机械臂本体包括 8 个杆件，每两个相邻杆件之间有一个关节，在机械臂功能测试时已安装在舱体上，可看作基座固定的 7 自由度机械臂。从机械臂基座到末端执行器依次为杆 i $(i = 0, 1, \cdots, 7)$，两相邻杆 i 与杆 $i+1$ 之间的关节记为关节 $i+1$ $(i = 0, 1, \cdots, 6)$。关节 $i+1$ $(i = 0, 1, \cdots, 6)$ 处的回转轴记为轴 $i+1$。每个杆件的质量记为 $m(i)$ $(i = 0, 1, \cdots, 7)$，每个杆件的质心相对自身坐标系的矢量表示为 $\boldsymbol{r}_\mathrm{c}(i)$。其中 $\boldsymbol{r}_\mathrm{c}(i) = (r_{cx}(i), r_{cy}(i), r_{cz}(i))^\mathrm{T}$。

在工程中，力对轴的矩是度量力对绕定轴转动刚体作用效果的物理量。在空间坐标系 $Oxyz$ 中，设力 $\boldsymbol{F} = (F_x, F_y, F_z)$，力作用点 A 的坐标为 (x, y, z)，则力对坐标系各轴的力矩，可用式 (3.1) 表示。

$$\begin{cases} M_x(\boldsymbol{F}) = yF_z - zF_y \\ M_y(\boldsymbol{F}) = zF_x - xF_z \\ M_z(\boldsymbol{F}) = xF_y - yF_x \end{cases} \tag{3.1}$$

设力作用点 A 的矢径为 $\boldsymbol{r}$，则力 $\boldsymbol{F}$ 对坐标系原点 O 的力矩，可用式 (3.2) 表示。

$$\boldsymbol{M}_O(\boldsymbol{F}) = \boldsymbol{r} \times \boldsymbol{F} = (yF_z - zF_y)\boldsymbol{i} + (zF_x - xF_z)\boldsymbol{j} + (xF_y - yF_x)\boldsymbol{k} \tag{3.2}$$

由于力矩矢的始端必须在矩心，不可以挪动，这种矢量称为定位矢量。力矩矢量 $\boldsymbol{M}_O(\boldsymbol{F})$ 的大小和方向都与矩心 O 的位置有关。其中定义的关节反转扭矩是指关节所受力矩在其回转轴线上的分量，该力矩主要是由关节驱动电机来承担，关节附加弯矩是指除了关节扭矩外关节力矩在其他方向分量的矢量和，该力矩主要是由关节处轴承来承担，则机械臂各关节所受力矩可看成附加弯矩和反转扭矩的矢量和。记 $M_\mathrm{M}(i)$ 为第 i 关节处的附加弯矩，$M_\mathrm{T}(i)$ 为第 i 关节处的反转扭矩。

为了减小关节的附加弯矩和反转扭矩，需要在各杆件上加一定的悬吊力，记悬吊力的大小为 $f(i)$，方向竖直向上，作用点的位置 (对应杆件坐标系) 为 $r_b(i) = (r_{bx}(i), r_{by}(i), r_{bz}(i))^T$。其余符号及其含义会在 3.3.2.1 节一一说明。

3.3.2 坐标系的建立及变换矩阵

3.3.2.1 坐标系的建立

机械臂的初始状态坐标系，如图 3.3 所示。定义坐标系 $O_r x_r y_r z_r$ 为静止坐标系，此坐标系原点 O_r 为轴 1 与杆 0、1 连接面的交点，x_r 轴为正对机械臂水平方向，y_r 轴为竖直向下，z_r 由右手坐标系确定。

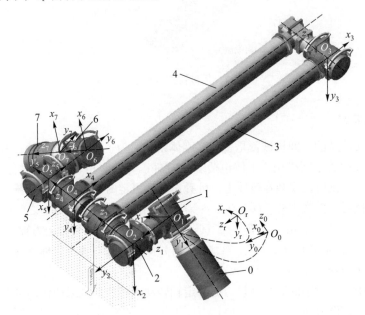

图 3.3 机械臂坐标系

$O_i x_i y_i z_i$ 为杆件 i 的固连坐标系，连杆 i 的坐标系原点位于轴线 i 和 $i+1$ 的公共法线与关节 $i+1$ 轴线的交点上，连杆 i 的坐标系 z 轴与关节 $i+1$ 的轴线在一直线上，x 轴在轴线 i 和 $i+1$ 的公共法线上，方向如图 3.3 所示，y 轴由右手坐标系法则确定[1]。

3.3.2.2 相邻坐标系的变换矩阵

按以上规定建立坐标系后，就可以通过两个旋转和两个平移来建立相邻两连杆 $i-1$ 与 i 固连坐标系之间的变换关系，具体步骤如下：

（1）绕 z_{i-1} 轴旋转 θ_i 角，使 x_{i-1} 轴旋转到与 x_i 同一平面；

（2）沿 z_{i-1} 轴平移一距离 d_i，使 x_{i-1} 与 x_i 在同一直线上；

（3）沿 x_i 轴平移一距离 a_i，使连杆 $i-1$ 的坐标系移到使其原点与连杆 i 的坐标系原点重合的地方；

（4）绕 x_{i-1} 轴旋转 α_i 角，使 z_{i-1} 与 z_i 在同一直线上。

本章中的机械臂参数，如表 3.1 所示。

表 **3.1** 机械臂 D–H 参数表

i	$\theta_i/°$	$\alpha_i/°$	a_i/mm	d_i/mm	$\gamma_i/°$
0	$90-\beta$	90	0	0	固定
1	γ_1	-90	0	d_1	$0\sim30$
2	$\beta-\gamma_2$	90	0	d_2	$0\sim30$
3	$-90-\gamma_3$	0	a_3	d_3	$0\sim50$
4	γ_4	0	a_4	d_4	$-10\sim0$
5	$90-\gamma_5$	90	0	d_5	$-40\sim0$
6	$180-\beta+\gamma_6$	90	0	d_6	$0\sim44$
7	γ_7	0	0	d_7	$-30\sim30$

表 3.1 的几点说明：

（1）为了便于后续分析及编程，$i=0$ 时的机械臂参数表示杆 0 固连坐标系 $O_0x_0y_0z_0$ 相对静止坐标系 $O_\mathrm{r}x_\mathrm{r}y_\mathrm{r}z_\mathrm{r}$ 之间的坐标变换参数，记静止参考系物体为杆 -1；

（2）γ_i 表示关节 i 转动角度，β 表示初始状态轴线 1 与水平面夹角。

由此，连杆 $i-1$ 与 i 之间的变换矩阵可以用 4 个齐次变换来描述，用矩阵 $_{i-1}^{i}\boldsymbol{A}$ 来表示变换矩阵，则有式 (3.3)：

$$_{i-1}^{i}\boldsymbol{A} = \mathrm{Rot}(z,\theta_i)\mathrm{Trans}(0,0,d_i)\mathrm{Trans}(a_i,0,0)\mathrm{Rot}(x,\alpha_i), \quad i=0,1,\cdots,7 \quad (3.3)$$

将式 (3.3) 进一步展开得式 (3.4)：

$$_{i-1}^{i}\boldsymbol{A} = \begin{bmatrix} \cos\theta_i & -\sin\theta_i\cos\alpha_i & \sin\theta_i\sin\alpha_i & a_i\cos\theta_i \\ \sin\theta_i & \cos\theta_i\cos\alpha_i & -\cos\theta_i\sin\alpha_i & a_i\sin\theta_i \\ 0 & \sin\alpha_i & \cos\alpha_i & d_i \\ 0 & 0 & 0 & 1 \end{bmatrix}, \quad i=0,1,\cdots,7 \quad (3.4)$$

将表 3.1 中的参数代入式 (3.4)，可得相邻杆件的变换矩阵，如式 (3.5)~ 式 (3.12) 所示：

$$_{-1}^{0}\boldsymbol{A} = \begin{bmatrix} \sin\beta & 0 & \cos\beta & 0 \\ \cos\beta & 0 & -\sin\beta & 0 \\ 0 & 1 & 0 & 0 \\ 0 & 0 & 0 & 1 \end{bmatrix} \quad (3.5)$$

$$_{0}^{1}\boldsymbol{A} = \begin{bmatrix} \cos\gamma_1 & 0 & -\sin\gamma_1 & 0 \\ \sin\gamma_1 & 0 & \cos\gamma_1 & 0 \\ 0 & -1 & 0 & d_1 \\ 0 & 0 & 0 & 1 \end{bmatrix} \quad (3.6)$$

$$
{}_1^2\boldsymbol{A} = \begin{bmatrix} \cos(\beta-\gamma_2) & 0 & \sin(\beta-\gamma_2) & 0 \\ \sin(\beta-\gamma_2) & 0 & -\cos(\beta-\gamma_2) & 0 \\ 0 & 1 & 0 & d_2 \\ 0 & 0 & 0 & 1 \end{bmatrix} \tag{3.7}
$$

$$
{}_2^3\boldsymbol{A} = \begin{bmatrix} -\sin\gamma_3 & \cos\gamma_3 & 0 & -a_3\sin\gamma_3 \\ -\cos\gamma_3 & -\sin\gamma_3 & 0 & -a_3\cos\gamma_3 \\ 0 & 0 & 1 & d_3 \\ 0 & 0 & 0 & 1 \end{bmatrix} \tag{3.8}
$$

$$
{}_3^4\boldsymbol{A} = \begin{bmatrix} \cos\gamma_4 & -\sin\gamma_4 & 0 & a_4\cos\gamma_4 \\ \sin\gamma_4 & \cos\gamma_4 & 0 & a_4\sin\gamma_4 \\ 0 & 0 & 1 & d_4 \\ 0 & 0 & 0 & 1 \end{bmatrix} \tag{3.9}
$$

$$
{}_4^5\boldsymbol{A} = \begin{bmatrix} \sin\gamma_5 & 0 & \cos\gamma_5 & 0 \\ \cos\gamma_5 & 0 & -\sin\gamma_5 & 0 \\ 0 & 1 & 0 & d_5 \\ 0 & 0 & 0 & 1 \end{bmatrix} \tag{3.10}
$$

$$
{}_5^6\boldsymbol{A} = \begin{bmatrix} -\cos(\beta-\gamma_6) & 0 & \sin(\beta-\gamma_6) & 0 \\ \sin(\beta-\gamma_6) & 0 & \cos(\beta-\gamma_6) & 0 \\ 0 & 1 & 0 & d_6 \\ 0 & 0 & 0 & 1 \end{bmatrix} \tag{3.11}
$$

$$
{}_6^7\boldsymbol{A} = \begin{bmatrix} \cos\gamma_7 & -\sin\gamma_7 & 0 & 0 \\ \sin\gamma_7 & \cos\gamma_7 & 0 & 0 \\ 0 & 0 & 1 & d_7 \\ 0 & 0 & 0 & 1 \end{bmatrix} \tag{3.12}
$$

设杆 n 固连坐标系相对于杆 m 固连坐标系 $(n>m)$ 的变换矩阵为 ${}_m^n\boldsymbol{T}$，则 ${}_m^n\boldsymbol{T}$ 可用式 (3.13) 表示。

$$
{}_m^n\boldsymbol{T} = \prod_{i=m+1}^{n} {}_{i-1}^{i}\boldsymbol{A}, \quad n>m \tag{3.13}
$$

如果将矩阵 ${}_m^n\boldsymbol{T}$ 写成分块矩阵，则 ${}_m^n\boldsymbol{T}$ 分块矩阵可表示为式 (3.14):

$$
{}_m^n\boldsymbol{T} = \begin{bmatrix} {}_m^n\boldsymbol{R} & {}_m^n\boldsymbol{p} \\ 0 & 1 \end{bmatrix}, \quad n>m \tag{3.14}
$$

式中，${}_m^n\boldsymbol{R}$ 表示杆 n 固连坐标系相对于杆 m 固连坐标系的旋转变换，是 3×3 矩阵；${}_m^n\boldsymbol{p}$ 表示杆 n 固连坐标系相对于杆 m 固连坐标系的平移变换，是 3×1 矩阵。

3.3.3 地面测试不进行微重力模拟时悬吊力模型的建立

空间机械臂在地面进行运动性能测试，如果不提供微重力模拟，则机械臂各关节的力矩是由杆件自身重力所产生，为了具体分析出每个关节的附加弯矩和反转扭矩，需建立各关节的力矩坐标系 $O_i'x_i'y_i'z_i'$，力矩坐标系 $O_i'x_i'y_i'z_i'$ 可由连杆坐标系 $O_{i-1}x_{i-1}y_{i-1}z_{i-1}$ 通过向量 $r_p(i)$ 平移得到，具体参数见表 3.2。

表 3.2　平移向量坐标

i	1	2	3	4	5	6	7
$r_p(i)$	(0,0,0)	(0,0,452)	(0,0,264)	(0,0,232)	(0,0,232)	(0,0,232)	(0,0,232)

由力矩的物理定义可知，力矩 $M = r \times F$，其中 r 和 F 是在所求力矩坐标系下的矢量，对于多刚体系统来说，一般不容易直接得到力矩坐标系下的 r 和 F，但是利用 3.3.2.2 节的变换矩阵，这个问题很容易解决。

比如，杆 n 固连坐标系 $O_n x_n y_n z_n$ 下的 $r(n)$ 在力矩坐标系 $O_m' x_m' y_m' z_m'$ 下表示为 $r(m)$，则可以得出式 (3.15)：

$$r(m) = {}_{m-1}^{n}\boldsymbol{R}\,r(n) + {}_{m-1}^{n}\boldsymbol{p} - r_p(m) \tag{3.15}$$

静止坐标系 $O_r x_r y_r z_r$ 下的重力加速度 g_r 在力矩坐标系 $O_m' x_m' y_m' z_m'$ 下表示为 $g(m)$，则可以得出式 (3.16)：

$$g(m) = {}_{-1}^{m-1}\boldsymbol{R}^{-1}\,g_r \tag{3.16}$$

在式 (3.16) 中，出现了 ${}_{-1}^{m-1}\boldsymbol{R}^{-1}$ 矩阵求逆这一项，因此需要对其进行化简，很容易看出来 ${}_{-1}^{m-1}\boldsymbol{R}^{-1}$ 包含的只是坐标系之间的旋转变换，平移变换不需考虑，由式 (3.13) 和式 (3.14) 可得式 (3.17)：

$$ {}_{-1}^{m-1}\boldsymbol{R} = \prod_{i=0}^{m-1} {}_{i-1}^{i}\boldsymbol{R}, \quad m = 1, \cdots, 7 \tag{3.17}$$

则 ${}_{-1}^{m-1}\boldsymbol{R}^{-1}$ 可表示为式 (3.18)：

$$ {}_{-1}^{m-1}\boldsymbol{R}^{-1} = {}_{m-2}^{m-1}\boldsymbol{R}^{-1}{}_{m-3}^{m-2}\boldsymbol{R}^{-1} \cdots {}_{-1}^{0}\boldsymbol{R}^{-1}, \quad m = 1, \cdots, 7 \tag{3.18}$$

由于矩阵 ${}_{m-2}^{m-1}\boldsymbol{R}$ 为正交矩阵，易知 ${}_{m-2}^{m-1}\boldsymbol{R}^{-1} = {}_{m-2}^{m-1}\boldsymbol{R}^{\mathrm{T}}$，所以式 (3.18) 可以进一步化解得

$$ {}_{-1}^{m-1}\boldsymbol{R}^{-1} = {}_{m-2}^{m-1}\boldsymbol{R}^{-1}{}_{m-3}^{m-2}\boldsymbol{R}^{-1} \cdots {}_{-1}^{0}\boldsymbol{R}^{-1} = {}_{m-2}^{m-1}\boldsymbol{R}^{\mathrm{T}}{}_{m-3}^{m-2}\boldsymbol{R}^{\mathrm{T}} \cdots {}_{-1}^{0}\boldsymbol{R}^{\mathrm{T}} $$

$$ = ({}_{-1}^{0}\boldsymbol{R}{}_{0}^{1}\boldsymbol{R} \cdots {}_{m-2}^{m-1}\boldsymbol{R})^{\mathrm{T}} = \left(\prod_{i=0}^{m-1} {}_{i-1}^{i}\boldsymbol{R} \right)^{\mathrm{T}} $$

由上述推导，${}_{-1}^{m-1}\boldsymbol{R}^{-1}$ 可表示为式 (3.19)：

$$ {}_{-1}^{m-1}\boldsymbol{R}^{-1} = {}_{-1}^{m-1}\boldsymbol{R}^{\mathrm{T}} \tag{3.19}$$

下面以关节 1 为例进行关节附加弯矩和反转扭矩表达式的推导，其他关节类似。关节 1 的力矩是在力矩坐标系 $O_1' x_1' y_1' z_1'$ 下计算的，关节 1 处的力矩是由杆件 1 ∼ 7

的重力所产生的。首先将杆件 $1 \sim 7$ 质心在坐标系 $O_1' x_1' y_1' z_1'$ 表示出来，然后将静止参考系下的重力加速度 $\boldsymbol{g}_r = (0, g, 0)^T$ 在坐标系 $O_1' x_1' y_1' z_1'$ 中表示出来。记 $_m r_c'(i)$ 为杆 i 质心相对于力矩坐标系 $O_m' x_m' y_m' z_m'$ 的矢径，$\boldsymbol{g}(i)$ 为在坐标系 $O_i' x_i' y_i' z_i'$ 下的重力加速度。由式 (3.15) 和式 (3.16) 可得式 (3.20) 和式 (3.21)：

$$_1 r_c'(i) = {}_0^i \boldsymbol{R} r_c(i) + {}_0^i \boldsymbol{p} - \boldsymbol{r}_p(1) \tag{3.20}$$

$$\boldsymbol{g}(1) = {}_{-1}^0 \boldsymbol{R}^T \boldsymbol{g}_r \tag{3.21}$$

则在关节 1 处的力矩可表示为式 (3.22)：

$$\boldsymbol{M}(1) = \sum_{i=1}^7 {}_1 r_c'(i) \times [m(i)\boldsymbol{g}(1)] = \sum_{i=1}^7 m(i)[{}_0^i \boldsymbol{R} r_c(i) + {}_0^i \boldsymbol{p} - \boldsymbol{r}_p(1)] \times {}_{-1}^0 \boldsymbol{R}^T \boldsymbol{g}_r \tag{3.22}$$

记 $\boldsymbol{M}(1) = (M_x(1), M_y(1), M_z(1))^T$，由前面定义可得，关节 1 处的附加弯矩和反转扭矩的大小可用式 (3.23) 表示：

$$\begin{cases} M_M(1) = \sqrt{M_x(1)^2 + M_y(1)^2} \\ M_T(1) = |M_z(1)| \end{cases} \tag{3.23}$$

最后，关节 i 处力矩可以表示为通式 (3.24)：

$$\boldsymbol{M}(i) = \sum_{n=i}^7 {}_i r_c'(n) \times [m(n)\boldsymbol{g}(i)] = \sum_{n=i}^7 m(n)[{}_{i-1}^n \boldsymbol{R} r_c(n) + {}_{i-1}^n \boldsymbol{p} - \boldsymbol{r}_p(i)] \times {}_{-1}^{i-1} \boldsymbol{R}^T \boldsymbol{g}_r \tag{3.24}$$

进一步，关节 i 处的附加弯矩和反转扭矩可以表示为通式 (3.25)：

$$\begin{cases} M_M(i) = \sqrt{M_x(i)^2 + M_y(i)^2} \\ M_T(i) = |M_z(i)| \end{cases}, \quad i = 1, \cdots, 7 \tag{3.25}$$

在式 (3.25) 中，可以看出 $M_M(i)$ 和 $M_T(i)$ 的表达式中包含变量 $i(i = 1, 2, \cdots, 7)$，这是该问题多工况的体现，通过解析和仿真可以得到各关节在不同工况下附加弯矩和反转扭矩的解析图和仿真图。图 3.4 和图 3.5 分别是关节 1 在机械臂运动过程中反转扭矩和附加弯矩随时间变化的曲线图。从图中可以看出解析法得到曲线图与仿真图误差最大为 10 N·m，这说明了模型推导的正确性。图中关节 1 反转扭矩最大接近 2 200 N·m，附加弯矩最大超出 7 000 N·m，这说明了在机械臂在未进行重力补偿前关节承受的力矩很大，机械臂无法正常在地面上进行功能测试。

3.3.4　地面测试进行微重力模拟时悬吊力模型的建立

3.3.3 节已建立了未进行微重力模拟的模型，并对比了解析模型计算结果和仿真结果，验证了模型的正确性。本节引入理想悬吊力，推导微重力模拟后各关节附加弯矩和反转扭矩与悬吊力之间的关系。

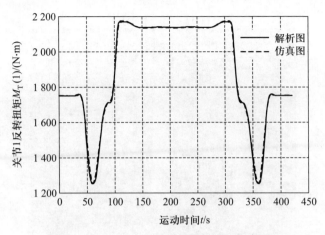

图 3.4 关节 1 反转扭矩解析图和仿真图

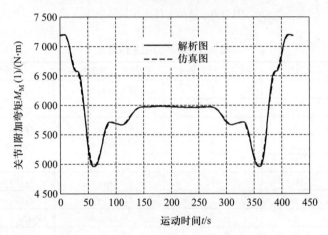

图 3.5 关节 1 附加弯矩解析图和仿真图

3.3.4.1 悬吊力的引入

空间机械臂进行微重力模拟需要确定悬吊力的大小和位置，悬吊力的大致位置由机械臂预留接口确定，机械臂的预留接口主要分布在各关节附近，由于机械臂所有运动副均为转动副，对于转动副来说，悬吊力作用点作用在相应杆件回转轴线上，图 3.6 为悬吊力的作用位置示意图。从图上可知，机械臂的每个杆件至少受到一个悬吊力，对于两臂杆来说，由于质心离机械臂预留接口比较远，因此通过施加两个力来实现臂杆重力的补偿。

悬吊力作用位置、作用杆件及其在相应坐标系下作用点坐标的具体信息，如表 3.3 所示。

3.3.4.2 悬吊力产生的力矩

悬吊力的方向竖直向上，与重力方向相反，悬吊力的位置矢量和杆件质心的矢量都是在连杆坐标系下表示的，因此，推导悬吊力产生的力矩方法和前面一致，需要进行坐标系的旋转和平移，最终转换到力矩坐标系下，求出力矩表达式。

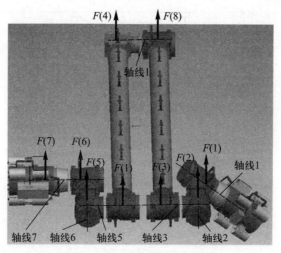

图 3.6 悬吊力作用位置示意图

表 3.3 悬吊力相关信息表

悬吊力序号	作用杆件	作用点所在轴线	作用点参考坐标系	作用点坐标
1	1	1	$O_1 x_1 y_1 z_1$	$\boldsymbol{r}_f(1) = (0, l(1), 0)^{\mathrm{T}}$
2	2	2	$O_2 x_2 y_2 z_2$	$\boldsymbol{r}_f(2) = (0, l(2), 0)^{\mathrm{T}}$
3	3	3	$O_3 x_3 y_3 z_3$	$\boldsymbol{r}_f(3) = (0, 0, l(3))^{\mathrm{T}}$
4	4	4	$O_4 x_4 y_4 z_4$	$\boldsymbol{r}_f(4) = (-a_4, 0, l(4))^{\mathrm{T}}$
5	5	6	$O_5 x_5 y_5 z_5$	$\boldsymbol{r}_f(5) = (0, 0, l(5))^{\mathrm{T}}$
6	6	7	$O_6 x_6 y_6 z_6$	$\boldsymbol{r}_f(6) = (0, 0, l(6))^{\mathrm{T}}$
7	7	7	$O_7 x_7 y_7 z_7$	$\boldsymbol{r}_f(7) = (0, 0, l(7))^{\mathrm{T}}$
8	3	4	$O_8 x_8 y_8 z_8$	$\boldsymbol{r}_f(8) = (-a_3, 0, l(8))^{\mathrm{T}}$
9	4	5	$O_9 x_9 y_9 z_9$	$\boldsymbol{r}_f(9) = (0, 0, l(9))^{\mathrm{T}}$

与前面推导不同的是连杆 3 和 4 分别受到两个悬吊力，在表达式上有一点差别，记在静止参考系 $O_r x_r y_r z_r$ 下与重力加速度同向的单位向量为 $\boldsymbol{g}_r' = (0, 1, 0)$，则悬吊力可表示为 $\boldsymbol{F}(i) = -f(i)\boldsymbol{g}_r'$，悬吊力在关节 i 处产生的力矩 $\boldsymbol{M}_b(i)$，可表示为通式 (3.26)。

$$\boldsymbol{M}_b(i) = \begin{cases} \displaystyle\sum_{n=i}^{7} -f(n)[{}_{i-1}^{n}\boldsymbol{R}\boldsymbol{r}_f(n) + {}_{i-1}^{n}\boldsymbol{p} - \boldsymbol{r}_p(i)] \times {}_{-1}^{i-1}\boldsymbol{R}^{\mathrm{T}}\boldsymbol{g}_r' + \\ \displaystyle\sum_{n=3}^{4} -f(n+5)[{}_{i-1}^{n}\boldsymbol{R}\boldsymbol{r}_f(n+5) + {}_{i-1}^{n}\boldsymbol{p} - \boldsymbol{r}_p(i)] \times {}_{-1}^{i-1}\boldsymbol{R}^{\mathrm{T}}\boldsymbol{g}_r', \quad i = 1, 2, 3 \\ \displaystyle\sum_{n=i}^{7} -f(n)[{}_{i-1}^{n}\boldsymbol{R}\boldsymbol{r}_f(n) + {}_{i-1}^{n}\boldsymbol{p} - \boldsymbol{r}_p(i)] \times {}_{-1}^{i-1}\boldsymbol{R}^{\mathrm{T}}\boldsymbol{g}_r' - \\ \quad f(9)[{}_{3}^{4}\boldsymbol{R}\boldsymbol{r}_f(9) + {}_{3}^{4}\boldsymbol{p} - \boldsymbol{r}_p(4)] \times {}_{-1}^{3}\boldsymbol{R}^{\mathrm{T}}\boldsymbol{g}_r', \quad i = 4 \\ \displaystyle\sum_{n=i}^{7} -f(n)[{}_{i-1}^{n}\boldsymbol{R}\boldsymbol{r}_f(n) + {}_{i-1}^{n}\boldsymbol{p} - \boldsymbol{r}_p(i)] \times {}_{-1}^{i-1}\boldsymbol{R}^{\mathrm{T}}\boldsymbol{g}_r', \quad i = 5, 6, 7 \end{cases}$$

$$(3.26)$$

3.3.4.3 微重力模拟后悬吊力模型的建立

微重力模拟后的机械臂各关节的力矩是机械臂重力和悬吊力产生的力矩之和，记微重力模拟后机械臂关节 i 处的力矩为 $M_{\rm h}(i)$，则 $M_{\rm h}(i) = M(i) + M_{\rm b}(i)$，将式 (3.24) 和式 (3.26) 代入，则得到各关节微重力模拟后的力矩通式即式 (3.27)。

$$
M_{\rm h}(i) = \begin{cases}
\sum\limits_{n=i}^{7} m(n)[_{i-1}^{\;\;n}\boldsymbol{R}\boldsymbol{r}_{\rm c}(n) + {}_{i-1}^{\;\;n}\boldsymbol{p} - \boldsymbol{r}_p(i)] \times {}_{-1}^{i-1}\boldsymbol{R}^{\rm T}\boldsymbol{g}_{\rm r} + \\[2mm]
\qquad \sum\limits_{n=i}^{7} -f(n)[_{i-1}^{\;\;n}\boldsymbol{R}\boldsymbol{r}_f(n) + {}_{i-1}^{\;\;n}\boldsymbol{p} - \boldsymbol{r}_p(i)] \times {}_{-1}^{i-1}\boldsymbol{R}^{\rm T}\boldsymbol{g}_{\rm r}' + \\[2mm]
\qquad \sum\limits_{n=3}^{4} -f(n+5)[_{i-1}^{\;\;n}\boldsymbol{R}\boldsymbol{r}_f(n) + {}_{i-1}^{\;\;n}\boldsymbol{p} - \boldsymbol{r}_p(i)] \times {}_{-1}^{i-1}\boldsymbol{R}^{\rm T}\boldsymbol{g}_{\rm r}', \quad i = 1,2,3 \\[3mm]
\sum\limits_{n=i}^{7} m(n)[_{i-1}^{\;\;n}\boldsymbol{R}\boldsymbol{r}_{\rm c}(n) + {}_{i-1}^{\;\;n}\boldsymbol{p} - \boldsymbol{r}_p(i)] \times {}_{-1}^{i-1}\boldsymbol{R}^{\rm T}\boldsymbol{g}_{\rm r} + \\[2mm]
\qquad \sum\limits_{n=i}^{7} -f(n)[_{i-1}^{\;\;n}\boldsymbol{R}\boldsymbol{r}_f(n) + {}_{i-1}^{\;\;n}\boldsymbol{p} - \boldsymbol{r}_p(i)] \times {}_{-1}^{i-1}\boldsymbol{R}^{\rm T}\boldsymbol{g}_{\rm r}' - \\[2mm]
\qquad f(9)(_{3}^{4}\boldsymbol{R}\boldsymbol{r}_f(9) + {}_{3}^{4}\boldsymbol{p} - \boldsymbol{r}_p(4)) \times {}_{-1}^{3}\boldsymbol{R}^{\rm T}\boldsymbol{g}_{\rm r}', \quad i = 4 \\[3mm]
\sum\limits_{n=i}^{7} m(n)[_{i-1}^{\;\;n}\boldsymbol{R}\boldsymbol{r}_{\rm c}(n) + {}_{i-1}^{\;\;n}\boldsymbol{p} - \boldsymbol{r}_p(i)] \times {}_{-1}^{i-1}\boldsymbol{R}^{\rm T}\boldsymbol{g}_{\rm r} + \\[2mm]
\qquad \sum\limits_{n=i}^{7} -f(n)[_{i-1}^{\;\;n}\boldsymbol{R}\boldsymbol{r}_f(n) + {}_{i-1}^{\;\;n}\boldsymbol{p} - \boldsymbol{r}_p(i)] \times {}_{-1}^{i-1}\boldsymbol{R}^{\rm T}\boldsymbol{g}_{\rm r}', \quad i = 5,6,7
\end{cases}
\tag{3.27}
$$

最后，各关节微重力模拟后的附加弯矩和反转扭矩可以表示为式 (3.28)，关系式中包含 $f(i)$ 和 $l(i)$ $(i = 1,2,\cdots,9)$ 以及 γ_i $(i = 1,2,\cdots,7)$。

$$
\begin{cases}
M_{\rm hM}(i) = \sqrt{M_{\rm hx}(i)^2 + M_{\rm hy}(i)^2}, \quad i = 1,\cdots,7 \\
M_{\rm hT}(i) = |M_{\rm hz}(i)|
\end{cases}
\tag{3.28}
$$

3.4 机械臂多吊点悬吊力模型的优化

模型的优化是以数学中的最优化理论为基础，以计算机软件为手段，根据已知数学模型的性能指标，建立目标函数，在满足给定各种约束条件的情况下，得出最优化结果[2,3]。3.3.3 节已经建立了机械臂多吊点悬吊力的数学模型，该数学模型中包含变量 $f(i)$ 和 $l(i)$ $(i = 1,2,\cdots,9)$ 以及 γ_i $(i = 1,2,\cdots,7)$，其中 $f(i)$ 和 $l(i)$ $(i = 1,2,\cdots,9)$ 是该模型所要得到的悬吊力，而 γ_i $(i = 1,2,\cdots,7)$ 反映的是机械臂所处的状态，是时间 t 的函数。本节要解决的问题是在机械臂关节转角 γ_i $(i = 1,2,\cdots,7)$ 随时间变化的过程中，求出一组悬吊力，使得在整个运动过程中机械臂的微重力补偿模拟效果最好。

3.4.1 优化模型建立

1. 设计变量

该模型中需要优化的变量为 $f(i)$ 和 $l(i)(i=1,2,\cdots,9)$，共 18 个变量。为了使优化方便，将变量统一起来。设

$$\boldsymbol{X}=(x_1,x_2,\cdots,x_{18})^{\mathrm{T}}=(f(1),f(2),\cdots,f(9),l(1),l(2),\cdots,l(9))^{\mathrm{T}}$$

2. 目标函数

为机械臂提高微重力模拟的目的就是使各关节的力矩尽可能小，由于各杆件质心偏离回转轴线，重力不能被完全补偿，这势必会给每个关节带来一定的附加弯矩和反转扭矩，本优化问题将各关节附加弯矩和反转扭矩的平方和最小作为优化目标函数，其平方和为

$$T(X)=\sum_{i=1}^{7}(M_{\mathrm{hM}}^2+M_{\mathrm{hT}}^2)$$

3. 约束条件

机械臂在功能测试时，各关节的附加弯矩和反转扭矩不能超过一定值。由此作为优化的约束函数，记关节附加弯矩和反转扭矩给定值分别为 M_{M0} 和 M_{T0}，即：

$$\begin{cases} M_{\mathrm{hM}}(i)^2 \leqslant M_{\mathrm{M0}}^2, & i=1,\cdots,7 \\ M_{\mathrm{hT}}(i)^2 \leqslant M_{\mathrm{T0}}^2, & i=1,\cdots,7 \end{cases}$$

$f(i)$ 表示的是理想悬吊力的大小，为非负数，即

$$f(i)\geqslant 0, \quad i=1,\cdots,9$$

机械臂预留接口限制 $l(i)$ 的取值，取值范围如下：

$$-30\leqslant l(i)\leqslant 30$$

最后，将设计变量 $\boldsymbol{X}=(x_1,x_2,\cdots,x_{18})^{\mathrm{T}}=(f(1),f(2),\cdots,f(9),l(1),l(2),\cdots,l(9))^{\mathrm{T}}$ 代入以上数学表达式。最终，该优化问题的数学模型可表示为式 (3.29)。

求解 $\boldsymbol{X}=(x_1,x_2,\cdots,x_{18})^{\mathrm{T}}=(f(1),f(2),\cdots,f(9),l(1),l(2),\cdots,l(9))^{\mathrm{T}}$

$$\begin{cases} \min T(X)=\sum_{i=1}^{7}[M_{\mathrm{hM}}(i)^2+M_{\mathrm{hT}}(i)^2], & i=1,\cdots,7 \\ \text{s.t.}\quad M_{\mathrm{hM}}(i)^2-M_{\mathrm{M0}}^2\leqslant 0, & i=1,\cdots,7 \\ \qquad M_{\mathrm{hT}}(i)^2-M_{\mathrm{T0}}^2\leqslant 0, & i=1,\cdots,7 \\ \qquad -f(i)\leqslant 0, & i=1,\cdots,9 \\ \qquad l(i)-30\leqslant 0, & i=1,2,3,4,5,6,8,9 \\ \qquad -l(i)-30\leqslant 0, & i=1,2,3,4,5,6,8,9 \end{cases} \tag{3.29}$$

3.4.2 优化方法分析

由 3.4.1 节建立的优化模型可以看出，模型中除了优化变量 $f(i)$ 和 $l(i)$ 外，还有关节转角变量 $\gamma_i(i=1,2,\cdots,7)$。机械臂在运动性能测试过程中，各关节转角 $\gamma_i(i=1,2,\cdots,7)$ 运动时序如表 3.4 所示，从表 3.4 中可以看出各关节的转动顺序以及转动角度，表中的运动角度是机械臂各关节相对其初始状态的角度值。

第一种优化方法将各关节转角变量 $\gamma_i(i=1,2,\cdots,7)$ 离散成一系列步长为 $1°$ 的点，由机械臂关节运动时序可知，机械臂在运动过程中基本上是一个关节运动，此连续运动过程可以离散成约 260 种状态，将每种状态各关节的附加弯矩和反转扭矩都加入到优化数学模型表达式 (3.29) 中，可得到新的数学优化模型，如式 (3.30) 所示。

表 3.4 机械臂关节运动时序表

序号	运动关节	运动角度/°	运动时间/s
1	2	+30	$0 \sim 30$
2	3	−30	$30 \sim 60$
3	1	+30	$60 \sim 90$
4	3	−20	$90 \sim 110$
	4	−10	$90 \sim 110$
5	5	−40	$110 \sim 150$
	6	−44	$110 \sim 150$
6	7	+30	$150 \sim 180$
7	7	−60	$180 \sim 240$
8	7	+30	$240 \sim 270$
9	6	+44	$270 \sim 310$
	5	+40	$270 \sim 310$
10	4	+10	$310 \sim 330$
	3	+20	$310 \sim 330$
11	1	−30	$330 \sim 360$
12	3	+30	$360 \sim 390$
13	2	−30	$390 \sim 420$

$$\begin{cases} \min T(X) = \sum_{j=1}^{260}\sum_{i=1}^{7}(M_{\mathrm{hM}}(i)(j)^2 + M_{\mathrm{hT}}(i)(j)^2), & (i=1,\cdots,7)(j=1,\cdots,7) \\ \text{s.t.} \quad M_{\mathrm{hM}}(i)(j)^2 - M_{\mathrm{M0}}^2 \leqslant 0, & i=1,\cdots,7; j=1,\cdots,260 \\ \qquad M_{\mathrm{hT}}(i)(j)^2 - M_{\mathrm{T0}}^2 \leqslant 0, & i=1,\cdots,7; j=1,\cdots,260 \\ \qquad -f(i) \leqslant 0; & i=1,\cdots,9 \\ \qquad l(i) - 30 \leqslant 0; & i=1,2,3,4,5,6,8,9 \\ \qquad -l(i) - 30 \leqslant 0, & i=1,2,3,4,5,6,8,9 \end{cases}$$

$$(3.30)$$

式中，$M_{hM}(i)(j)$ 表示在状态 j 下，关节 i 处的附加弯矩大小；$M_{hT}(i)(j)$ 表示在状态 j 下，关节 i 处的反转扭矩大小。具体优化设计流程，如图 3.7 所示。方法一的优化过程直白明了、简单易懂、编程容易，但是很容易看出该思路引入了机械臂运动所有状况，数据有点冗余，使优化速度减慢，优化效率降低。

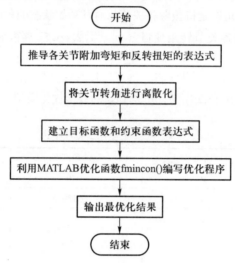

图 3.7 第一种优化方法流程图

第二种优化方法，采用 MATLAB 和 ADAMS 联合优化的方法进行优化。采用 MATLAB 最优化工具箱中的 fmincon() 函数，用于求解各种约束下的最优化问题，ADAMS 提供优化过程中的可能极限工况下机械臂所处的状态，从而确定优化约束条件和目标函数。优化的具体流程，如图 3.8 所示。

3.4.3 优化过程和结果分析

3.4.3.1 第一次优化过程及分析

采用第二种优化方法进行优化，一共优化两次。只考虑初始状态工况，初始工况各关节角度 γ_i 如表 3.5 所示。将初始状态工况下各关节角度 γ_i 代入各关节补偿后的力矩通式 (3.27)，可以推导出各关节附加弯矩和反转扭矩的表达式，建立初始状态工况下的约束函数和目标函数，采用 MATLAB 最优化工具箱中的 fmincon() 函数编程。优化结果如表 3.6 和表 3.7 所示。

表 3.5 初始状态各关节转角 γ_i

i	1	2	3	4	5	6	7
$\gamma_i/(°)$	0	0	0	0	0	0	0

表 3.6 初始工况下悬吊力大小优化结果

悬吊力	$f(1)$	$f(2)$	$f(3)$	$f(4)$	$f(5)$	$f(6)$	$f(7)$	$f(8)$	$f(9)$
结果/N	588.95	636.91	755.15	493.36	706.21	538.10	986.53	762.80	757.11

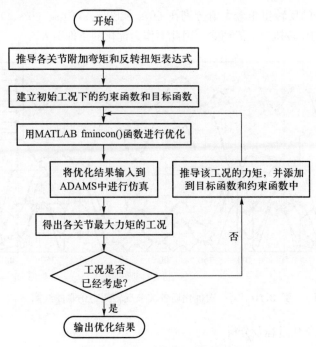

图 3.8 第二种优化方法流程图

表 3.7 初始工况下悬吊力位置优化结果

悬吊力位置	$l(1)$	$l(2)$	$l(3)$	$l(4)$	$l(5)$	$l(6)$	$l(7)$	$l(8)$	$l(9)$
结果/mm	17.76	−30.00	−28.39	17.09	30.00	12.03	232.76	−29.95	17.01

将悬吊力大小和位置优化结果作为 ADAMS 仿真的输入载荷,仿真结果如图 3.9 和图 3.10 所示。通过观察图 3.9 和图 3.10 可知:① 关节 1、2、3、4、5、6、7 的附加弯矩的最大值分别在 180 s、180 s、180 s、180 s、180 s、30 s 和 0 s 处;② 关节 1、

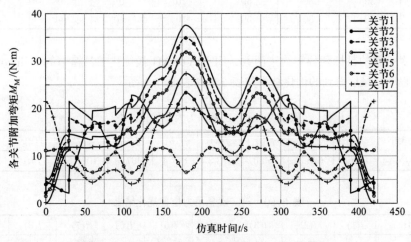

图 3.9 第一次优化后各关节附加弯矩仿真曲线图

2、3、4、5、6 的反转扭矩最大值分别在 60 s、180 s、110 s、60 s、110 s 和 180 s，由于关节 7 处的反转扭矩不能消除，因此不作为优化的条件引入。

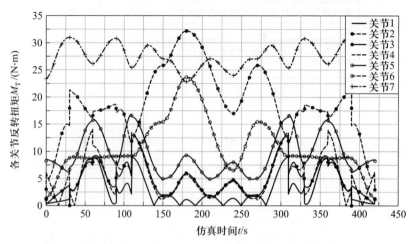

图 3.10 第一次优化后各关节反转扭矩仿真曲线图

3.4.3.2 第二次优化过程及分析

将第一次优化分析结果中未考虑的工况添加到目标函数和约束函数中，其中未考虑工况为：① 180 s 时刻工况下，关节 1、2、3、4、5 处的附加弯矩，关节 2、6 处的反转扭矩；② 110 s 时刻工况下，关节 3、5 的反转扭矩；③ 60 s 时刻工况下，关节 1、4 的反转扭矩；④ 30 s 时刻工况下，关节 6 的附加弯矩。

30 s、60 s、110 s 和 180 s 时刻对应各关节的转角 γ_i，如表 3.8 所示。

表 3.8 30 s、60 s、110 s 和 180 s 时刻对应各关节的转角 γ_i

t/s	$\gamma_1/(°)$	$\gamma_2/(°)$	$\gamma_3/(°)$	$\gamma_4/(°)$	$\gamma_5/(°)$	$\gamma_6/(°)$	$\gamma_7/(°)$
30	0	30	0	0	0	0	0
60	0	30	30	0	0	0	0
110	30	30	50	−10	0	0	0
180	30	30	50	−10	−40	44	−30

再次将新的目标函数和约束函数，用 MATLAB 最优化工具箱中的 fmincon() 函数编写程序，最后得到的优化结果如表 3.9 和表 3.10 所示。

表 3.9 第二次悬吊力大小优化结果

悬吊力大小	$f(1)$	$f(2)$	$f(3)$	$f(4)$	$f(5)$	$f(6)$	$f(7)$	$f(8)$	$f(9)$
结果/N	620.1	625.6	753.0	478.3	647.4	467.5	1078.5	774.1	799.1

表 3.10 第二次悬吊力位置优化结果

悬吊力位置	$l(1)$	$l(2)$	$l(3)$	$l(4)$	$l(5)$	$l(6)$	$l(7)$	$l(8)$	$l(9)$
结果/mm	21.5	−30.00	−29.8	21.1	30.00	26.6	212.9	−21.7	28.6

将第二次优化后的悬吊力大小和位置结果引入到 ADAMS 中，仿真结果如图 3.11 和图 3.12 所示。通过观察图 3.11 和图 3.12 可知：① 关节 1、2、3、4、5、6、7 的附加弯矩最大值分别在 180 s、180 s、180 s、180 s、180 s、150 s、0 s 处；② 关节 1、2、3、4、5、6 的反转扭矩最大值分别在 110 s、180 s、90 s、90 s、150 s、0 s。

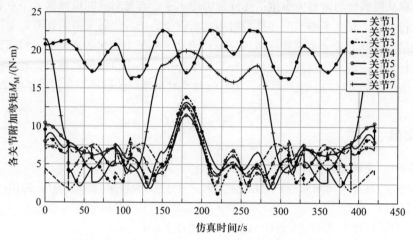

图 3.11　第二次优化后各关节附加弯矩仿真曲线图

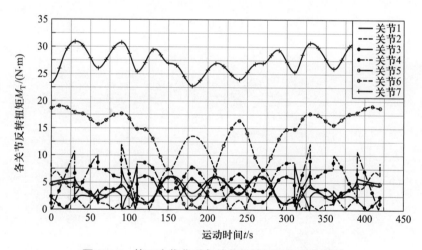

图 3.12　第二次优化后各关节反转扭矩仿真曲线图

通过对比初始状态和第一次优化状态，可以知道未考虑的工况为：① 150 s 时刻工况下，关节 6 处的附加弯矩；② 110 s 时刻工况下，关节 1 的反转扭矩；③ 90 s 时刻工况下，关节 3、4 的反转扭矩。

上述工况虽然未考虑，但是观察图 3.11 和图 3.12 可知：① 关节 6 在 150 s 时刻和在 30 s 时刻附加弯矩相差不到 1 N·m，因此可以忽略该工况；② 关节 1 在 110 s 时刻和在 0 s 时刻反转扭矩相差约 2 N·m，也可以忽略；③ 关节 3 在 90 s 时刻和在 110 s 时刻反转扭矩几乎相等，也可以忽略；④ 关节 4 在 90 s 时刻和在 6 s 时刻反转扭矩相差约 2 N·m，也可以忽略。最后，优化到此为止，表 3.8 和表 3.9 的结果即是悬吊力的大小和位置。

3.5　本章小结

　　本章从机械臂的微重力模拟指标残余力矩入手，首先对空间机械臂多吊点悬吊力模型进行分析，建立了模拟前和模拟后的数学模型，推导出各关节附加弯矩和反转扭矩与悬吊力之间的数学关系式；然后分析并建立了悬吊力优化数学模型，对两种优化思路进行对比；最后通过具体优化过程和结果分析，得出机械臂在整个运动性能测试过程中模拟效果最好的一组悬吊力，为后续整个悬吊系统的设计和分析做了铺垫。

参考文献

[1]　蔡自兴, 谢斌. 机器人学. 北京: 清华大学出版社, 2000.

[2]　董立立, 赵益萍, 梁林泉, 等. 机械优化设计理论方法研究综述. 机床与液压, 2010, 38(15): 114-119.

[3]　孙靖民, 梁迎春. 机械优化设计. 北京: 机械工业出版社, 2003.

第 4 章　具有被动自适应功能的
悬吊力等效施加机构

4.1　引言

　　第 2 章和第 3 章得到的车厢和空间机械臂的悬吊力理论悬吊点都位于机构或结构内部。然而，这种设计一是很难将吊索直接连接于机构或结构的内部，原因是这样会破坏宇航空间机构的内部结构；二是即使付出很大代价，在宇航空间机构内部设置了内部悬吊点的安装位置，实现了吊索与悬吊点的连接，测试过程中吊索也会在理论悬吊点为顶点做圆锥摆动，导致吊索与内部构件干涉。

　　在不破坏宇航空间机构产品的前提下，如何将其微低重力模拟时的理论悬吊点由内部等效转移至外部，同时在航天器三自由度姿态变化时确保悬吊力始终通过理论悬吊点，是微低重力模拟方法实施的关键。本章将设计具有三转动自由度被动自适应功能的悬吊力等效施加机构，使得作用于宇航空间机构外部的悬吊力效果等效于作用于内部理论悬吊点。

4.2　星球车悬吊力等效施加机构

4.2.1　平行全等体的性质

　　星球车单索"悬吊式低重力模拟"方法中，计算得到的车厢悬吊力的理论悬吊点都位于车厢内部，这是星球车低重力模拟的普遍现象。将吊索直接连接于车厢内部有两个问题：① 吊索和车厢内部构件干涉；② 在车厢内部的准确位置预留接口不易实现。本节考虑将悬吊力作用于车厢外部，但使其等效作用于车厢内部理论悬吊点。

　　介绍平行全等体的性质。设平面内有两个自由物体，在两物体上分别取 $\triangle ABC \cong \triangle A'B'C'$，使用等长连杆球铰连接 AA'、BB' 以构成平面机构 $A'ABB'$，如图 4.1(a)。因为 $A'ABB'$ 和 $A'ACC'$ 是共用 $A'A$ 边的平行四边形，所以无论机构如何运动，连线 $C'C$ 始终平行于连杆 $A'A$。

然后介绍在俯仰平面内向车厢内理论悬吊点 C 施加等效悬吊力的方法。在车厢表面设置球铰连接点 A、B；按 $\triangle ABC \cong \triangle A'B'C'$ 关系在悬吊装置上选取球铰连接点 A'、B' 和吊索连接点 C'；使用等长杆连接 AA'、BB'，将吊索连接于点 C'，在悬吊力作用下连杆 AA' 和 BB' 始终竖直，如图 4.1(b)。由于 $C'C$ 平行于 AA'，在俯仰平面内悬吊力始终竖直通过星球车内部的理论悬吊点 C，亦即悬吊力等效作用于理论悬吊点 C。

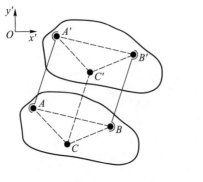
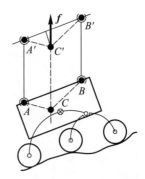

(a) 平行全等图形　　　　　　　　　　(b) 俯仰平面内悬吊力的施加

图 4.1　平面平行全等图形及其性质

为使悬吊力在空间内等效作用于车厢内部理论悬吊点 C，进行以下构造：在车厢顶部选 4 个球铰连接点 A、B、D 和 E，并与点 C 构成四棱锥；按 $C'-A'B'D'E' \cong C-ABDE$ 全等关系在悬挂装置上设置球铰连接点 A'、B'、D'、E' 和吊索连接点 C'；使用等长连杆连接对应点，将吊索连接于 C'，如图 4.2(a)。图 4.2(a) 在俯仰平面投影为图 4.1(b)，在侧倾平面的投影为图 4.2(b)。在忽略悬挂装置自重的情况下，整车在俯仰、侧倾和偏航时吊索悬吊力始终等效作用于车厢内部理论悬吊点。

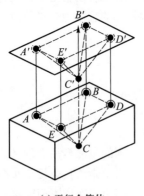
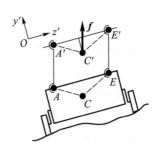

(a) 平行全等体　　　　　　　　　　(b) 侧倾平面内的悬吊力施加

图 4.2　具有三转动自由度被动自适应功能的悬吊力等效施加机构

完全消除悬挂装置自重的影响，除悬吊力 f 外，还需在悬挂装置质心处施加与其自重等大反向的悬吊力 f'。由于力 f 和 f' 作用点、大小、方向不变，因此可以合成一个作用点、大小、方向不变的合力。此合力即为考虑挂架自重下的悬吊力，其作用点即为悬挂装置的实际吊索连接点，其大小为吊索拉力，因此仍旧是单索悬吊式低重力模拟。

4.2.2 平行吊架设计

1. 总体设计

将平行吊架通过在车前后两个方向预留的 4 个螺纹孔与星球车相连，使用“凹”形支撑架绕过前后围板，为平行四边形机构提供连接点。支撑架为位置信息采集系统的 LED 靶标提供安装位置。平行吊架的三维结构如图 4.3 所示。

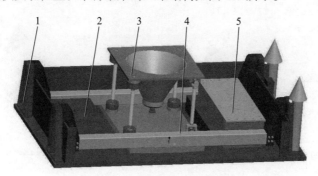

图 4.3 平行吊架三维结构图

1—星球车接口；2—星球车顶板；3—平行四边形机构；4—支撑架；5—LED 靶标安装位

2. 平行四边形机构和调节环节

平行吊架使用 4 根等长吊杆连接底板和顶板。其中，一根吊杆的两端使用十字轴关节，防止顶板和底板相对旋转；其余 3 根吊杆的两端使用球头关节，以避免过度约束，造成运动干涉。

由于吊点位置不可能一次设置准确，所以需要微调吊点位置。因此，在圆锥底部设置具有平面自由度的吊点微调机构。微调吊点位置时，首先松开吊点紧固螺栓，然

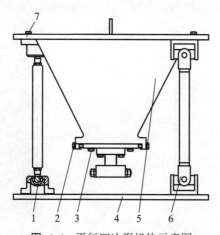

图 4.4 平行四边形机构示意图

1—球头；2—吊点微调螺栓；3—吊点紧固螺栓；4—底板；5—圆锥；6—十字轴关节；7—顶板

后旋转吊点微调螺栓，使用螺栓推动吊点移动，然后再锁紧吊点紧固螺栓。在图 4.4 中，只标出了一个方向的调节螺栓。

3. 应力、应变和基频

平行吊架的质量需要被拉力系统完全抵消，因此需要轻量化设计。因此，对刚度最低的支撑架部分进行应变和基频的分析。有限元分析表明，在 1.2 倍工作拉力载荷下，部件最大静位移为 0.45 mm。支撑架的一阶模态为 2.6 Hz；在幅值为工作拉力的正弦交变激振下，吊架位移为 0.3 mm，如图 4.5 所示。

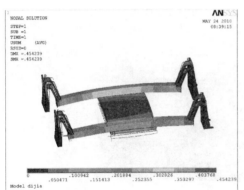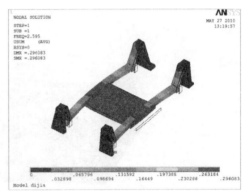

图 4.5 支撑架的应变和一阶模态有限元分析

4.3 机械臂悬吊力等效施加机构

4.3.1 悬吊机构原理分析

对于机械臂杆件来说，施加悬吊力作用点方式有两种，图 4.6 为第一种方式，通过在每个杆件质心处直接加一个与该杆件重力相等的悬吊力。该悬吊力施加方式原理简单明了，但在实际操作中需要精确地确定质心的位置，尽管能够精确地测出物体的质心，但是一般物体的质心都在其内部，对于比较细的杆件可以通过做一个特制的十

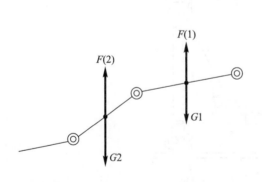

(a) 悬吊力作用点方式一

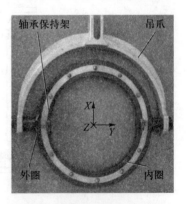

(b) 十字轴剖分轴承悬吊机构

图 4.6 第一种悬吊力施加方式及其悬吊机构

字轴剖分轴承来实现悬吊力的施加，但是对于比较粗大的物体或者是接口不方便时，直接在质心上施加悬吊力是很困难的，尤其是对于回转关节的机械臂来说，其质心不在回转轴线上，更难实现这种悬吊点方式。

第二种悬吊力施加方式是在回转关节处施加悬吊力，图 4.7 是第二种机械臂悬吊力施加方式示意图，由静力平衡方程可以得出式 (4.1)，通过式 (4.1) 可以求出悬吊力的大小，由于本章所涉及机械臂连接接口有限且分布在关节处，因此采用此种悬吊力施加方式。

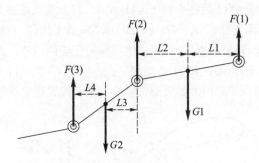

图 4.7 第二种悬吊力施加方式

$$\begin{cases} F(1)(L1 + L2) = G1L2 \\ F_1(2) + F(1) = G1 \\ F_2(2)(L3 + L4) = G2L4 \\ F_1(2) + F_2(2) = F(2) \\ F(1) + F(2) + F(3) = G1 + G2 \end{cases} \tag{4.1}$$

机械臂连杆之间的运动副包括移动副和转动副，对于只有转动副的机械臂来说，某一杆件的质心一般都不在回转轴线上，如图 4.8 所示，质心 D 不在回转轴上。在机械臂回转或者俯仰时，C 点和 D 点的连线在水平面上有投影，造成模拟误差，模拟误差体现为附加弯矩和反转扭矩。如果允许在机械臂上安装配重，则可在 E 点放置合适的配重，在此种条件下，理论上模拟误差可以完全消除。但如果不允许加配重，悬吊力作

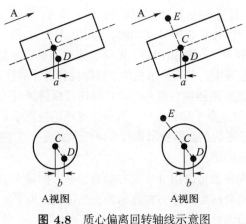

图 4.8 质心偏离回转轴线示意图

用点在杆件回转轴的位置必须通过优化才能达到好的模拟效果。本书所涉及的机械臂不允许加配重。

机械臂悬吊力作用点位于杆件回转轴线上，在机械臂的内部，下面需要解决如何将作用于外部的悬吊力完全等效成作用在机械臂轴线某一固定位置的悬吊力这个问题。设平面内有两自由刚体，如图 4.9 所示。在两刚体上分别取 $\triangle ABC \cong \triangle A'B'C'$，使用等长连杆球铰连接 AA'、BB' 以构成平面机构 $A'ABB'$，其中 $A'B'$ 和 AB 为虚拟边，在两刚体内部，由几何关系，很容易得出四边形 $A'ACC'$ 是平行四边形，所以无论机构如何运动，连线 $C'C$ 始终平行于连杆 $A'A$，将上述关系称为相似吊挂原理。在机械臂表面设置转动副连接点 A、B；按 $\triangle ABC \cong \triangle A'B'C'$ 关系在悬吊装置上选取转动副连接点 A'、B' 和悬吊连接点 C'；使用等长杆连接 AA'、BB'，将吊索连接于 C'，在悬吊力作用下连杆 AA' 和 BB' 始终竖直。由于 CC' 平行 AA'，悬吊力始终竖直通过 C 点。这样解决了悬吊力始终通过轴线上某一位置这个问题[1]。

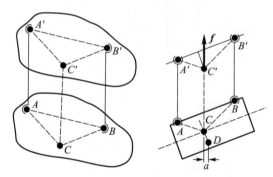

图 4.9　相似吊挂原理

4.3.2　悬吊机构结构设计

本章研究 7 个自由度空间机械臂，为了完成空间特殊的任务，该机械臂的运动工作空间是三维的，每个杆件的运动可分为绕自身回转轴线的转动和随其后（靠近基座）关节转动引起的俯仰、偏航和平移运动。在图 4.10 中，当关节 7 运动时，杆件 7（末端执行器）相对于自身轴线 7 做回转运动；当关节 3、4 或 5 转动时，会引起杆件 7 做俯仰和平移运动；当关节 2 或 6 运动时，会引起杆件 7 做偏航和平移运动；当关节 1 运动时，会引起杆件 7 同时做回转、俯仰、偏航和平移运动。由相似吊挂原理可知，在机械臂的运动过程中，只有悬吊机构连杆保持竖直才能使悬吊力方向保持竖直。为了实现让悬吊机构能够跟随机械臂的运动且使连杆保持竖直，微重力模拟系统需要具有 3 个转动自由度和 3 个平移自由度。其中二维跟踪控制子系统提供 X 和 Y 方向的平移运动，恒拉力子系统的滚筒使吊索收缩伸长可实现 Z 方向平移运动。其他 3 个转动自由度由悬吊机构提供。

空间中任意一个向量都可以用 3 个互相垂直的非零向量来表示，同样空间上任意一个方向的转动都可以分解为 3 个方向互相垂直的转动，为了实现悬吊机构 3 个方向的转动自由度，有下面两种悬吊机构设计方案。

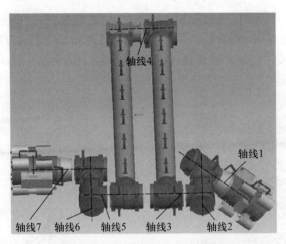

图 4.10 机械臂关节运动说明图

第一种方案，如图 4.11 所示。所吊物体为机械臂的一个杆件，杆件的回转轴方向与 X 轴同向，悬吊机构由特制轴承、吊耳、销轴、吊杆和吊索组成。套在机械臂杆件上的大轴承采用特制剖分轴承来实现，该轴承拆卸方便，用于实现悬吊机构绕杆件自身回转轴线（X 轴）的运动。在特制轴承外环直径有两个突出轴，两吊耳与突出轴构成另一转动副，吊杆两端分别与两吊耳上端通过销轴构成两转动副，使两吊耳和吊杆形成一个类似平行四边形的机构，该平行四边形机构可实现绕 Y 轴的转动，吊索与吊杆在悬吊点处通过球铰相连，可实现绕 Z 轴的转动。对于比较细的杆件可以采用这种悬吊机构方案；对于杆件粗大，而且机械臂已安装在舱体上，各杆件下方又都有支撑部件，并且机械臂给定接口空间有限的情况，一方面特制轴承安装不方便，另一方面在机械臂运动过程中，悬吊机构吊耳很容易与机械臂发生干涉，因此不适合采用此种方案的悬吊机构。

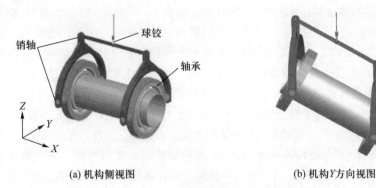

(a) 机构侧视图   (b) 机构 Y 方向视图

图 4.11 第一种悬吊机构方案示意图

第二种方案，如图 4.12 所示。悬吊机构由扇形环状连接滑道(2、3、4) 和平行四连杆悬吊机构 (5、6、7、8) 组成。连接滑道 (2、3、4) 是机械臂杆件 1 与悬吊机构 (5、6、7、8) 的中间连接物体，滑道的中心弧面轴线与被补偿对象旋转轴共线，两滑道的中心弧线在同一圆柱面上且位置固定，为平行四连杆机构提供虚拟的底边。平行四连杆机构包括底部十字回转轴承 5、连杆 6、顶部铰接轴承 7 和悬吊板 8，十字轴承可以实现悬吊机构绕 X 轴和 Y 轴的转动，吊索与悬吊板之间通过球铰连接，可实现吊索绕 Z 轴的转动。把连杆做成弯杆可以实现悬吊力通过旋转轴线的某一确定位置，而且可防止连杆与悬吊板之间的运动干涉[2]。

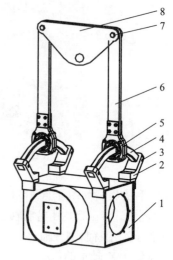

(a) 机构示意图　　　　　　　　　　(b) 机构结构图

图 4.12　第二种方案悬吊机构示意图和结构图

1—机械臂；2—连接吊耳；3—连接销钉；4—连接滑道；5—底部十字回转轴承；6—连杆；

7—铰接轴承；8—悬吊板

　　十字轴承是该悬吊机构的关键部件，十字轴承可以实现悬吊机构绕 X 轴和 Y 轴的转动。图 4.13 为十字轴承的正视图和左视图。十字回转轴承包括轴承座 1、X 方向旋转轴承 2、Y 方向旋转轴承 3、轴承端盖 4、轴承外连接螺栓 5 和轴承内连接螺栓 6。轴承座 1 的凹槽 13 用来放置 X 方向旋转轴承 2，凹槽 13 的内表面与 X 方向旋转轴承 2 的外环 21 过盈配合。Y 方向旋转轴承 3 由保持架 31、小轴承 32、轴承挡圈 33 和销钉 34 组成。保持架 31 是一个在轴向和径向完全对称的结构，在整个圆周上分为四等分，正反面关于轴线的垂面 7 对称，每等分上有销钉插入处 311、销钉孔 312 和轴承端盖连接孔 313。在每等分上的两凹槽 314 处，小轴承 32 与销钉孔 312 通过销钉 34 固定位置，为了防止小轴承 32 与凹槽 14 接触产生摩擦，在小轴承 32 的两端都有轴承挡圈 33，为了使销钉 34 能够顺利地插入销钉孔 312，在保持架 31 开有销钉插入处 311。Y 方向旋转轴承 3 放在 X 方向旋转轴承 2 内环内。轴承端盖 4 开有一系列与保持架 31 对应的孔 41，并与保持架上的孔通过螺钉 62 连接，为了使连接可靠，安有垫圈 61。将安好 X 方向旋转轴承 2 的轴承座 1，与同时安好 X、Y 方向旋转轴承 2、3 和轴承端盖 4 的另一面轴承座 1 按照轴承外连接螺栓孔 12 对齐的方式，通过螺栓 51、垫片 52 和螺母 53 连接，然后再安好另一面的轴承端盖。

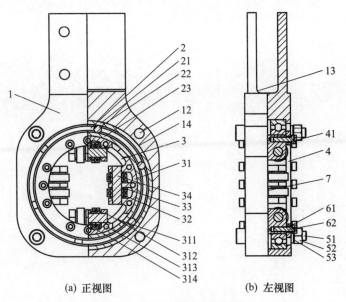

(a) 正视图   (b) 左视图

图 4.13 十字轴承平面视图

1—轴承座；2—X 方向旋转轴承；3—Y 方向旋转轴承；4—轴承端盖；5—轴承外连接螺栓；6—轴承内连接螺栓；12—轴承外连接螺栓孔；13—凹槽；14—凹槽；21—外环；22—滚动体；23—内环；31—保持架；32—小轴承；33—轴承挡圈；34—销钉；41—孔；51—螺栓；52—垫片；53—螺母；61—垫圈；62—螺钉；311—销钉插入处；312—销钉孔；313—轴承端盖连接孔；314—凹槽

4.4 本章小结

本章基于悬吊式微低重力模拟方法，利用平行全等体性质，设计了具有三转动自由度被动自适应功能的星球车悬吊力等效施加机构，即平行吊架机构。针对不能添加配重的空间机械臂，设计了施加在机械臂关节处的具有三转动自由度被动自适应功能的悬吊力等效施加机构。两种类型的悬吊力等效施加机构，都能实现被测对象绕 3 个轴线转动的状态下的悬吊力等效施加功能。

参考文献

[1] 刘振. 星球车单吊索重力补偿与实验研究. 哈尔滨工业大学. 2013.

[2] 王黎钦，陈铁鸣. 机械设计. 哈尔滨：哈尔滨工业大学出版社，2015.

第 5 章 基于视觉的位姿检测方法

5.1 引言

在微低重力模拟系统中，二维跟踪控制子系统安装在支撑框架上，可以带动恒拉力控制子系统运动进而控制恒拉力吊索上吊点的移动。位姿检测子系统需要能够实时地测量星球车或空间机械臂的位置和姿态，并将其作为二维跟踪子系统的控制目标，通过二维跟踪子系统的运动实时消除这个水平位置变化量，实时保证悬吊索的铅垂。经过对比不同位姿检测方法的优缺点后，选用单目视觉位姿检测技术进行实时的位姿变化量测量。

5.2 基于视觉的位姿检测子系统总体方案

5.2.1 位姿检测子系统总体方案

以星球车的地面运动性能测试为例，通过恒拉力控制子系统给星球车一个向上的悬吊力以抵消多余重力的影响。在星球车运动过程中，要求恒拉力控制子系统的吊索上吊点能够实时地跟随星球车运动，保证给星球车施加恒定的竖直向上的悬吊力。位姿检测子系统是用来实时监测星球车的位姿信息变化的，计算出固定在星球车上的恒悬吊力吊点在水平方向上相对于吊索上吊点的偏移量，并将测量到的这一偏移量实时地传递给二维跟踪控制子系统，二维跟踪控制子系统根据这一偏移量调整恒拉力吊索上吊点的位置，最终实现吊索铅垂的目的。基于视觉的位姿检测子系统的示意图如图5.1 所示。

图 5.1 中，基于视觉的位姿检测子系统包含视觉采集模块、旋转云台、特征靶标、位姿解算模块 4 部分。视觉采集模块利用具有高分辨率的摄影机获取图像信息，并在摄影机镜头上安装红外滤光片，可以避免环境中杂散光点的干扰，摄影机安装在二维跟踪控制子系统上并使镜头竖直向下。靶标系统为一套立体靶标，由 7 个高低不同的红外 LED 灯组成，固定在火星车吊架上。位姿解算模块包括图像特征点提取、位姿解算算法、通信模块和人机交互界面。将靶标上特征点相对位置和在像面上的位置、

摄影机几何参数作为输入，经过位姿解算算法解算后得到靶标的姿态信息，再通过坐标系变换数学模型将靶标所在世界坐标系相对摄影机坐标系的位置坐标变换到下吊点在上吊点坐标系中的坐标，从而得到火星车的位置和姿态变化量。将测量到的数据通过通信模块发送给二维跟踪控制子系统完成跟踪，为方便控制、监控及调试，设计了人机交互界面，用于显示采集图片信息、摄影机控制参数、位姿数据和控制按键等。

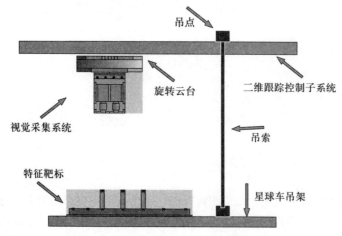

图 5.1 基于视觉的位姿检测子系统示意图

　　模拟低重力进行星球车运动性能测试时，星球车有旋转运动，旋转角度为 ±360°，星球车的旋转带动特征靶标转动，当摄影机和特征靶标在恒拉力吊索的两侧时会出现靶标光点被遮挡情况，从而影响正常的视觉测量。为达到视觉系统 360° 无死角，并且不受吊索及线缆等干涉影响，增设旋转云台机构。将摄影机固定在旋转云台上，旋转云台能够带动摄影机跟随靶标转动，并实时地向视觉处理器反馈当前转角信息。云台转动示意图如图 5.2 所示。

　　为了提高系统的可靠性，减少因系统故障而破坏模拟低重力测试过程，本章设计了主从备份的双系统方案，即采用两套视觉传感器和两套位姿处理器组成基于视觉的位姿检测子系统，两套视觉传感器分别采集特征靶标图像并分别发送给各自的处理器进行位姿解算。两套位姿检测子系统互不影响，在星球车低重力模拟实验中，主、从系统同时工作，在主从系统的计算数据均正确时二维跟踪控制子系统以主系统数据优先为原则控制电机带动吊索上吊点跟随星球车运动，具体选择逻辑如表 5.1 所示。

表 5.1 主从系统选择逻辑表

视觉主从系统状态	选择数据情况
主系统工作正常、从系统工作正常	选择主系统数据
主系统工作正常、从系统工作不正常	选择主系统数据
主系统工作不正常、从系统工作正常	选择从系统数据

　　基于视觉的位姿检测子系统的各个模块之间的交互信息通过网线、串口线等传递，各个模块之间的连线示意图，如图 5.3 所示。

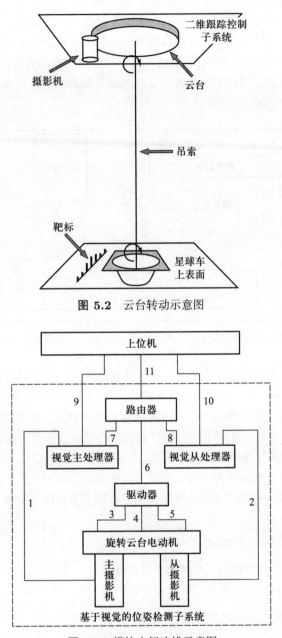

图 5.2　云台转动示意图

图 5.3　模块之间连线示意图

1、2—千兆以太网线；3—驱动线；4—编码线；5—霍尔线；6、7、8—千兆以太网线；

9、10—串口线；11—千兆以太网线

图 5.3 中的连线介绍如下：视觉处理器与摄影机之间的信息是通过千兆以太网传递的，其中 1 和 2 连线代表千兆以太网线；摄影机安装在旋转云台电动机上，电动机与驱动器之间的连线为图中的 3、4、5，分别代表驱动线、编码线、霍尔线，其中编码线和霍尔线分别用来判断电动机转角大小和转动方向；视觉处理器解算出火星车位姿信息后通过串口线发送给上位机，连线为图中的 9 和 10；处理器对旋转云台的控制

指令通过千兆以太网线传输，并将网线连接到路由器上，连线分别为图中的 6、7、8；实验系统的控制柜安装在支架上，距离地面较高，为方便程序调试和实验操控，将路由器通过网线 11 与上位机连接，可以实现对视觉处理器的远程操作。

基于视觉的位姿检测子系统的各个模块之间有频繁的控制指令与数据传输，具体控制与数据传输示意图如图 5.4 所示。

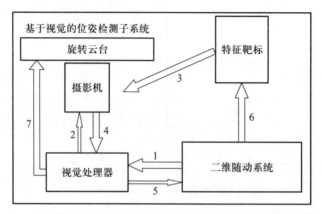

图 5.4　基于视觉的位姿检测子系统的控制与数据传输示意图

在星球车低重力模拟实验开始时，视觉处理器接收二维跟踪控制子系统发出的开始实验指令（数据流 1）后向摄影机发出开始采集图像指令（数据流 2），摄影机采集特征靶标光点信息（数据流 3）后回送给视觉位姿处理器（数据流 4），视觉位姿处理器图像处理后得到特征靶标上各个特征点的质心坐标，并结合预先标定的特征点相对位置，由位姿解算算法解算出位姿信息，再将位姿信息发送给二维跟踪控制子系统（数据流 5），同时发送给旋转云台，旋转云台根据火星车转角带动摄影机转动（数据流 7），最后二维跟踪控制子系统带动恒拉力悬吊索上吊点跟随星球车运动。

5.2.2　位姿检测子系统的硬件选型与设计

通过 5.2.1 节对位姿检测子系统的总体方案设计，系统所需的硬件包括：两台工业相机与镜头、两台视觉处理器、一套旋转云台、一个特征靶标。

5.2.2.1　检测子系统硬件的选型

1. 工业相机选型

工业相机的参数影响着图像采集的质量、快慢以及稳定性，选择一款适合视觉测量的相机尤为重要。CCD 工业相机与 CMOS 工业相机相比具有响应速度快、受噪声扰动小、灵敏度高以及图像畸变小等优点，非常适合位姿测量中的图像采集工作，因此本系统的图像采集选择 CCD 相机。相机的分辨率影响位姿测量的精度，特征靶标的长方向尺寸不大于 450 mm，假设离相机的最近距离为 3.5 m，则视场大小为 750 mm，在最远距离 7.5 m 时，视场约为 1 610 mm，指标要求分辨率为 2 mm，因此可计算得到满足分辨率指标的最小像素为 805 像素。根据以上分析计算，选用德国 Allied Vision Technologies 公司生产的 Prosilica GT1660 摄影机，该摄影机采用

Truesense KAI-02050CCD 图像芯片，其噪声小、成像质量高；同时采用千兆以太网接口，方便与通用图像处理系统连接；帧频最高达 62 帧，并具有 192 万像素，满足基于视觉的位姿检测使用。

2. 摄影机镜头的选择

镜头的选择主要依据工业相机的具体参数，同时要考虑指标要求中的成像范围。基于视觉的位姿检测子系统要求的工作距离为 3.5 ~ 7.5 m，待测的特征靶标在不同角度下最大的发光面积为 450 mm×70 mm。为保证测量中靶标不会超出摄影机的视场并保证两侧有一定的富余量，在最近工作距离 3.5 m 处的摄影机视场面积最少为 800 mm×600 mm，放大率最大为 $\beta = 8.8/800 = 0.011$；为保证在远距离工作时靶标上特征点之间有一定距离，在最远工作距离 7.5 m 处摄影机视场最大为 2 000 mm×1 500 mm，摄影机像面面积为 8.8 mm × 6.6 mm，放大率最小为 $\beta = 8.8/2\,000 = 0.004\,4$。摄影机的焦距计算公式为

$$f = L/(1 + 1/\beta) \tag{5.1}$$

用工作距离 3.5 m 和 7.5 m 处相应数据计算可得焦距的变化范围，如式 (5.2)：

$$32.9\ \text{mm} \leqslant f \leqslant 38.1\ \text{mm} \tag{5.2}$$

这里选取日本 Kowa 公司产品 LM35JC5M2，该镜头具有 35 mm 焦距，可以满足工作要求。该摄影镜头的详细参数如表 5.2 所示

表 5.2 摄影机镜头详细参数表

参数	指标	参数	指标	参数	指标
型号	LM35JC5M2	视场角/°	114.3 × 10.8	分辨率/(lp/mm)	120
焦距/mm	35	光圈范围	F1.6~F16	畸变	−0.03%
镜头尺寸/mm	$\varphi38.5 \times 52$	像面大小/mm	$6.6 \times 8.8(\varphi11)$	质量/g	120

3. 视觉处理器的选择

视觉处理器完成的功能包括：摄影机图像采集，LED 特征点提取、匹配、质心计算，应用 P3P 算法进行特征点空间坐标计算，坐标系之间转换计算，与二维跟踪控制子系统 PLC 控制器通信，接收综控控制命令，单轴旋转云台控制，转角数据读取等。摄影机工作频率为 20 Hz，对一帧的计算时间要求高，因此需配有快速高效处理采集图像和位姿计算的处理器，并要求有两个以上的千兆以太网口，用来连接摄影机和旋转云台。美国 NI（美国国家仪器）CVS-1458 产品具有四核处理器，搭载 Windows7 嵌入式操作系统，并具有 3 个千兆以太网口，能够满足上述指标要求。

4. 旋转云台的选择

旋转云台要求能够实时地带动摄影机转动，而且实时向视觉系统反馈转角信息，需要具备角度定位高、实时性好等特点。旋转云台包括旋转轴系（直驱电机）、圆光栅角度传感器和控制驱动器。

（1）单轴旋转云台轴系结构　以直驱电机作为单轴云台，其优点包括：① 电动机驱动与精密转轴一体化；② 便于安装高精度圆光栅角度传感器，角度定位精度高；③ 扭矩大，转速快。采用以色列 SERVOTRONIX 公司的直驱电机，型号为 DDR-325-065-090，该电动机最大转速为 120 r/min，最大转矩为 90 N·m。

（2）圆光栅角度传感器　圆光栅角度传感器选用雷尼绍 ATOM 光栅系统。具有优异的抗污能力，信号稳定且可靠性高，其速度快、精度高、安装方便。该光栅系统的角度定位精度优于 ±30″。

（3）控制驱动器　云台需要控制直驱电机旋转到某一角度，并实时反馈转角数据，因此选用 ELMO 公司的 G-SOLWHI10/100EE 驱动器，这是一款高效易用的单轴控制驱动器，可通过千兆以太网与视觉处理器建立控制通信，实现根据旋转角度指令控制直驱电机旋转。摄影机在旋转云台上，因而云台能够带动摄影机旋转。

5.2.2.2　靶标结构设计

视觉测量系统中的靶标需要安装在星球车的吊架上，由于吊架的横向空间狭窄并且组件结构复杂，同时为了减少星球车运动时对靶标特征点的遮蔽，因此将靶标设计成尺寸为 500 mm×60 mm×100 mm 的长方体形状。

本章的视觉位姿解算算法采用 P3P 算法，并用额外的两个特征点进行迭代计算得到唯一解，为方便计算靶标的姿态角并增加迭代计算的准确性，这 5 个特征点采用高低不同的设计，其中 3 个低点高度相同，均高出盒体表面 3 mm，两个高点高度相同，均高出盒体表面 73 mm，并且在水平方向的排布将高点设计在低点中间位置。

星球车运动包括旋转运动、直线运动、蟹行运动以及坡道行驶等复杂行为，为防止运动中出现遮挡特征点和特征点自身故障对测量实验的影响，增加了一个低位特征点和一个高位特征点作为备份，最终靶标上带有 4 个高低相同的低特征点和 3 个高低相同的高特征点，实验中特征点的选取必须满足 3 个低点和 2 个高点的方式。

考虑到图像处理中特征点匹配的方便，7 个特征点水平方向采用间距不同的设计，即 3 个高点在靶标中间位置，4 个低点两两一组分布在高点的两侧。当星球车做斜坡运行时，会导致靶标倾斜，指标要求最大倾斜角为 40° 时依然能够正常测量。这是由于当靶标倾斜角度过大时，靶标上可能出现第 3 个高特征点遮挡第 2 个低特征点或者第 5 个高特征点遮挡第 6 个低特征点的情况，在摄影机成像像面中表现为相邻的高点和低点重叠而混为一个特征点，从而造成特征点提取错误，进而影响位姿解算工作，图 5.5 为火星车斜坡运动时靶标倾斜示意图。

为保证图像处理中能准确地区分各个特征点，需要两个相邻的特征点在像面上最小间距为 20 个像素，下面计算像面间距 20 个像素时两个相邻特征点之间的距离。摄影机成像公式，如式 (5.3) 所示。

$$\frac{W_s}{W_c} = \frac{L}{f} \tag{5.3}$$

式中 W_s 是物方尺寸大小；W_c 是像方尺寸大小；L 是实验中的工作距离；f 是摄影机焦距。

摄影机焦距 $f = 35$ mm，系统中选用的摄影机像元大小为 0.005 5 mm，20 个像素对应物理尺寸为 0.11 mm，即 $W_c = 0.11$ mm，工作距离 L 选取为 7 500 mm，将

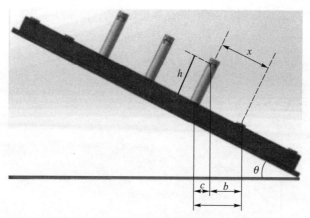

图 5.5 火星车斜坡运动时靶标倾斜示意图

以上数据代入式 (5.3) 后计算得 W_s=23.6 mm。所以为保证正确的特征点提取，相邻高低点在世界坐标系中的投影距离最小为 23.6 mm。特征点投影距离关系式为

$$x \cos\theta - h \sin\theta = b \tag{5.4}$$

式中，$h = 70$ mm；星球车倾斜极限时，$\theta = 40°$，$b \geqslant 23.6$ mm；计算得 $x \geqslant 89.5$ mm，即相邻的高低两个特征点最小间距为 89.5 mm。将相邻高低点间距设计为 100 mm 和 110 mm，从而保证了星球车坡上运动时不会出现特征点之间遮挡无法位姿解算的情况。最终靶标上特征点长度方向间距依次为 60 mm、100 mm、70 mm、70 mm、110 mm 和 40 mm。

5.3 基于视觉的位姿检测子系统的测量原理

5.3.1 测量数学模型

在星球车的低重力环境模拟测试中，位姿检测子系统要实时测量出星球车的位姿信息，即测量出恒悬吊力吊索下吊点相对于上吊点的实时偏移量，单目视觉位姿测量技术得到的是靶标特征点所在的坐标系相对于摄影机坐标系的位姿信息，因此要经过坐标系变换模型将测量得到的位姿信息变换到星球车质心坐标系相对于上吊坐标系的位姿信息。为了定量描述视觉位姿计算过程以及方便介绍坐标系变换关系，现定义图像坐标系、摄影机坐标系、世界坐标系、摄影机竖直光轴坐标系、旋转云台坐标系、上吊点坐标系、星球车质心坐标系，各个坐标系变换模型图如图 5.6 所示。

（1）图像坐标系。

图像坐标系分为两种，摄影机采集到的图像由像素构成，以像素个数为单位定义了图像像素坐标系 uOv；每个像素点对应实际尺寸大小，以长度为单位定义了图像物理坐标系 xO_1y。uOv 坐标系标记着每个像素所在的坐标值，以像素个数为坐标单位，以像面左上角顶点为坐标系原点，像面上像素的列数和行数分别为 u 轴和 v 轴。为了建立起像素个数与像面上实际物理尺寸的联系，设立了 xO_1y 坐标系，坐标原点为像

面中心，xO_1y 坐标系坐标轴与 uOv 坐标系坐标轴平行。xO_1y 坐标系和 uOv 坐标系的关系如图 5.7 所示。

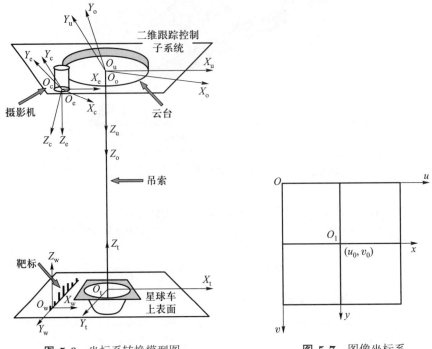

图 5.6　坐标系转换模型图　　　　　　图 5.7　图像坐标系

设一个像素沿着 u 轴和 v 轴方向的实际尺寸大小分别记为 dx 和 dy，如下：

$$u = \frac{x}{dx} + u_0 \tag{5.5}$$

$$v = \frac{y}{dy} + v_0 \tag{5.6}$$

矩阵形式的表达式为

$$\begin{bmatrix} u \\ v \\ 1 \end{bmatrix} = \begin{bmatrix} \dfrac{1}{dx} & 0 & u_0 \\ 0 & \dfrac{1}{dy} & v_0 \\ 0 & 0 & 1 \end{bmatrix} \begin{bmatrix} x \\ y \\ 1 \end{bmatrix} \tag{5.7}$$

（2）摄影机坐标系。

上述图像坐标系为二维坐标系，为方便三维姿态测量建立了摄影机坐标系 $O_cX_cY_cZ_c$。其定义如下：坐标系原点 O_c 定义在摄影机光心位置，$O_cX_cY_cZ_c$ 坐标系坐标轴与 xO_1y 坐标系坐标轴平行，垂直于摄影机像面且沿着摄影机光轴方向为 Z_c 轴，$O_cX_cY_cZ_c$ 坐标系符合右手坐标系。

（3）世界坐标系。

为描述靶标上特征点的相对位置，定义了世界坐标系 $O_wX_wY_wZ_w$，在本章中，定义靶标上的第一个特征点为世界坐标系的原点 O_w，沿着靶标特征点方向为 X_w 轴方向，坐标系 Z_w 轴垂直于靶标平面向上方向，世界坐标系 $O_w X_w Y_w Z_w$ 符合右手坐标系。uOv 坐标系、$x O_1 y$ 坐标系、$O_c X_c Y_c Z_c$ 坐标系以及 $O_w X_w Y_w Z_w$ 坐标系的关系如图 5.8 所示。

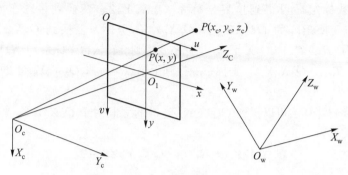

图 5.8 坐标系关系图

（4）摄影机竖直光轴坐标系。

由于摄影机安装于二维随动平台时不能保证摄影机光轴竖直，即摄影机坐标系 $O_c X_c Y_c Z_c$ 的 Z_c 轴与铅锤方向有一定的角度，造成视觉系统测量到火星车位姿信息的 x、y 方向与二维随动平台的 x、y 随动方向不统一，会出现测量误差，而且两方向的夹角越大造成的误差越大，因此定义了摄影机竖直光轴的坐标系 $O_e X_e Y_e Z_e$。该坐标系的原点与上述 $O_c X_c Y_c Z_c$ 坐标系相同，Z_e 轴为铅锤向下方向。

（5）旋转云台坐标系。

在测量实验中，旋转云台会带动摄影机跟随火星车转动而转动，定义旋转云台坐标系 $O_o X_o Y_o Z_o$。$O_o X_o Y_o Z_o$ 坐标系的坐标原点为旋转云台中垂线与 $O_e X_e Y_e Z_e$ 坐标系的 $O_e X_e Y_e$ 面的相交点，坐标轴 Z_o 与 $O_e X_e Y_e Z_e$ 坐标系的 Z_e 坐标轴同轴，$O_o X_o Y_o$ 面与 $O_e X_e Y_e$ 共面，X_o 轴和 Y_o 轴随着云台转动而转动，同样符合右手坐标系。

（6）上吊点坐标系。

火星车低重力模拟实验中，火星车的位姿信息以恒拉力吊索的上吊点为测量基准，定义上吊点坐标系 $O_u X_u Y_u Z_u$，其坐标原点 O_u 与旋转云台坐标系 $O_o X_o Y_o Z_o$ 的原点 O_o 相同，Z_u 轴与 $O_o X_o Y_o Z_o$ 坐标系 Z_o 轴相同，X_u 和 Y_u 两坐标轴不随云台转动而转动，与云台在零位位置时 $O_o X_o Y_o Z_o$ 坐标系的 X_o 轴和 Y_o 平行，与 $O_o X_o Y_o Z_o$ 坐标系 $X_o Y_o$ 两坐标轴的夹角为云台当前角度相对于初始位置的偏角大小，同样符合右手坐标系。

（7）下吊点坐标系。

实验中测量了火星车下吊点的位姿变化，为了将测量到的特征靶标位姿信息转换到火星车质心，定义了火星车质心坐标系 $O_t X_t Y_t Z_t$，坐标原点 O_t 为火星车质心，三坐标轴 X_t、Y_t、Z_t 依次平行于世界坐标系 $O_w X_w Y_w Z_w$ 的 X_w、Y_w、Z_w 坐标轴。

为得到星球车质心坐标系相对于上吊点坐标系的位姿信息，需要经过如下坐标系的转换：

① 世界坐标系 $O_w X_w Y_w Z_w$ $\longrightarrow$ 星球车质心坐标系 $O_t X_t Y_t Z_t$；

② 摄影机坐标系 $O_cX_cY_cZ_c$ ⟶ 摄影机竖直光轴坐标系 $O_eX_eY_eZ_e$；

③ 摄影机竖直光轴摄影机坐标系 $O_eX_eY_eZ_e$ ⟶ 旋转云台坐标系 $O_oX_oY_oZ_o$；

④ 旋转云台坐标系 $O_oX_oY_oZ_o$ ⟶ 上吊点坐标系 $O_uX_uY_uZ_u$。

经过参数标定后可得到世界坐标系 $O_wX_wY_wZ_w$ 变换到星球车质心坐标系 $O_tX_tY_tZ_t$ 的变换矩阵为 $(\boldsymbol{R}_{wt}, \boldsymbol{T}_{wt})$，$O_cX_cY_cZ_c$ 坐标系变换到 $O_eX_eY_eZ_e$ 坐标系的变换矩阵为 $(\boldsymbol{R}_{ce}, \boldsymbol{T}_{ce})$，$O_eX_eY_eZ_e$ 坐标系变换到旋转云台坐标系 $O_oX_oY_oZ_o$ 的变换矩阵为 $(\boldsymbol{R}_{eo}, \boldsymbol{T}_{eo})$，$O_oX_oY_oZ_o$ 坐标系变换到上吊点坐标系 $O_uX_uY_uZ_u$ 的变换矩阵为 $(\boldsymbol{R}_{ou}, \boldsymbol{T}_{ou})$。

利用位姿解算算法可以得到 $O_wX_wY_wZ_w$ 坐标系相对于 $O_cX_cY_cZ_c$ 坐标系之间的 $(\boldsymbol{R}_{wc}, \boldsymbol{T}_{wc})$ 关系为

$$O_cX_cY_cZ_c = \boldsymbol{R}_{wc} \times O_wX_wY_wZ_w + \boldsymbol{T}_{wc} \tag{5.8}$$

星球车下吊点坐标系与世界坐标系坐标轴平行，因此旋转矩阵 $\boldsymbol{R}_{wc}$ 为单位矩阵，根据平移矩阵 $\boldsymbol{T}_{wc}$ 可得到下吊点在世界坐标系中的坐标值 $\boldsymbol{P}_w$，则下吊点在摄影机坐标系中的坐标值为

$$\boldsymbol{P}_c = \boldsymbol{R}_{wc}\boldsymbol{P}_w + \boldsymbol{T}_{wc} \tag{5.9}$$

设星球车下吊点在 $O_eX_eY_eZ_e$ 坐标系中的坐标值矩阵为 $\boldsymbol{P}_e$，有如下关系：

$$\boldsymbol{P}_e = \boldsymbol{R}_{ce}\boldsymbol{P}_c + \boldsymbol{T}_{ce} \tag{5.10}$$

由于 $O_eX_eY_eZ_e$ 坐标系和 $O_cX_cY_cZ_c$ 坐标系坐标原点相同，得上式中 $\boldsymbol{T}_{ce} = 0$。

设星球车下吊点在 $O_oX_oY_oZ_o$ 坐标系中的坐标值矩阵为 $\boldsymbol{P}_o$，有如下关系：

$$\boldsymbol{P}_o = \boldsymbol{R}_{eo}\boldsymbol{P}_c + \boldsymbol{T}_{eo} \tag{5.11}$$

由于 $O_oX_oY_oZ_o$ 坐标系和 $O_eX_eY_eZ_e$ 坐标系坐标轴平行，得上式中 $\boldsymbol{R}_{eo}$ 为单位矩阵。

设星球车下吊点在 $O_uX_uY_uZ_u$ 坐标系中的坐标值矩阵为 $\boldsymbol{P}_u$，有如下关系：

$$\boldsymbol{P}_u = \boldsymbol{R}_{ou}\boldsymbol{P}_o + \boldsymbol{T}_{ou} \tag{5.12}$$

由于 $O_uX_uY_uZ_u$ 坐标系和 $O_oX_oY_oZ_o$ 坐标系坐标原点相同，得上式中 $\boldsymbol{T}_{ou} = 0$，将式 (5.11) 代入式 (5.12) 中得

$$\boldsymbol{P}_u = \boldsymbol{R}_{ou}(\boldsymbol{P}_e + \boldsymbol{T}_{eo}) \tag{5.13}$$

再将式 (5.9)、式 (5.10) 代入式 (5.13) 后得

$$\boldsymbol{P}_u = \boldsymbol{R}_{ou}\boldsymbol{R}_{ce}(\boldsymbol{R}_{tc}\boldsymbol{P}_w + \boldsymbol{T}_{tc}) + \boldsymbol{T}_{eo} \tag{5.14}$$

最终，得到星球车低重力模拟实验中需要测量的下吊点相对于恒拉力吊索上吊点的位姿信息。

5.3.2 位姿解算算法

本章中位姿解算算法采用 PnP 算法，在测量物体上预先指定相对位姿已知的 n 个特征点，由摄影机采集 n 个特征点并计算出在像面上的对应坐标，并结合摄影机几何参数，可以计算出被测物体位姿信息。

PnP 算法只需要采集一幅图像信息，而且不需要同一被测物在不同摄影机中的图像信息匹配，调试程序简单、计算速度快，在计算机视觉、机器视觉、摄影机测量等领域有广泛的应用前景。PnP 算法中的 n 表示算法中需要的特征点个数，n 不同，解的个数和算法复杂度也大不相同。

P3P 算法最多存在 4 个解，P4P 算法也最多有 4 个解，但当 4 个识别点在同一平面时可排除 3 个解。P5P 算法也最多有两个解，但算法复杂度也增加了很多。当 $n \geqslant 6$ 时，算法具有比较高的精度，但增加了算法的复杂度，计算量和计算时间都提高很多。虽然 P3P 算法最多有 4 个解，但对特征点结构要求简单而且计算量低、计算时间短并具有很好的测量精度，因此本章选用 P3P 算法，并增加额外的两个特征点迭代计算，排除 3 个解，最终得到唯一解。P3P 算法计算示意图如图 5.9 所示。

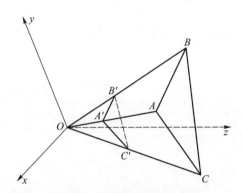

图 5.9 三点位姿解算示意图

图 5.9 中 A、B、C 为 3 个标记点，A'、B'、C' 分别是 A、B、C 在像面上对应的像点，在靶标特征点标定后得到 AB、AC、BC 的长度，分别设为 a、b、c。图像特征点质心提取后得到 AB'、BC'、CA' 的长度，分别设为 d、e、f。设 A'、B'、C' 3 点在像面中的坐标 (u_i, v_i) $i = 1, 2, 3$，摄影机焦距为 f。根据勾股定理有如下关系式：

$$OA' = \sqrt{u_1^2 + v_1^2 + f^2} \tag{5.15}$$

$$OB' = \sqrt{u_2^2 + v_2^2 + f^2} \tag{5.16}$$

$$OC' = \sqrt{u_3^2 + v_3^2 + f^2} \tag{5.17}$$

求出 OA'、OB'、OC' 的长度后，在 $O - A'B'C'$ 中，对三角形 $OA'B'$、$OA'C'$、

$OB'C'$ 中分别应用余弦定理，得到如下公式：

$$\cos \angle A'OB' = \frac{A'O^2 + B'O^2 - A'B'^2}{2 \times A'O \times B'O} \tag{5.18}$$

$$\cos \angle A'OC' = \frac{A'O^2 + C'O^2 - A'C'^2}{2 \times A'O \times C'O} \tag{5.19}$$

$$\cos \angle C'OB' = \frac{C'O^2 + B'O^2 - C'B'^2}{2 \times C'O \times B'O} \tag{5.20}$$

分别求解式 (5.18)、式 (5.19)、式 (5.20) 得到顶角 $\angle A'OB'$、$\angle A'OC'$、$\angle C'OB'$ 的值，为了表达方便，分别将顶角 $\angle A'OB'$、$\angle A'OC'$、$\angle C'OB'$ 和边长 OA、OB、OC 用 α、β、γ 和 x、y、z 表示。再分别在三角形 OAB、OAC、OBC 中应用余弦定理得，如式 (5.21)：

$$\begin{cases} x^2 + y^2 - 2xy \cos \alpha = a^2 \\ x^2 + z^2 - 2xz \cos \beta = b^2 \\ z^2 + y^2 - 2zy \cos \gamma = c^2 \end{cases} \tag{5.21}$$

采用 Grunert 坐标求取算法，假设：

$$y = uz, \quad x = vz \tag{5.22}$$

由式 (5.22) 得

$$z^2 = \frac{a^2}{u^2 + v^2 - 2uv \cos \alpha} = \frac{b^2}{1 + v^2 - 2v \cos \beta} = \frac{c^2}{1 + u^2 - 2u \cos \gamma} \tag{5.23}$$

由式 (5.22) 和式 (5.23) 得

$$\begin{cases} z^2(u^2 + v^2 - 2uv \cos \alpha) = a^2 \\ z^2(1 + v^2 - 2v \cos \beta) = b^2 \\ z^2(1 + u^2 - 2u \cos \gamma) = c^2 \end{cases} \tag{5.24}$$

由式 (5.24) 得

$$u^2 + \frac{b^2 - a^2}{b^2}v^2 - 2uv \cos \alpha + \frac{2a^2}{b^2}v \cos \beta - \frac{a^2}{b^2} = 0 \tag{5.25}$$

$$u^2 - \frac{c^2}{b^2}v^2 + 2v\frac{c^2}{b^2} \cos \beta - 2u \cos \gamma + \frac{b^2 - c^2}{b^2} = 0 \tag{5.26}$$

将式 (5.25) 与式 (5.26) 相减得

$$u = \frac{\left(-1 + \dfrac{a^2 - c^2}{b^2}\right)v^2 - 2\left(\dfrac{a^2 - c^2}{b^2}\right)\cos \beta v + \dfrac{a^2 - c^2}{b^2} + 1}{2(\cos \gamma - v \cos \alpha)} \tag{5.27}$$

由式 (5.26) 和式 (5.27) 可得

$$A_4 v^4 + A_3 v^3 + A_2 v^2 + A_1 v + A_0 = 0 \tag{5.28}$$

式中,

$$A_4 = \left(\frac{a^2-c^2}{b^2}-1\right)^2 - \frac{4c^2}{b^2}\cos^2\alpha;$$

$$A_3 = 4\left[\frac{a^2-c^2}{b^2}\left(1-\frac{a^2-c^2}{b^2}\right)\cos\beta - \left(1-\frac{a^2+c^2}{b^2}\right)\cos\alpha\cos\gamma + 2\frac{c^2}{b^2}\cos^2\alpha\cos\beta\right];$$

$$A_2 = 2\left[\left(\frac{a^2-c^2}{b^2}\right)^2 - 1 + 2\left(\frac{a^2-c^2}{b^2}\right)^2\cos^2\beta + 2\left(\frac{b^2-c^2}{b^2}\right)\cos^2\alpha - \right.$$
$$\left. 4\left(\frac{a^2+c^2}{b^2}\right)\cos\alpha\cos\beta\cos\gamma + 2\left(\frac{b^2-a^2}{b^2}\right)\cos^2\gamma\right];$$

$$A_1 = 4\left[-\left(\frac{a^2-c^2}{b^2}\right)\left(1+\frac{a^2-c^2}{b^2}\right)\cos\beta + 2\frac{a^2}{b^2}\cos^2\gamma\cos\beta - \right.$$
$$\left. \left(1-\frac{a^2+c^2}{b^2}\right)\cos\alpha\cos\gamma\right];$$

$$A_0 = \left(1+\frac{a^2-c^2}{b^2}\right)^2 - 4\frac{a^2}{b^2}\cos^2\gamma.$$

求解式 (5.28) 所示的四次方程可获得 v, 结合式 (5.27) 求解得 u。再由式 (5.22)、式 (5.23) 求解出 x、y、z。

计算出 x、y、z 的值后即得到了图 5.9 中的 OA、OB、OC 长度值, 为表达方便, 设 OA、OB、OC 长度值分别为 s_1、s_2、s_3, OA'、OB'、OC' 长度值分别为 s_1'、s_2'、s_3', 有如下关系:

$$s_i' = \sqrt{u_i^2+v_i^2+f^2}, \quad i=1,2,3 \tag{5.29}$$

根据小孔成像模型, 结合相似定理有如下关系式:

$$\frac{u_i}{x_{ci}} = \frac{v_i}{y_{ci}} = \frac{f}{z_{ci}} = \frac{s_i'}{s_i} \tag{5.30}$$

从式 (5.30) 可得特征点在摄影机坐标系中的坐标值 (x_{ci},y_{ci},z_{ci}), 同理可求出剩余两个特征点的坐标值。这一坐标值与特征点在世界坐标系中的坐标值关系为

$$\boldsymbol{p}_{ci} = \boldsymbol{R}\boldsymbol{p}_i + \boldsymbol{T}, \quad i=1,2,3 \tag{5.31}$$

式中, $\boldsymbol{p}_i = \begin{pmatrix} x_i \\ y_i \\ z_i \end{pmatrix}, i=1,2,3$; $\boldsymbol{p}_{ci} = \begin{pmatrix} x_{ci} \\ y_{ci} \\ z_{ci} \end{pmatrix}, i=1,2,3$; $\boldsymbol{R} = \begin{bmatrix} r_{11} & r_{12} & r_{13} \\ r_{21} & r_{22} & r_{23} \\ r_{31} & r_{32} & r_{33} \end{bmatrix}$;

$\boldsymbol{T} = \begin{pmatrix} t_x \\ t_y \\ t_z \end{pmatrix}$。

$\boldsymbol{R}$ 为两坐标系变换的旋转矩阵, 符合以下约束:

$$r_{11}^2+r_{12}^2+r_{13}^2 = r_{21}^2+r_{22}^2+r_{23}^2 = r_{31}^2+r_{32}^2+r_{33}^2 = 1 \tag{5.32}$$

$$\begin{cases} r_{13} = r_{21}r_{32} - r_{22}r_{33} \\ r_{23} = r_{12}r_{31} - r_{11}r_{32} \\ r_{33} = r_{11}r_{22} - r_{12}r_{21} \end{cases} \tag{5.33}$$

因为三点在同一平面上，所以 $z_{ci} = 0 (i = 1, 2, 3)$，得

$$
\begin{cases}
x_{ci} = r_{11}x_i + r_{12}y_i + t_x \\
y_{ci} = r_{21}x_i + r_{22}y_i + t_y \\
z_{ci} = r_{31}x_i + r_{32}y_i + t_z
\end{cases}
\tag{5.34}
$$

进一步可写成

$$
\boldsymbol{AX} = \boldsymbol{B} \tag{5.35}
$$

式中，

$$
\boldsymbol{A} = \begin{pmatrix}
x_1 & y_1 & 0 & 0 & 0 & 0 & 1 & 0 & 0 \\
0 & 0 & x_1 & y_1 & 0 & 0 & 0 & 1 & 0 \\
0 & 0 & 0 & 0 & x_1 & y_1 & 0 & 0 & 1 \\
x_2 & y_2 & 0 & 0 & 0 & 0 & 1 & 0 & 0 \\
0 & 0 & x_2 & y_2 & 0 & 0 & 0 & 1 & 0 \\
0 & 0 & 0 & 0 & x_2 & y_2 & 0 & 0 & 1 \\
x_3 & y_3 & 0 & 0 & 0 & 0 & 1 & 0 & 0 \\
0 & 0 & x_3 & y_3 & 0 & 0 & 0 & 1 & 0 \\
0 & 0 & 0 & 0 & x_3 & y_3 & 0 & 0 & 1
\end{pmatrix}
$$

$$
\boldsymbol{X} = \begin{bmatrix} r_{11} & r_{12} & r_{21} & r_{22} & r_{31} & r_{32} & t_x & t_y & t_z \end{bmatrix}^{\mathrm{T}}
$$

$$
\boldsymbol{B} = \begin{bmatrix} x_{c1} & y_{c1} & z_{c1} & x_{c2} & y_{c2} & z_{c2} & x_{c3} & y_{c3} & z_{c3} \end{bmatrix}
$$

从式 (5.35) 中可以解出旋转矩阵 $\boldsymbol{R}$ 和平移矩阵 $\boldsymbol{T}$。从平移矩阵 $\boldsymbol{T}$ 可得待求的星球车平移量信息，从旋转矩阵 $\boldsymbol{R}$ 中可得星球车的姿态角信息。

5.3.3 图像特征点坐标定位算法

靶标上的特征点为红外 LED，经摄影机成像后在像面上占若干个像素，经图像搜索后可以确定像点所占的像素和对应灰度值，特征点搜索将在后面章节介绍，但还没有确定具体像面坐标，为提高特征点在像面上的定位精度，采用高斯曲面拟合的区域质心定位方法。现介绍该质心定位算法。

设 uOv 坐标系中，坐标 (u, v) 像素灰度值为 $f(u, v)$，用三维高斯函数表示为

$$
f(u, v) = G \exp \left\{ -\frac{1}{2(1-\rho^2)} \left[\left(\frac{u-u_0}{\sigma_u}\right)^2 - 2\rho \left(\frac{u-u_0}{\sigma_u}\right)\left(\frac{v-v_0}{\sigma_v}\right) + \left(\frac{v-v_0}{\sigma_v}\right)^2 \right] \right\}
\tag{5.36}
$$

式中，$G = \dfrac{K}{2\pi\sigma_u\sigma_v\sqrt{1-\rho^2}}$，为三维高斯函数的幅度值；$(u_0, v_0)$ 为特征点的成像质心坐标；σ_u 和 σ_v 分别为 x 方向和 y 方向上的标准差；ρ 为函数相关系数。

对式 (5.36) 两边同时取对数后将各个平方项展开，在等式两边同乘以 $f(u, v)$ 得

$$
f \ln f = ft_1 + ft_2 u + ft_3 v + ft_4 uv + ft_5 u^2 + ft_6 v^2 \tag{5.37}
$$

式中，$t_1 = \ln G - \dfrac{u_0^2}{2(1-\rho^2)\sigma_u^2} + \dfrac{\rho u_0 v_0}{2(1-\rho^2)\sigma_u \sigma_v} - \dfrac{v_0^2}{2(1-\rho^2)\sigma_v^2}$；$t_2 = \dfrac{u_0}{(1-\rho^2)\sigma_u^2} - \dfrac{\rho v_0}{(1-\rho^2)\sigma_u \sigma_v}$；$t_3 = \dfrac{v_0}{(1-\rho^2)\sigma_v^2} - \dfrac{\rho u_0}{(1-\rho^2)\sigma_u \sigma_v}$；$t_4 = \dfrac{\rho}{(1-\rho^2)\sigma_u \sigma_v}$；$t_5 = -\dfrac{1}{2(1-\rho^2)\sigma_u^2}$；$t_6 = -\dfrac{1}{2(1-\rho^2)\sigma_v^2}$。

一个特征点在像面上占 n 个像素点，对每个像素点利用式 (5.37) 可以获得矩阵方程：

$$
\begin{bmatrix} f_1 \ln f_1 \\ f_2 \ln f_2 \\ \vdots \\ f_n \ln f_n \end{bmatrix} = \begin{bmatrix} f_1 & f_1 u_1 & f_1 v_1 & f_1 u_1 v_1 & f_1 u_1^2 & f_1 v_1^2 \\ f_2 & f_2 u_2 & f_2 v_2 & f_2 u_2 v_2 & f_2 u_2^2 & f_2 v_2^2 \\ \vdots & \vdots & \vdots & \vdots & \vdots & \vdots \\ f_n & f_n u_n & f_n v_n & f_n u_n v_n & f_n u_n^2 & f_n v_n^2 \end{bmatrix} \begin{bmatrix} t_1 \\ t_2 \\ t_3 \\ t_4 \\ t_5 \\ t_6 \end{bmatrix}
\tag{5.38}
$$

将式 (5.38) 简写为

$$
\boldsymbol{b} = \boldsymbol{A}\boldsymbol{t}
\tag{5.39}
$$

由于矩阵 $\boldsymbol{A}$ 满足线性无关，将方程写为

$$
\boldsymbol{t} = (\boldsymbol{A}^\mathrm{T}\boldsymbol{A})^{-1}\boldsymbol{A}^\mathrm{T}\boldsymbol{b}
\tag{5.40}
$$

从式 (5.40) 中解得向量 $\boldsymbol{t}$ 后，可以得到该函数的两个极值点 u_0 和 v_0。

$$
u_0 = \frac{t_3 t_4 - 2 t_2 t_6}{4 t_5 t_6 - t_4^2}
\tag{5.41}
$$

$$
v_0 = \frac{t_2 t_4 - 2 t_3 t_5}{4 t_5 t_6 - t_4^2}
\tag{5.42}
$$

(u_0, v_0) 即为经过图像特征点质心定位后在图像像素坐标系中的质心坐标，同时可以求出 ρ、σ_x、σ_y、G。高斯曲面拟合的区域质心定位时定位精度与特征点在摄影机像面所占像素数目的多少有关，采用双线性插值方法在特征点的成像区域内增加有效像素点数目能够进一步提高特征点的质心定位精度。具体实现原理如图 5.10 所示。

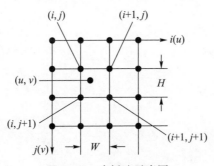

图 5.10 内插法示意图

点 (u, v) 的灰度可以通过像素点 $f(i, j)$ 和 $f(i+1, j)$ 插补得到：

$$
f(u, j) = f(i, j) = \alpha[f(i+1, j) - f(i, j)]
\tag{5.43}
$$

然后，可以通过 $f(i+1,j)$ 和 $f(i+1,j+1)$ 得到插值：

$$f(u,j+1) = f(i,j+1) + \alpha[f(i+1,j+1) - f(i,j+1)] \tag{5.44}$$

最后，根据 $f(u,j)$ 和 $f(u,j+1)$，插值可以由式 (5.45) 确定：

$$\begin{aligned} f(u,v) = {} & f(i,j)(1-\alpha)(1-\beta) + f(i+1,j)\alpha(1-\beta) + \\ & f(i,j+1)(1-\alpha)\beta + f(i+1,j+1)\alpha\beta \end{aligned} \tag{5.45}$$

通过双线性插值增加了像素个数，采用这种高斯曲面拟合法结合双线性插值的方法进行图像特征点质心定位能够获得较高的特征点提取精度。

5.4　本章小结

本章设计了基于视觉的位姿检测子系统的总体方案，选用了适合本系统的单目视觉测量方法，设计了旋转云台机构，消除了传统悬吊法中被测物体连续旋转时吊索对视觉系统的遮挡问题，并完成了检测子系统的硬件选型与设计。

在总体方案基础上，建立了在星球车低重力模拟实验中的各个坐标系转换模型，介绍了用于位姿解算的 P3P 算法，并采用高斯曲面拟合法结合双线性插值的方法对图像特征点质心进行定位。

第 6 章　双层冗余二维跟踪控制方法

6.1　引言

星球车地面运动性能测试的精度取决于模型精度和控制精度，模型精度已在前面讨论过，而控制精度主要由水平面内的二维跟踪控制精度和悬吊力的控制精度决定：一是单索的悬吊力恒定，达到始终抵消星球车的部分自重的目的；二是悬吊索对星球车不应产生超过指标要求的水平分力，也就是保证悬吊索的铅垂。而满足后者主要是依靠二维跟踪控制子系统的精度，它使跟踪平台的悬吊点与车厢吊架的悬吊点在地面坐标系中 X、Y 轴上的坐标值始终保持在一个很小的偏差范围内，以满足技术指标中所提出的水平分力的要求。

6.2　二维跟踪控制子系统总体设计

6.2.1　二维跟踪控制子系统方案设计

二维跟踪控制子系统采用的是伺服控制方案，但又不同于普通意义上的伺服控制，它是两套二维系统组成的二级伺服控制系统：一级伺服系统是大范围运动的天车，二级伺服系统是小范围、高精度运动的跟踪平台。一级天车实现对星球车的大范围跟踪，为二级跟踪平台实现精控提供条件；与此同时，天车在运行过程中存在低频振荡，使系统产生噪声，影响控制系统的精度；天车与跟踪平台之间存在动力学耦合，使二级控制系统中产生正反馈信号，导致系统失稳。所以该系统存在一定的特殊性，需要进行相应的设计与处理。

为了实现低重力模拟系统对星球车在水平面内的大范围、高精度运动跟踪，采用两级控制的伺服控制方案：分别为天车粗控和跟踪平台精控。天车控制系统采用无超调控制，跟踪平台采用伺服控制。天车与跟踪平台之间只存在动力学上的耦合，由于天车属于大惯量系统，跟踪平台属于小惯量系统，故跟踪平台对天车的动力学影响可以忽略不计，但天车对跟踪平台有较大的影响。除此之外，天车的振动对位姿检测的精度会造成一定程度的影响，属于跟踪平台控制系统中的噪声，后文中将对以上问题

——予以分析。

　　天车具有大范围跟踪能力，由于天车具有很大的惯性，且跨度大（35.1 m）导致挠性影响大，这致使天车的跟踪精度较差，难以实现对星球车的高精度伺服控制。跟踪平台通过精密导轨实现跟踪，由于跟踪平台惯性远远小于天车的惯性，因此跟踪平台可以实现高精度跟踪。

　　基于以上原因，在跟踪控制方案中，通过天车实现对星球车的初步跟踪，达到大范围、粗调的目的；通过跟踪平台实现对星球车的精确跟踪，实现精调的功能。天车与跟踪平台分别直接跟踪星球车，通过传感器测量到的跟踪偏差控制天车与跟踪平台的运动，通过跟踪平台对天车跟踪精度的补偿来实现整个跟踪系统对星球车的高精度伺服控制。天车、跟踪平台及星球车位置关系示意图如图 6.1 所示。

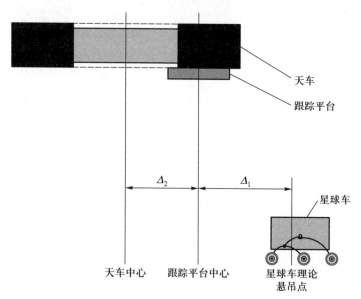

图 6.1　天车、跟踪平台及星球车位置关系示意图

Δ_1—星球车与平台的相对位置，通过传感器测量得到；Δ_2—平台与天车的相对位置，通过磁尺测量得到

　　跟踪平台和星球车之间的偏差用 Δ_1 表示，在工程实施时可以通过视觉系统测量得到；天车和跟踪平台间的位置偏差用 Δ_2 表示，工程实施时通过磁尺测量得到。因此天车的跟踪误差可以表示为 $\Delta_1 + \Delta_2$，是视觉和磁尺测量信息的叠加。同时伺服控制系统输出的跟踪误差为平台的跟踪误差 Δ_1，也即视觉系统直接测量输出了两级伺服系统的跟踪误差。平台所起到的作用便是实现对天车跟踪精度的补偿，这也是两级伺服控制的基本出发点。两级伺服控制方案框图分解图如图 6.2 所示。

　　在实际工程中，控制信号是由传感器测得的，同时交给执行机构的控制信号也不是天车的具体位置，而是相应执行机构与星球车以及执行机构之间的位置偏差，结合具体的传感器，图 6.3 给出了二维跟踪控制子系统原理图和工程实现。

　　图中第一个模块为天车控制模块，由视觉系统和磁尺实现对星球车和天车位置偏差 $\Delta_1 + \Delta_2$ 的测量反馈。第二个模块为跟踪平台模块，由视觉系统对跟踪平台和星球车之间的偏差进行测量反馈。

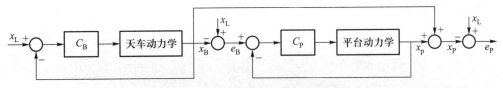

图 6.2 两级伺服控制方案框图分解图

x_L—星球车位置；x_B—天车位置；e_B—天车跟踪误差；x_p—平台位置；e_P—平台跟踪误差；x_p—平台相对于天车位置；C_B—天车控制器；C_P—平台控制器

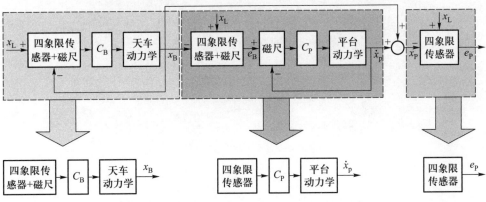

图 6.3 二维跟踪控制子系统原理图及工程实现

下面对控制系统设计方案的主要优点进行以下说明：

（1）基于天车和跟踪平台自身的特性出发，天车实现粗控，跟踪平台实现精控；

（2）天车跟踪星球车，天车控制系统采用无超调控制，避免天车连续出现正反向运动；

（3）避免了将天车这个具有大惯性和不确定性的对象闭在整个回路闭环中；

（4）天车控制和跟踪平台控制系统都不存在复杂的切换，降低了系统发散的潜在风险。

6.2.2 机械结构及电气设计

1. 机械实现方式

伺服控制系统的运动机构主要由 4 层组成，如图 6.4 所示。考虑到机械安装、运动范围、装置干涉等因素，四层机构由上到下可划分为：天车 X 方向运动机构、天车 Y 方向运动机构、跟踪平台 y 方向运动机构、跟踪平台 x 方向运动机构。其中，天车 X 方向运动机构是由两个感应电机分别驱动两侧的驱动轮来实验运动，天车 Y 方向运动机构的原理与 X 方向相同。跟踪平台 x、y 方向运动机构由高精密直线导轨支撑，电动机带动丝杠进行传动。跟踪平台三维效果如图 6.4 所示。

由三维效果图和机械图纸可以看出，跟踪平台 y 方向由 4 条导轨组成，这是基于导轨跨距较大（2 m 左右）时采用丝杠传动有可能会出现受力不均导致导轨卡死的状况而设计的。对于 4 条导轨结构，其外侧有两条导轨辅助支撑，中间两条导轨限位导向，很好地解决了这一问题。由于此部分不是控制系统本身研究的关键，所以在此不展开介绍。

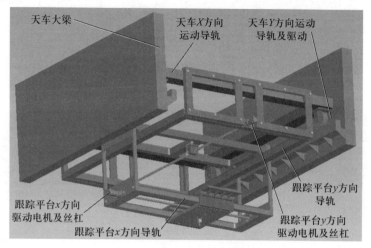

图 6.4　跟踪平台三维效果图

2. 电气设计

首先给出二维伺服系统的电气拓扑图，整个控制系统的实现就是基于拓扑图 6.5

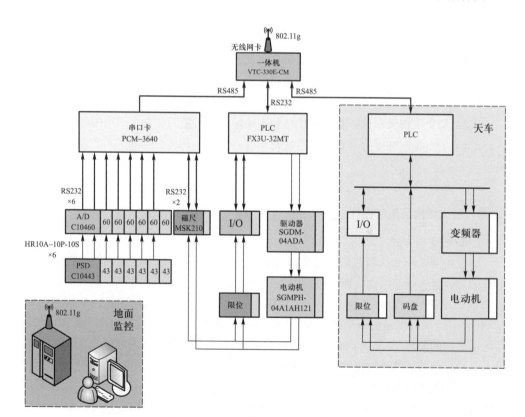

图 6.5　二维伺服系统的电气拓扑图

实现的。

从图 6.5 可以看出，整个控制系统的核心部分是一体机，其不仅是控制软件和算法的主要承担者，同时也是控制系统指挥和通信的中心。一体机通过串口卡采集到视觉系统所测得的信号，即跟踪平台与星球车的位置偏差，经过解算及相应控制率的处理后给控制卡发出指令，从而实现对跟踪平台的控制。与此同时，由于二维伺服系统采用的是二级控制的策略，所以天车系统也是整个控制系统的重要组成部分。所以一体机还肩负着与天车进行协同控制的任务。

6.3 双层冗余的二维跟踪控制方法

本章所述二维跟踪控制子系统的主要功能是实现对星球车大范围、高精度的伺服跟踪。该系统采用了二级控制的控制策略，即天车和跟踪平台同时跟踪星球车的运动。

在此控制系统中，天车保证控制系统的伺服范围（大范围控制），但由于其大惯量的特点很难实现高精度的要求，但可以为跟踪平台的高精度控制提供一个可靠的工作平台；系统的控制精度是由跟踪平台来保证的（高精度控制），但由于其工作范围有限，不能实现大范围的要求，所以需要天车为其提供一个条件使其正常工作。

综上所述，该控制系统是采用由天车、跟踪平台两级协同控制的控制策略，利用二者的优点共同实现了大范围、高精度的要求。

6.3.1 数学模型的建立

为了分析电机及其控制系统的稳定性和动态品质，必须首先建立描述系统动态规律的数学模型。对于连续的线性定常系统，其数学模型是微分方程，经过拉普拉斯变换，可用传递函数和动态结构图表示。建立系统动态模型的基本步骤如下：

（1）根据系统各个环节的物理规律，列出描述动态过程的微分方程；

（2）求出各环节的传递函数；

（3）组成系统的动态结构框图，并求出系统的传递函数。

伺服电机控制系统设计分为电流调节器设计、速度调节器设计、位置调节器设计3 部分。按照设计多环控制系统的一般原则，从内环开始，逐步向外扩展。该系统首先应该设计电流调节器，然后把整个电流环看作速度环的一个环节，再设计速度调节器。位置调节器的设计思路与速度调节器相类似，这里不再赘述。

1. 电动机模型的建立

直流电机的等效电路，如图 6.6 所示。其中，电枢回路的总电阻为 R，电枢回路的总电感为 L。

假定主电路电流连续，则动态电压方程为

$$U_{d0} = RI_d + L\frac{dI_d}{dt} + E \tag{6.1}$$

忽略粘性摩擦及弹性转矩，电动机轴上的动力学方程为

$$T_e - T_L = \frac{GD^2 dn}{375dt} \tag{6.2}$$

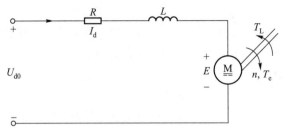

图 6.6 直流电动机等效示意图

感应电动势和电磁转矩，分别如式 (6.3) 和式 (6.4) 所示。

$$E = C_e n \tag{6.3}$$

$$T_e = C_m I_d \tag{6.4}$$

式中, T_L 为包括电动机转矩在内的负载转矩 (N·m)；GD^2 为电力拖动系统折算到电动机轴上的飞轮矩 (N·m²)；C_m 为电动机的转矩系数 (N·m/A)，$C_m = 30C_e/\pi$；C_e 为电动机在额定磁通下的电动势系数；T_l 为电枢电路电磁时间常数 (s)，$T_l = L/R$；T_m 为电力拖动系统电磁时间常数 (s)，$T_m = GD^2 R/(375C_e C_m)$；$E$ 为感应电动势；n 为电动机转速；U_{d0} 为理想空载整流电压；I_d 为整流电流。

将 T_l、T_m 代入式 (6.1)、式 (6.2)，并考虑式 (6.3) 和式 (6.4)，整理后得

$$U_{d0} - E = R \left(I_d + T_l \frac{dI_d}{dt} \right) \tag{6.5}$$

$$I_d - I_{dL} = \frac{T_m}{R} \frac{dE}{dt} \tag{6.6}$$

式中, I_{dL} 为负载电流 (A)，$I_{dL} = T_L/C_m$。

在零初始条件下，取等式两侧的拉普拉斯变换，得电压与电流的传递函数：

$$\frac{I_d(s)}{U_{d0}(s) - E(s)} = \frac{\dfrac{1}{R}}{T_l s + 1} \tag{6.7}$$

$$\frac{E(s)}{I_d(s) - I_{dL}(s)} = \frac{R}{T_m s} \tag{6.8}$$

式 (6.7)、式 (6.8) 的动态结构框图分别如图 6.7(a)、图 6.7(b) 所示。将两图合并，并考虑到 $n = E/C_e$，即得直流电机的动态结构框图，如图 6.7(c) 所示。

2. 对象模型的建立

在进行控制系统的设计前，首先要对被控对象进行数学建模。二级伺服控制系统的被控对象为天车及跟踪平台，下面对天车及跟踪平台进行数学建模。

二级系统的动能为

$$E_k = \frac{1}{2}[m_B v_B^2 + m_P(v_B + v_P)^2] \tag{6.9}$$

式中, $v_B = r_B\dot{\varphi}_B$；$v_P = P_h\dot{\varphi}_P$。将 v_B、v_P 代入式 (6.9) 可得

$$E_k = \frac{1}{2}[m_B r_B^2 \dot{\varphi}_B^2 + m_P(r_B\dot{\varphi}_B + P_h\dot{\varphi}_P)^2] \tag{6.10}$$

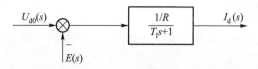

(a) 电压电流之间的结构框图

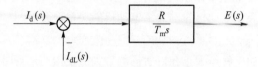

(b) 电流电动势之间的结构框图

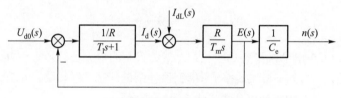

(c) 直流电动机的动态结构框图

图 6.7 直流电动机动态结构框图

式中，m_B 为天车质量；m_P 为跟踪平台及相应机构质量；E 为二级系统动能；v_B 为天车速度；v_P 为跟踪平台速度；r_B 为天车车轮半径；P_h 为跟踪平台滚珠丝杠导程；φ_B 为天车车轮转角；φ_P 为跟踪平台滚珠丝杠转角。

根据拉格朗日方程

$$\frac{\mathrm{d}}{\mathrm{d}t}\left(\frac{\partial E}{\partial \dot{\varphi}_{B,P}}\right) - \frac{\partial E}{\partial \dot{\varphi}_{B,P}} = T_{B,P} \tag{6.11}$$

可得

$$\begin{cases} \dfrac{\partial E}{\partial \dot{\varphi}_B} = m_B r_B^2 \dot{\varphi}_B + m_P(r_B\dot{\varphi}_B + P_h\dot{\varphi}_P)r_B \\ \dfrac{\partial E}{\partial \dot{\varphi}_P} = m_P(r_B\dot{\varphi}_B + P_h\dot{\varphi}_P)P_h \end{cases} \tag{6.12}$$

经化简可得

$$\begin{cases} T_B = (m_B + m_P)r_B^2\ddot{\varphi}_B + m_P P_h r_B\ddot{\varphi}_P \\ T_B = m_P P_h r_B\ddot{\varphi}_B + m_P P_h^2\ddot{\varphi}_P \end{cases} \tag{6.13}$$

式中，T_B 为天车所受力矩；T_P 为跟踪平台所受力矩。

6.3.2 电动机选型

建立对象模型后，需要确定执行机构的参数。由于二级伺服控制系统的执行机构是电动机，所以执行机构参数的确定实际上就是电动机的选型。

二级控制系统中两套系统的传动机构各有不同：天车控制系统采用轮轨结合的方式实现传动，跟踪平台采用丝杠实现传动。所以二者在电动机选型的过程中也有所不同，下面分别对天车与跟踪平台的电动机选型予以介绍。

6.3.2.1 天车电动机选型

天车作为控制系统中的粗控单元，为跟踪平台精控的实现提供了必要的保证，是控制系统的重要组成部分。

1. 功率计算

电动机选型首先要确定电动机的功率，电动机的功率可以分为稳态功率和动态功率两部分，下面就以天车电动机为例介绍电动机的功率计算。

（1）稳态功率。

天车电动机稳态功率就是天车在以所需的最大速度匀速运行时电动机所需的功率。稳态功率的计算公式如式 (6.14) 所示：

$$P_{稳B} = \frac{2.5 M_{LPB} \Omega_{LPB}}{1\,020\eta} \tag{6.14}$$

式中，$P_{稳B}$ 为天车电动机稳态功率；M_{LPB} 为天车的最大负载转矩；Ω_{LPB} 为天车的最大负载转速；η 为天车机械效率 (考虑到设计余量，这里将其设为 0.5)。

天车的最大负载转矩计算公式如式 (6.15) 所示：

$$M_{LPB} = m_B g f r_B \tag{6.15}$$

式中，m_B 为天车质量；r_B 为天车车轮半径；f 为轮轨摩擦系数。

轮轨摩擦为滚动摩擦，这里将保留裕量的因素视为滑动摩擦，设定摩擦系数 $f = 0.05$。

天车的最大负载转速计算公式如式 (6.16) 所示：

$$\Omega_{LPB} = \frac{v_{\max B}}{r_B} \tag{6.16}$$

式中，$v_{\max B}$ 为天车最大运行线速度；r_B 为天车车轮半径。

（2）动态功率。

在功率计算过程中，不仅要考虑系统的稳态功率，而且要考虑系统的动态功率。动态功率计算公式如式 (6.17) 所示：

$$P_{动B} = \frac{E_B}{t} k \tag{6.17}$$

式中，$P_{动B}$ 为天车动态功率；E_B 为天车动能；t 为加速时间；k 为设计裕量。

最终得天车功率为

$$P_B = P_{稳B} + P_{动B} \tag{6.18}$$

考虑到天车最大运行线速度为 $v_{\max B} = 1$ m/s，最大加速度为 $a_B = 1$ m/s^2，天车质量为 $m_B = 2.0 \times 10^4$ kg，天车车轮半径为 $r_B = 0.2$ m，轮轨摩擦系数 $f = 0.05$，得天车电动机的稳态功率 $P_{稳B} = 0.048$ kW；天车电动机的动态功率 $P_{动B} = 20$ kW，最终得天车功率 $P_B = 22.048$ kW。

2. 转矩估算

天车电动机转矩可以分为负载转矩、加速转矩两部分。其中，负载转矩可由式 (6.19) 得到。

$$T_{负B} = m_B g f r_B \tag{6.19}$$

天车电动机加速转矩为

$$T_{加B} = \frac{\frac{1}{2} m_B v_B^2}{t \frac{v_B}{2 r_B}} \tag{6.20}$$

综上，天车电动机转矩为

$$T_B = T_{负B} + T_{加B} \tag{6.21}$$

式中，$T_{负B}$ 为天车负载转矩；$T_{加B}$ 为天车加速转矩；T_B 为天车电动机转矩。

考虑到天车最大运行线速度为 $v_{\max B} = 1$ m/s，最大加速度为 $a_B = 1$ m/s^2，质量为 $m_B = 1 \times 10^4$ kg，车轮半径为 $r_B = 0.2$ m，轮轨摩擦系数 $f = 0.05$，得天车电动机的负载转矩为 $T_{负B} = 100$ N·m；天车电动机的加速转矩为 $T_{加B} = 4 \times 10^3$ N·m，最终得天车电动机转矩为 $T_B = 4\,100$ N·m，考虑到裕量得天车电动机转矩为 $T_B = 6\,000$ N·m。

3. 功率核算

本章选定天车电动机的额定转速为 1 500 r/min，减速比为 40。将转矩归算到电动机轴一侧，可由式 (6.22) 得出。

$$T_{eB} = \frac{T_{负B}}{i} \tag{6.22}$$

电动机功率如下：

$$P'_B = T_{eB} n_B \frac{2\pi}{60} \tag{6.23}$$

式中，T_{eB} 为天车电动机电磁转矩；i 为天车电动机减速比；n_B 为电动机转速；P'_B 为核算电动机功率。

最终选择 30 kW 天车电动机。其参数为：电动机功率 $P_B = 30$ kW，$n_B = 1500$ r/min，电动机额定电压 $U_B = 440$ V，电动机额定电流 $I_B = 77.8$ A，电动机电阻 $R_B = 0.376$ Ω，电动机电感 $L_B = 8.3$ mH，电动机机械效率 $\eta_B = 85.7\%$，电动机飞轮矩 $GD_B^2 = 0.88$ N·m^2，电动机在额定磁通下的电动势系数 $C_{eB} = 0.274$。

6.3.2.2 平台电动机选型

跟踪平台 x 向伺服电机选用安川 SGMJV–04AAA61，下面以 x 向电动机为例，给出电动机选型计算。

相关参数如下：负载质量 $m_p = 1\,000$ kg，运行加速度 $a_p = 0.1$ m/s^2，运行速度 $v_p = 0.1$ m/s，丝杠导程 $P_n = 0.01$ m，减速器输出转速 $n_p = 600$ r/min，直线导轨摩擦系数 $\mu = 0.003$，直线导轨摩擦力 $F_{ap} = \mu m_p g = 30$ N。

当传动效率等于 0.9 时，将相关参数代入如式 (6.24) 所示的正向传动转矩，计算可得正向传动转矩为 0.053 N·m。

$$T_{ap} = \frac{F_{ap} P_n}{2\pi \eta_p} \tag{6.24}$$

丝杠副动态摩擦转矩上限：

$$T_{\text{pp}} = \frac{F_{\text{prp}}P_{\text{n}}}{2\pi\eta_{\text{p}}}(1 - \eta_{\text{p}}^2) \tag{6.25}$$

式中，F_{prp} 为滚珠丝杠副预紧力，等于 10 N。

支撑轴承摩擦转矩：

$$T_{\text{up}} = 0.05(T_{\text{ap}} + T_{\text{pp}}) \tag{6.26}$$

等速时驱动转矩如式 (6.27) 所示。代入相关参数计算等速驱动转矩等于 0.07 N·m。

$$T_{1\text{p}} = T_{\text{ap}} + T_{\text{pp}} + T_{\text{up}} \tag{6.27}$$

电动机角加速度 $\ddot{\alpha}_{\text{p}} = 62.8$ rad/s，跟踪平台电动机转动惯量 $J_{\text{mp}} = 0.508 \times 10^{-4}$ kg·m²，丝杠转动惯量：

$$J_{\text{sp}} = \frac{\pi\gamma}{32g} \times d^4 \times L \tag{6.28}$$

式中，$\gamma = 7.8 \times 10^{-3}$ kg·f·cm/s³；L 为丝杠长度，$L = 3$ m；d 为丝杠直径，$d = 3.03$ cm。

转动惯量核算如式 (6.29) 所示。代入相关参数计算转动惯量为 4.95×10^{-3} kg·m²。

$$J_{\text{p}} = J_{\text{mp}} + J_{\text{sp}} + m_{\text{p}}\left(\frac{P_{\text{n}}}{2\pi}\right)^2 \tag{6.29}$$

加速时驱动转矩如式 (6.30) 所示。代入相关参数计算加速时驱动转矩为 0.38 N·m。

$$T_{2\text{p}} = T_{1\text{p}} + J_{\text{p}}\ddot{\alpha}_{\text{p}} \tag{6.30}$$

故电磁转矩与加速时驱动转矩相等，如公式 (6.31) 所示。大小等于 0.38 N·m。

$$T_{\text{ep}} = T_{2\text{p}} \tag{6.31}$$

电动机功率计算公式如式 (6.32) 所示。代入相关参数计算得到电动机功率为 24 W。

$$P_{\text{p}} = T_{\text{ep}}w_{\text{p}} \tag{6.32}$$

式中，w_{p} 为跟踪平台电动机转速。

由于传动机构传动效率和精度较高，所以电动机克服摩擦所需的输出功率只有 24 W，但是基于机械安装和丝杠长期使用变形错位等问题，应该留有 10 倍以上的裕量，所以选用安川 400 W 电动机。

6.3.3 算法设计

本章讨论的控制系统采用了二级控制的控制策略，即天车与跟踪平台分别跟踪星球车。考虑到天车大范围的运动能力，以星球车位置作为天车的输入信号；由于跟踪平台有高精度的特点，所以以天车控制系统的偏差信号作为跟踪平台的输入信号。

从控制角度来讲，二级控制系统中，天车系统与跟踪平台系统是两个相对独立的系统，但是由于跟踪平台与天车在实验中存在动力学耦合，所以跟踪平台控制系统中存在正反馈，从而影响整个控制系统稳定性。本文采用限幅的手段实现对系统中正反馈的抑制，从而保证控制系统的稳定性。

由于天车系统与跟踪平台系统都是以电动机作为执行机构的，所以在两个分系统的设计中都采用了三闭环控制的方案：将伺服电机控制系统设计分为电流调节器设计、速度调节器设计和位置调节器设计 3 部分。按照设计多环控制系统的一般原则，从内环开始，逐步向外扩展[1,2]。该系统中应该首先设计电流调节器，然后把整个电流环看作速度环的一个环节，再设计速度调节器。位置调节器的设计思路与速度调节器相类似，这里不再赘述。

6.3.3.1 控制器设计

由于 PID 在工程中具有高效、实现方便以及利于使用计算机调试等优点[3]，所以本文采用 PID 控制器作为二级控制系统的控制器。

1. 电流环设计

图 6.8 所示控制框图为电流环部分，其反电动势与电流的作用相互交叉、相互影响。但在实际系统中，反电动势与电动机转速成正比，它代表转速对电流环的影响。

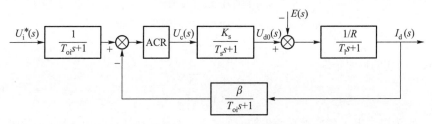

图 6.8　电流环控制框图

在一般情况下，转速往往比电流慢得多，所以对电流环来说，反电动势是一个变化较慢的扰动，可以认为反电动势基本不变，即 ΔE 近似等于 0。这样，在按动态性能设计电流环时，可以暂时不考虑反电动势的影响，得到电流环近似框图，如图 6.9(a) 所示。忽略反电动势对电流环作用的近似条件为

$$\omega_{\text{ci}} \geqslant 3\sqrt{\frac{1}{T_{\text{m}}T_{\text{l}}}} \tag{6.33}$$

式中，ω_{ci} 为电流环开环频率特性的截止频率；T_{l} 为电磁时间常数；T_{m} 为机电时间常数。

把电流环给定滤波和反馈滤波两个环节都等效地移到内环，同时把给定信号改成 U^*/β，这样电流环便可等效成一个单位负反馈系统，如图 6.9(b) 所示。由于 T_{s} 和 T_{oi} 比 T_{l} 小得多，可以当作小惯性群而近似地看作一个惯性环节，其时间常数为

$$T_{\Sigma} = T_{\text{s}} + T_{\text{oi}} \tag{6.34}$$

被控对象可以简化为 $\dfrac{\beta K_{\text{s}}/R}{(T_{\text{l}}s+1)(T_{\Sigma\text{i}}s+1)}$，则电流环节框图最终简化成图 6.9 (c)

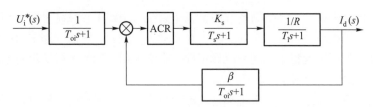

(a) 忽略反电动势的动态影响

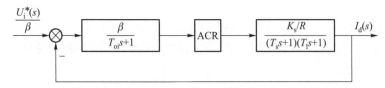

(b) 等效成单位负反馈系统

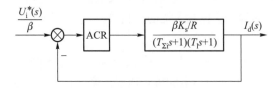

(c) 小惯性环节近似处理

图 6.9 电流环的动态结构框图及其简化

的形式。简化的近似条件为

$$\omega_{ci} \leqslant \frac{1}{3}\sqrt{\frac{1}{T_s T_{oi}}} \tag{6.35}$$

式中，T_s 为电力电子变换器平均失控时间；T_{oi} 为电流环滤波时间常数；β 为电流环反馈系数；K_s 为电力电子变换器放大倍数；R 为电动机电阻。

电流环的控制对象是双惯性型的，采用 PI 型调节器将系统校正为 I 型系统，调节器的传递函数可以写成

$$W_{ACR}(s) = \frac{K_i(\tau_i s + 1)}{\tau_i s} \tag{6.36}$$

式中，K_i 为电流调节器的比例系数；τ_i 为电流调节器的超前时间常数。

令 $\tau_i = T_l$，可以使调节器零点与控制对象的大时间常数极点对消，则电流环的状态框图变成如图 6.10 所示的典型形式，其中

$$K_I = \frac{K_i K_s \beta}{\tau_i R} \tag{6.37}$$

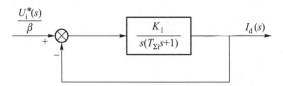

图 6.10 校正成典型 I 型系统的电流环动态结构框图

式中，K_I 为电流环开环增益。

在以上调节器设计中实现调节器零点与控制对象的大常数极点对消的主要目的是使整个系统的相角裕度更大，以便使系统具有更稳定的相对稳定性以及对高频干扰更强的抑制能力。

2. 速度环设计

在速度环的设计中，电流环可以视为速度环中的一个环节，为此需要求出它的闭环传递函数 $W_{cli}(s)$，由图 6.10 可知：

$$W_{cli}(s) = \frac{I_d(s)}{U_i^*(s)/\beta} = \frac{\dfrac{K_I}{s(T_{\Sigma i}s+1)}}{1 + \dfrac{K_I}{s(T_{\Sigma i}s+1)}} = \frac{1}{\dfrac{T_{\Sigma i}}{K_I}s^2 + \dfrac{1}{K_I}s + 1} \tag{6.38}$$

忽略高次项，$W_{cli}(s)$ 可降阶近似为

$$W_{cli}(s) \approx \frac{1}{\dfrac{1}{K_I}s + 1} \tag{6.39}$$

近似条件为

$$\omega_{cn} \leqslant \frac{1}{3}\sqrt{\frac{K_I}{T_{\Sigma i}}} \tag{6.40}$$

式中，ω_{cn} 为转速环开环频率特性的截止频率。

接入转速环内，电流环等效环节的输入量为 $U_i^*(s)$，因此电流环在转速环中应等效为

$$\frac{I_d(s)}{U_i^*(s)} = \frac{W_{cli}(s)}{\beta} \approx \frac{\dfrac{1}{\beta}}{\dfrac{1}{K_I}s + 1} \tag{6.41}$$

原来是双惯性环节的电流环控制对象，经闭环控制后，就等效为只有较小时间常数 $1/K_I$ 的一阶惯性环节。电流环闭环控制改造了控制对象，加快了电流的跟随作用。用电流环等效环节代替电流环后，整个转速控制系统的框图如图 6.11(a) 所示。

和电流环一样，把转速给定滤波和反馈滤波环节移到内环，同时将给定信号改成 $U_n^*(s)/\alpha$，再将两个小惯性环节时间常数 $1/K_I$ 和 T_{on} 合并起来，近似成一个惯性环节的时间常数 $T_{\Sigma n}$，其中：

$$T_{\Sigma n} = \frac{1}{K_I} + T_{on} \tag{6.42}$$

式中，T_{on} 为速度环滤波时间常数。则速度环的控制框图可以简化为如图 6.11(b) 的形式。为了实现控制没有静态误差，可以在转速调节器 ASR 中加入一个积分环节。从电动机模型中可以知道，在扰动输入后还有一个积分环节，所以速度环系统共有两个积分环节，为一个 II 型系统。这样有利于减小系统的稳态误差，提高系统的响应速率，同时还可以提高系统的抗扰性能。缺点是会使阶跃响应的超调量增大，但是这是线性系统的计算数据，实际系统中转速调节器的饱和非线性会使超调量大大减小，所以速

度环的调节器 ASR 可以设计为

$$W_{\mathrm{ASR}}(s) = \frac{K_{\mathrm{n}}(\tau_{\mathrm{n}}s + 1)}{\tau_{\mathrm{n}}s} \tag{6.43}$$

式中，K_{n} 为转速调节器的比例系数；τ_{n} 为转速调节器的超前时间常数。

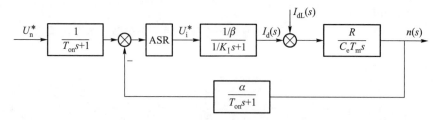

(a) 用等效环代替电流环

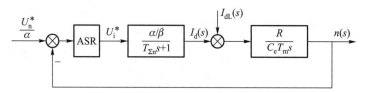

(b) 等效成单位负反馈系统

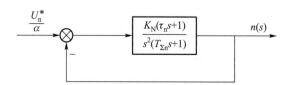

(c) 小惯性环节的近似处理校正后成为典型 II 型系统

图 6.11 转速环的控制框图及简化

调速系统的开环传递函数为

$$W_{\mathrm{n}}(s) = \frac{K_{\mathrm{n}}(\tau_{\mathrm{n}}s + 1)}{\tau_{\mathrm{n}}s} \frac{\dfrac{\alpha R}{\beta}}{C_{\mathrm{e}}T_{\mathrm{m}}s(T_{\Sigma\mathrm{n}}s + 1)} = \frac{K_{\mathrm{n}}\alpha R(\tau_{\mathrm{n}}s + 1)}{\tau_{\mathrm{n}}\beta C_{\mathrm{e}}T_{\mathrm{m}}s^2(T_{\Sigma\mathrm{n}}s + 1)} \tag{6.44}$$

式中，α 为转速反馈系数；C_{e} 为直流电机在额定磁通下的电动势系数。

令转速开环增益为

$$K_{\mathrm{N}} = \frac{K_{\mathrm{n}}\alpha R}{\tau_{\mathrm{n}}\beta C_{\mathrm{e}}T_{\mathrm{m}}} \tag{6.45}$$

则

$$W_{\mathrm{n}}(s) = \frac{K_{\mathrm{N}}(\tau_{\mathrm{n}}s + 1)}{s^2(T_{\Sigma\mathrm{n}}s + 1)} \tag{6.46}$$

不考虑负载扰动时，校正后的调速系统动态结构框图，如图 6.11(c) 所示。上述结果服从近似条件：

$$\omega_{\mathrm{cn}} \leqslant \frac{1}{3}\sqrt{\frac{K_{\mathrm{I}}}{T_{\Sigma\mathrm{i}}}} \tag{6.47}$$

$$\omega_{\mathrm{cn}} \leqslant \frac{1}{3}\sqrt{\frac{K_{\mathrm{I}}}{T_{\mathrm{on}}}} \tag{6.48}$$

3. 位置环设计

位置和角度伺服是整个控制系统设计的目的。该系统的主要任务是，输入量作任意变化时，输出量能够快速而准确地复现输入量的变化。

位置环的设计是在转速、电流双闭环的基础上，在外边再设一个位置控制环，如此便形成三环控制的位置伺服控制系统。图 6.12 所示是位置、转速和电流三环控制位置伺服系统。

和双闭环控制系统一样，多环控制系统调节器的设计方法也是从内环到外环，逐个设计各环的调节器。逐个设计可以使每个环都保持稳定，从而保证整个系统的稳定性。在本实验设计位置环调节器的过程中应该将整个速度环视为位置环的一个环节，进而对位置调节器进行设计。

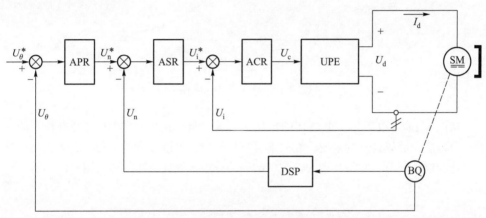

图 6.12 位置、转速、电流三环控制位置伺服系统

6.3.3.2 控制系统仿真模型

6.3.3.1 节已经建立了被控对象以及执行机构的数学模型，本节将以此数学模型为基础，利用 Simulink 来实现对控制系统的仿真。由于控制系统设计中 y 方向的伺服控制系统和 x 方向伺服控制器设计原理相同，所以在此只以 x 方向电动机，即 SGMJV–04AAA61 型电动机进行说明。在 Simulink 仿真中，电流环框图如图 6.13 所示[4]。

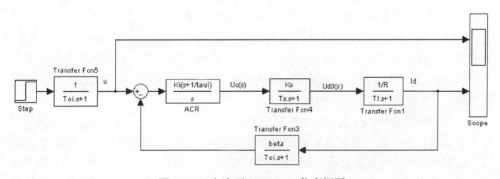

图 6.13 电流环 Simulink 仿真框图

　　由于电流环为控制系统的最内环，所以要有足够的带宽来保证电流环的快速性。作者设计的电流环 Bode 图如图 6.14 所示。

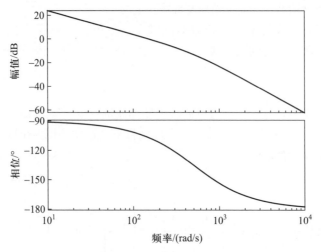

图 6.14　电流环 Bode 图

　　从图 6.14 可以看出，电流环的剪切频率为 124 rad/s，所以电流环有较宽的带宽，可以满足后续设计的需要。在对速度环进行控制系统设计的过程中，可以将电流环简化为惯性环节，并将其视为速度环的一部分进行设计。速度环控制框图如图 6.15 所示[4]。

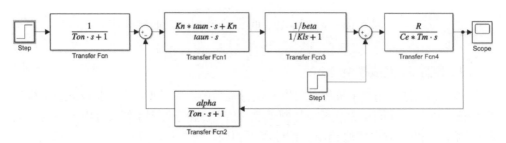

图 6.15　Simulink 仿真中速度环控制框图

　　从控制系统设计角度看速度环是电流环的外环，所以在保证有一定带宽的同时又要使其带宽小于电流环带宽。速度环 Bode 图如图 6.16 所示。

　　从图 6.16 可以看出，速度环带宽为 17.6 rad/s，可以满足控制系统设计的要求。在此控制系统中，电流环主要由控制器、PWM 控制与变换器、电动机本身的环节以及低通滤波器组成；速度环主要由控制器、电动机本身的环节以及低通滤波器组成；位置环主要由控制器和积分器组成。

　　电流环和速度环中分别加入电流滤波和转速滤波两个环节。由于电流检测信号中常含有交流分量，为了使它不影响到调节器的输入，需要加入低通滤波。这样的滤波环节可用一阶惯性环节来表示，其滤波时间常数选定为 0.002。由于滤波环节延迟了反馈信号的作用，为平衡这个延迟，在给定信号通道上加入一个同等时间常数的惯性环节。其意义是，让给定信号和反馈信号经过相同的时延，使二者在时间上得到恰当的配合，从而带来设计上的方便。

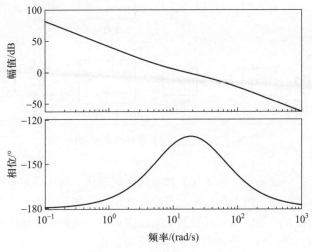

图 6.16　速度环 Bode 图

在电流环设计的过程中，反电动势与电流环的作用相互交叉，其代表了转速对电流环的影响。但是一般来说，转速相对于电流的变化慢很多，所以在电流变化的过程中可以视反电动势基本不变。

与电流环类似，速度环也有一个转速滤波环节，同样可用一阶惯性环节来表示。其滤波时间常数选定为 0.005，由于滤波环节延迟了反馈信号的作用，为平衡这个延迟，在给定信号通道上加入一个同等时间常数的惯性环节。其意义是，让给定信号和反馈信号经过相同的时延，使二者在时间上得到恰当的配合。

由于已经将电流环与速度环的带宽设置到了较为理想的位置，这为位置环控制器的设计提供了良好的条件。然而，在实际系统中，二级控制系统是由天车系统与跟踪平台系统组成的，考虑到系统联调的要求以及在实际系统中的动力学的相互耦合作用，使得单个系统位置环控制器的设计并不能完全满足整个控制系统的要求。所以，本章直接给出整个控制系统的设计。

二维伺服控制系统仿真结构图如图 6.17 所示。从图 6.17 可以看出，整个二维伺服控制系统是由天车系统（图 6.17 上半部分）和跟踪平台（图 6.17 下半部分）组成的。

输入信号所表示的是星球车在 x 方向的巡游位置，由于星球车在 x 方向巡游范围较大，跟踪平台无法满足其大范围的要求，所以需要天车为其提供精确跟踪的条件。又因为天车系统是大惯量系统，使其实现高精度的目标有较大的困难，所以利用跟踪平台来补偿天车的误差，最终达到高精度的目的。

如图 6.17 所示，当输入信号输入到天车系统时，可以实现天车在控制过程中大范围控制的要求，但是由于其自身的原因其精度无法满足星球车实验的要求，会产生较大的误差，需要跟踪平台对其进行补偿。所以，将天车系统的误差信号引出，作为跟踪平台的输入信号进入跟踪平台控制系统。

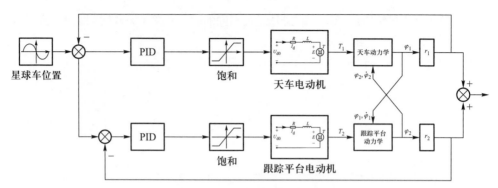

图 6.17 二级控制系统仿真结构图

从控制系统的角度来讲，天车与平台分别跟踪星球车的运动，不存在控制上的耦合，属于两级独立控制。但天车与跟踪平台存在动力学耦合，由于天车的质量远远大于跟踪平台的质量，所以二维跟踪控制子系统中动力学的影响主要体现在天车系统对跟踪平台系统动力学影响，控制系统中的正反馈主要体现在跟踪平台上，可以通过限幅来实现对该正反馈信号的抑制。

在实际的控制系统中，天车与跟踪平台都是通过直接求其所需的偏差信号来实现控制的。跟踪平台和星球车之间的位置偏差可以通过视觉系统测量得到；天车和跟踪平台间的位置偏差可以通过磁尺测量得到，因此天车的跟踪误差是视觉系统和磁尺测量信息的叠加。同时，伺服控制系统输出的总跟踪误差为平台的跟踪误差，即视觉直接测量得到的两级伺服系统的跟踪误差。天车的作用是实现大范围粗控，并在实现粗控的基础上为跟踪平台的工作提供必要的条件。跟踪平台的作用便是实现对天车跟踪精度的补偿，这也是两级伺服控制的基本出发点。

6.4　二维跟踪控制子系统性能分析

6.3 节中对控制系统进行了相应的设计与分析，完成了二维跟踪控制子系统的算法设计，本节主要对该系统进行相应的性能分析，从仿真的角度来验证控制算法。

6.4.1　影响二维跟踪控制子系统精度的因素分析

影响二维跟踪控制子系统精度的因素主要有：天车大梁振动对视觉系统测量精度的影响、跟踪平台受力变形所引起的误差、磁尺的测量误差、吊索振动引起的误差、电动机正反转引起的误差、滚珠丝杠回程误差等。

吊索振动相对于控制系统来说，相当于一个可以忽略的高频干扰，此处不再赘述。电动机正反转的运动是低频的运动，由于控制系统的带宽远远高于星球车移动的频率，所以控制系统可以抑制此干扰。

滚珠丝杠的回程误差为 15′，而其导程为 10 mm，即滚珠丝杠每转一圈向前的进给量为 10 mm，根据此得出滚珠丝杠的回程误差为 0.007 mm。此量级远远小于控制系统所要求的精度，所以可以忽略不计。

磁尺型号为 MSK210，测量误差为 1.1×10^{-4} m，由仿真可以看出，此噪声对控制系统的影响极小，可以忽略不计。又由于许多的不确定因素，所以此处不再对其进行建模，实验中可以对其进行等效的验证。由于天车振动会对视觉系统精度产生较大的影响，下面主要对天车大梁的振动给出相应分析。

欧拉–伯努利梁：不考虑剪切变形和截面绕中性轴转动对弯曲振动的影响，称这种模型的梁为欧拉–伯努利梁，如图 6.18 所示。

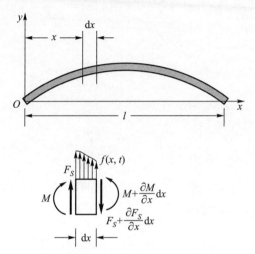

图 6.18 欧拉–伯努利梁弯曲振动示意图

利用达朗贝尔原理列出微元体沿 y 方向的动力学方程：

$$\begin{cases} \rho_1(x)\mathrm{d}x\dfrac{\partial^2 y(x,t)}{\partial t^2} = F_\mathrm{s} - \left(F_\mathrm{s} + \dfrac{\partial F_\mathrm{s}}{\partial x}\mathrm{d}x\right) + f(x,t)\mathrm{d}x \\ \left(M + \dfrac{\partial M}{\partial x}\mathrm{d}x\right) - M - F_\mathrm{s}\mathrm{d}x - f(x,t)\mathrm{d}x\dfrac{\mathrm{d}x}{2} = 0 \end{cases} \tag{6.49}$$

式中，ρ 为梁的密度；$\rho_1(x)$ 为梁的线密度；F_s 为剪切力；$f(x,t)$ 为梁上的分布载荷；M 为梁的弯曲力矩。

将上式中的高阶小量略去，并简化方程式为

$$\begin{cases} \rho_1(x)\dfrac{\partial^2 y(x,t)}{\partial t^2} = -\dfrac{\partial F_\mathrm{s}}{\partial x} + f(x,t) \\ F_\mathrm{s} = \dfrac{\partial M}{\partial x} \end{cases} \tag{6.50}$$

根据材料力学的分析，弯矩与挠度的关系为

$$M(x,t) = EI(x)\frac{\partial^2 y(x,t)}{\partial x^2} \tag{6.51}$$

式中，E 为弹性模量；$I(x)$ 为梁截面积。

将式 (6.51) 代入式 (6.50) 中并整理，得到梁的弯曲振动方程：

$$\frac{\partial^2}{\partial x^2}\left[EI(x)\frac{\partial^2 y(x,t)}{\partial x^2}\right] + \rho_1(x)\frac{\partial^2 y(x,t)}{\partial t^2} = f(x,t) \tag{6.52}$$

若梁为等截面，式 (6.52) 则化为

$$EI\frac{\partial^4 y(x,t)}{\partial x^4} + \rho_1\frac{\partial^2 y(x,t)}{\partial t^2} = f(x,t) \tag{6.53}$$

令 $f(x,t) = 0$，即梁自由振动的方程式

$$\frac{\partial^2}{\partial x^2}\left[EI(x)\frac{\partial^2 y(x,t)}{\partial x^2}\right] + \rho_1(x)\frac{\partial^2 y(x,t)}{\partial t^2} = 0 \tag{6.54}$$

分离变量，令

$$y(x,t) = \phi(x)q(t) \tag{6.55}$$

将式 (6.55) 代入式 (6.54) 中，化简得

$$\frac{\ddot{q}(t)}{q(t)} = -\frac{[EI(x)\phi''(x)]''}{\rho_1(x)\phi(x)} = -\omega^2 \tag{6.56}$$

式 (6.56) 左端是时间的函数，而右端是位置的函数，两式相等表示左右两端为一常数，在此记为 $-\omega^2$，可以导出：

$$\ddot{q}(t) + \omega^2 q(t) = 0 \tag{6.57}$$
$$[EI(x)\phi''(x)]'' - \omega^2\rho_1(x)\phi(x) = 0 \tag{6.58}$$

式 (6.57) 的通解为

$$q(t) = a\sin(\omega t + \theta) \tag{6.59}$$

式 (6.58) 为变系数微分方程，除少数特殊情形之外得不到解析解。对于等截面梁，EI、ρ_1 为常数，则简化为常系数微分方程：

$$\phi^{(4)}(x) - \beta^4\phi(x) = 0 \tag{6.60}$$

其中，

$$\beta^4 = \frac{\rho_1}{EI}\omega^2 \tag{6.61}$$

式 (6.59) 的通解为

$$\phi(x) = C_1\cos(\beta x) + C_2\sin(\beta x) + C_3\cosh(\beta x) + C_4\sinh(\beta x) \tag{6.62}$$

式中，$C_j(j = 1,2,3,4)$ 为积分常数；$\cosh(\beta x) = [e^{\beta x} + e^{-\beta x}]/2$；$\sinh(\beta x) = [e^{\beta x} - e^{-\beta x}]/2$。

通过以上分析可知天车的振动幅值为毫米量级，而且此量级的振动会使视觉系统产生相同量级的噪声，由于该噪声为毫米级，所以会对控制系统产生较大的影响，是影响控制系统精度的主要因素。

6.4.2 二维控制系统仿真分析

首先确定控制系统的输入信号。本章中输入信号主要采用阶跃信号及根据星球车巡游特点而给出的信号。阶跃信号的物理意义在于使二维跟踪控制子系统运行到某一固定点，即系统的位置模式。在星球车巡游过程中可能会遇到加速、匀速及减速的工况，所以在进行的仿真过程中应当由输入信号体现出以上工况。

星球车在运行过程中会有匀速、匀加速、匀减速等过程，其最大速度为 $v_{\max L} = 0.1\ \mathrm{m/s}$；最大加速度为 $a_{\max L} = 0.1\ \mathrm{m/s^2}$。所以在运动过程中应当加入如图 6.19 所示的速度信号，速度信号的表达式如式 (6.63) 所示。

$$V = \begin{cases} 0.1t, & 0 \leqslant t \leqslant 1 \\ 0.1, & 1 < t \leqslant 19 \\ 2 - 0.1t, & 19 < t \leqslant 21 \\ -0.1, & 21 < t \leqslant 39 \\ -4 + 0.1t, & 39 < t \leqslant 40 \end{cases} \tag{6.63}$$

经过积分后得到运动过程中位置信号，如式 (6.64) 所示。

$$P = \begin{cases} 0.05t^2, & 0 \leqslant t \leqslant 1 \\ 0.05 + 0.1(t - 1), & 1 < t \leqslant 19 \\ -18.1 + 2t - 0.05t^2, & 19 < t \leqslant 21 \\ 3.95 - 0.1t, & 21 < t \leqslant 39 \\ 80 - 4t + 0.05t^2, & 39 < t \leqslant 40 \end{cases} \tag{6.64}$$

该输入信号的速度曲线、位置曲线，分别如图 6.19 和图 6.20 所示。

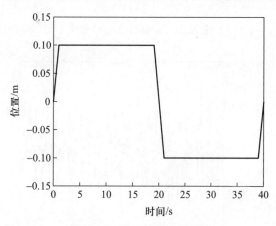

图 6.19 输入信号速度曲线

首先，控制系统中加入如图 6.21 所示的阶跃信号，即给出一个使二维跟踪控制子系统运动 15 m 的信号。与此同时，考虑各种影响控制系统精度的因素并加入系统噪声[5,6]，如图 6.22 所示。

阶跃信号输入条件下系统的运动曲线如图 6.23 所示。从图 6.23 可以看出，控制系统可以较快地到达所在位置，同时可以得到较为满意的稳定时间。二维跟踪控制子

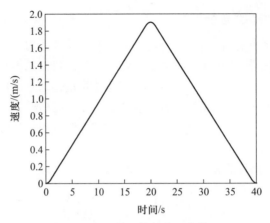

图 6.20　输入信号位置曲线

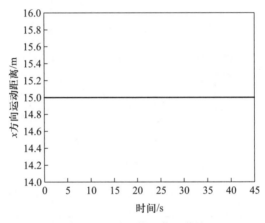

图 6.21　阶跃输入信号曲线

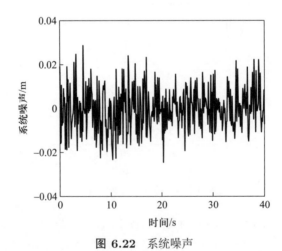

图 6.22　系统噪声

系统中天车系统的位置曲线如图 6.24 所示。从图 6.24 可以看出，天车系统没有出现往复运动的情况，实现了无超调控制的目的。

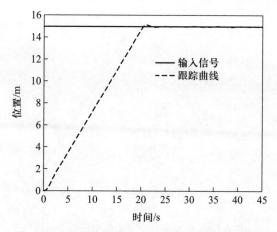

图 6.23 阶跃信号输入下二维跟踪系统运动曲线

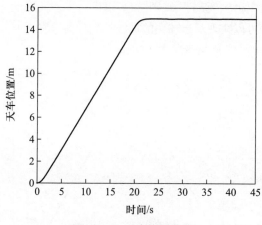

图 6.24 天车位置曲线

跟踪平台相对于天车的运动曲线如图 6.25 所示。从图 6.25 可以看出,跟踪平台的运动范围保持在 0.7 m 以内,机械结构可以实现。在如图 6.19、图 6.20 所示输入信号的作用下,二维跟踪控制子控制系统的位置曲线如图 6.26 所示。

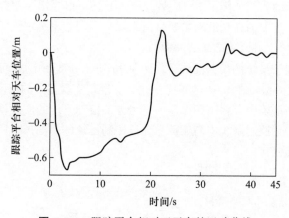

图 6.25 跟踪平台相对于天车的运动曲线

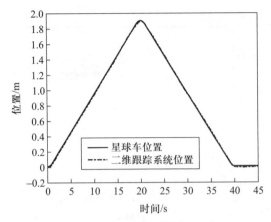

图 6.26　星球车与二维跟踪系统位置曲线

天车运动曲线如图 6.27 所示。从图 6.27 可以看出，天车的运动曲线与输入信号基本相同，说明天车可以实现对星球车的伺服控制，而且在天车运行过程中较少的出现换向、加减速等问题，从而减少了天车的振动。

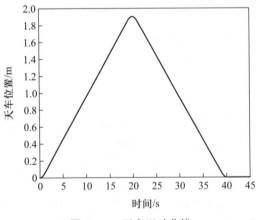

图 6.27　天车运动曲线

跟踪平台的运动曲线如图 6.28 所示。从图 6.28 可以看出，跟踪平台相对于天车的运动范围很小，其中的高频波动主要是由跟踪平台伺服系统加入噪声引起的，该噪声同时在一定程度上影响了控制系统的精度。

二维跟踪控制子系统的误差曲线，如图 6.29 所示。从图 6.29 可以看出，二维跟踪控制子系统的误差保持在 0.04 m 的范围内，实现了实验提出的精度要求。从系统误差曲线来看，控制系统中存在高频振荡，但考虑到控制系统的实质就是一个低频滤波器，也就是说在实际控制系统中高频信号会被控制系统本身滤掉，所以此高频信号不会对控制系统造成影响。

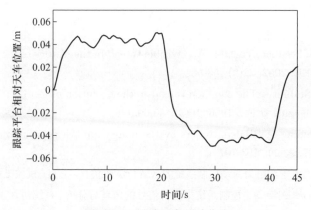

图 6.28 跟踪平台运动曲线

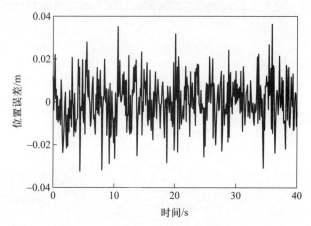

图 6.29 二维跟踪控制子系统误差曲线

6.5 本章小结

根据星球车地面运动测试低重力模拟的要求, 提出了二维跟踪控制子系统的双层冗余控制方法。根据测试需求, 提出了二维跟踪控制子系统的总体方案, 并对该系统的机械结构以及电器部分进行了总体设计。

在总体设计的基础上提出了双层冗余的控制策略: 天车与跟踪平台同时对星球车进行跟踪控制, 即天车跟踪星球车, 其误差信号作为跟踪平台的输入信号来实现对跟踪平台的伺服控制, 从而使天车系统与跟踪平台都发挥出自身的优势, 共同实现大范围、高精度的控制要求。

双层冗余控制的控制策略会在跟踪平台系统中出现正反馈信号, 本章通过设定饱和模块的方式实现了对正反馈的抑制, 同时利用积分分离以及积分饱和的办法提高了控制精度, 减小了系统响应时间, 使控制系统能更好地实现对星球车的跟踪控制。

最后本章对影响控制系统精度的因素进行了分析, 确定了控制系统中对系统造成影响因素的量级, 并对控制系统进行了相应的数学仿真, 从仿真的角度说明了二维跟踪控制子系统可以实现所要求的控制精度。

参考文献

[1] Bernstein S. Feedback control: An invisible thread in the history of technology. Control Systems IEEE, 2002, 22(2): 53-68.

[2] Michel, N. Stability: The common thread in the evolution of feedback control. Control Systems Magazine IEEE, 1996, 16(3): 50-60.

[3] Loron L. Tuning of PID controllers by the non-symmetrical optimum method. Automatica, 1997, 33(1): 103-107.

[4] 洪乃刚. 电力电子和电力拖动控制系统的 MATLAB 仿真. 北京: 机械工业出版社, 2002.

[5] 何朕, 王毅, 周文雅, 等. 控制系统中随机信号的仿真与分析. 系统仿真学报, 2006, 18(7): 2014-2016.

[6] 王广雄, 何朕. 工业伺服系统. 电机与控制学报, 2006, 10(3): 329-332,340.

第 7 章　主被动复合的恒悬吊力控制方法

7.1　引言

悬吊力的控制精度直接影响星球车地面运动性能测试的精度。本章提出了主动恒力控制和被动恒力机构的恒悬吊力控制的方案，建立了恒力控制机构的动力学模型，以期从数学传递函数的角度理解机构的特性。同时提出了恒悬吊力控制子系统的闭环控制策略，在恒悬吊力闭环的实验状态下对系统的抗冲击能力进行阶跃激励实验验证；对系统的最大负载移动悬吊力控制能力进行了匀速、匀加速激励实验验证；对系统应对交变载荷的悬吊力控制能力进行了正弦激励实验验证，从而得到系统的动态响应能力。最后，进行漂浮载荷的激励实验，验证对于漂浮载荷时控制闭环的悬吊力控制能力。

7.2　主被动复合的恒悬吊力控制子系统动力学模型

7.2.1　动力学建模及动态特性分析

7.2.1.1　恒悬吊力系统受力分析及参数定义

恒悬吊力系统的各个动力学组成和标注符号如图 7.1 所示。传动链依次是力矩电机、抱闸、减速器、被动恒力矩机构和吊索，通过对卷筒的恒力矩控制，实现对吊索的恒悬吊力控制。电动机是整个系统的动力来源和回转运动的驱动部分；抱闸提供在实验完成后的制动效果，这在很多的微低重力模拟装置中都存在，例如被悬吊的物体在结束实验之后需要一直停在实验结束时的位置，这时候需要恒悬吊力系统能够断电抱闸来实现该功能。被动恒力矩机构可以分为输入端和输出端两个部分，输入端直接与减速器的输出轴相连，输出端为吊索卷筒。图 7.1 中各参数以及后面公式推导所用参数定义如下：

τ——电动机输出力矩；

J_1——电动机轴、抱闸转子、减速器和被动恒力矩机构输入端等效转动惯量；

μ_1——电动机轴、抱闸转子、减速器和被动恒力矩机构输入端等效黏滞摩擦系数；

θ_1——被动恒力矩机构输入端的转角，从电动机侧向恒力矩机构看顺时针为正；

J_2——被动恒力矩机构输出端与卷筒等效转动惯量；

θ_2——被动恒力矩机构输出端转角，方向定义同 θ_1；

μ_2——输入输出端之间存在的黏滞摩擦系数；

μ_3——被动恒力矩机构输出端和机座之间的黏滞摩擦系数；

K——被动恒力矩机构输入端和输出端之间等效扭簧的扭转刚度；

F——卷筒上作用的吊索悬吊力；

R——卷筒半径；

τ_{torsion}——被动恒力矩机构等效扭簧提供的扭转力矩。

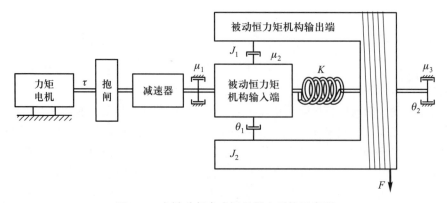

图 7.1 主被动复合式恒悬吊力系统示意图

发明了压簧–扭杆串联张紧式被动恒力矩机构，如图 7.2 所示，弹性元件压簧和扭杆产生的周向力矩的叠加结果为恒定的力矩。涉及的各参数定义如下：

q——输入端相对输出端转动角度；

$l(q)$ ——压簧长度函数；

k——压簧刚度；

l_0——压簧自由长度；

l_{st}——压簧初始安装长度；

e——压簧外铰接点到机构中心轴线的距离；

T' ——扭杆扭转刚度系数；

q_{st}——扭杆初始安装转角；

$\alpha(q)$——压簧轴线方向与摆杆方向的夹角函数。

7.2.1.2 动力学模型建立

J_1 表达式如下：

$$J_1 = (J_{\text{motor}} + J_{\text{brake}})i^2 + J_{\text{reducer}} + J_{\text{In}} \tag{7.1}$$

式中，i 为电动机轴到被动恒力矩机构输入轴之间减速器的减速比。

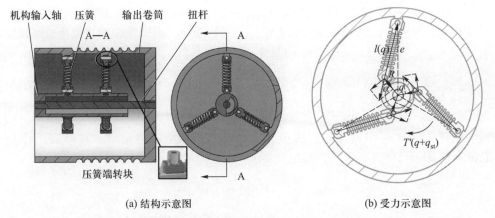

<table>
<tr><td>(a) 结构示意图</td><td>(b) 受力示意图</td></tr>
</table>

图 7.2 压簧–扭杆串联张紧式被动恒力矩机构及其受力示意图

此悬吊力系统中的摩擦主要表现为库伦–黏滞摩擦，表达式如下：

$$f = \mu v + F_c \text{sgn}(v) \tag{7.2}$$

$$\text{sgn}(v) \begin{cases} +1, & v > 0 \\ 0, & v = 0 \\ -1, & v < 0 \end{cases} \tag{7.3}$$

式 (7.2)、式 (7.3) 中，f 是摩擦力；F_c 是库伦摩擦力；v 是相对滑动速度；μ 是黏滞摩擦系数。库伦摩擦在系统里是一种典型的非线性环节，可以通过控制闭环进行抑制。动力学建模采用微分方程的形式建立，主要考虑系统线性低频端的特性，因此在进行公式推导时忽略了库伦摩擦的作用，将摩擦简化为黏滞摩擦。

分段写出恒悬吊力系统的微分方程如下。主动恒力矩控制电动机驱动部分方程：

$$\tau = J_1 \ddot{\theta}_1 + \mu \dot{\theta}_1 + \tau_{\text{torsion}} + \mu_2 (\dot{\theta}_1 - \dot{\theta}_2) \tag{7.4}$$

被动恒力矩机构部分方程：

$$\tau_{\text{torsion}} + \mu_2 (\dot{\theta}_1 - \dot{\theta}_2) = J_2 \ddot{\theta}_2 + \mu_3 \dot{\theta}_2 + FR \tag{7.5}$$

式 (7.4) 和式 (7.5) 合并得到恒悬吊力系统的微分方程：

$$\tau = J_1 \ddot{\theta}_1 + J_2 \ddot{\theta}_2 + \mu_1 \dot{\theta}_1 + \mu_3 \dot{\theta}_2 + FR \tag{7.6}$$

从式 (7.6) 可以看出 μ_2 带来的是内摩擦，从整个方程考虑出发，这项并没有体现。同样被动恒力矩机构里的类似于扭簧部分的力矩在式 (7.6) 中也没有体现，被动恒力矩机构串联在恒悬吊力系统中，属于系统内力。

式 (7.5) 中的 τ_{torsion} 是关于 $\Delta\theta = \theta_1 - \theta_2$ 的函数，具体的函数关系如下所示：

$$\tau_{\text{torsion}} = T'(q_{\text{st}} + \Delta\theta) - kR(l_0 - l\Delta\theta)\sin\alpha(\Delta\theta) \tag{7.7}$$

$$l\Delta\theta = \sqrt{R^2 + e^2 - 2eR\cos(\Delta\theta)} \tag{7.8}$$

$$\frac{l\Delta\theta}{\sin(\Delta\theta)} = \frac{R}{\sin(\alpha\Delta\theta - \Delta\theta)} \tag{7.9}$$

从式 (7.7) ~ 式 (7.9) 可以看出, τ_{torsion} 是关于 $\Delta\theta = \theta_1 - \theta_2$ 的非线性函数, 为了简化动力学模型, 用 MATLAB 对 τ_{torsion} 进行简化, 用 3 次多项式拟合的函数拟合得到 τ_{torsion} 关于 $\Delta\theta = \theta_1 - \theta_2$ 的曲线:

$$\tau_{\text{torsion}} = 0.000\,425\,56(\Delta\theta)^3 - 2.095\,6 \times 10^{-16}(\Delta\theta)^2 - 0.081\,654\Delta\theta + 100 \quad (7.10)$$

其中, τ_{torsion} 单位为 N·m; $\Delta\theta$ 单位为 °。

从式 (7.10) 可以看出, 三次项和二次项的系数较小, τ_{torsion} 在静态工作点 $(\Delta\theta = 0)$ 附近可以等效为一次函数:

$$\tau_{\text{torsion}} = -0.081\,654\Delta\theta + 100 \quad (7.11)$$

整体来看, τ_{torsion} 在 100 N·m 附近波动较小, 此机构具有力矩隔离的作用, 即电动机端和被动恒力矩机构输出端的力矩抖动不会互相传递, 因此对于负载端的高频扰动, 也将会有一定的抑制能力。由于此机构具有恒力矩特性, 使这种抖动不会直接传递到电动机端。如果电动机工作在力矩环, 可以保证输出的力矩恒定的话, 则被动恒力矩机构的力矩恒定特性越好, 电动机做出的反应越小, 这便是此机构的工作原理。

7.2.1.3 电动机响应滞后时系统动力学特性分析

被动恒力矩机构的输入、输出端之间的转动差角只有 ±15°, 因此电动机需要不停地转动来提高恒悬吊力系统动作的行程。恒悬吊力系统要求恒力矩机构能一直处于工作点附近, 所以对于电动机来说, 需要不停地跟踪 θ_2 的变化。此系统的电动机控制部分的主要思路即为被动恒力矩机构输入端的转角 θ_1 对被动恒力矩机构输出端转角 θ_2 的轨迹跟踪问题。输出端结构刚度较高能及时地响应吊索悬吊力 F 的抖动, 从而体现在 θ_2 的变化上, θ_2 反映的是负载在竖直方向的位移变化, 对于星球车的低重力, θ_2 对应星球车地面的高低起伏信息。

被动恒力矩机构的原理和结构设计可以实现对力矩曲线趋势的调整。在差角为正时, 即输出端顺时针转动、吊索下放时, 力矩是先趋于变小后变大。在实际使用时, 应该设置为吊索下放时力矩变大, 这样机构本身就能够停在下一个位置, 虽然这样会带来力矩小范围的不恒定, 但是可以防止突然施加的大的吊索作用力让机构瞬间到达上下限位从而失去恒力矩能力。

如果被动恒力矩机构输出的是绝对的恒力矩, 那么输出端的刚度将无限小, 这是不利的, 下面对这个因素进行分析。静态工作点附近理想的恒力矩方程如下:

$$\tau_{\text{torsion}} = K(\theta_1 - \theta_2) + \tau_{\text{d}}, \quad K > 0 \quad (7.12)$$

式中, τ_{d} 为设计的恒定力矩值。

将式 (7.12) 代入式 (7.5), 得到

$$K(\theta_1 - \theta_2) + \tau_{\text{d}} + \mu_2(\dot{\theta}_1 - \dot{\theta}_2) = J_2\ddot{\theta}_2 + \mu_3\dot{\theta}_2 + FR \quad (7.13)$$

将 F 写作式 (7.14)。其中, F_{d} 为设计的恒力值, 因此满足 $F_{\text{d}}R = \tau_{\text{d}}$。

$$F = F_{\text{d}} + \Delta F \quad (7.14)$$

因此，式 (7.13) 可以简化为

$$\mu_2 \dot{\theta}_1 + K\theta_1 - \Delta FR = J_2 \ddot{\theta}_2 + (\mu_2 + \mu_3)\dot{\theta}_2 + K\theta_2 \tag{7.15}$$

写成传递函数的形式如下：

$$\theta_2(s) = -\frac{R}{J_2 s^2 + (\mu_2 + \mu_3)s + K}\Delta F(s) + \frac{\mu_2 s + K}{J_2 s^2 + (\mu_2 + \mu_3)s + K}\theta_1(s) \tag{7.16}$$

式 (7.16) 即为被动恒力矩机构输出端的位移和悬吊力波动、电动机输出转角之间的函数关系。当考虑高频的冲击时，电动机响应滞后（在 ΔF 发生后的一小段时间里，电动机不做出反应，即 $\dot{\theta}_1 = 0, \theta_1 = \theta_{1-\text{const}}$），此时依靠被动恒力矩机构输出端的转动来抵抗 ΔF 带来的波动。θ_1 项对于系统来说是一个确定的扰动，因此下面主要分析 ΔF 部分对系统造成的扰动特性。$\Delta\theta_2(s)$ 是 $\theta_2(s)$ 去掉 $\theta_1(s)$ 影响后的部分，是 $\Delta F(s)$ 的二阶振荡函数，如下所示：

$$\Delta\theta_2(s) = -\frac{R}{J_2 s^2 + (\mu_2 + \mu_3)s + K}\Delta F(s) \tag{7.17}$$

写成标准的二阶振荡环节为

$$\Delta\theta_2(s) = -\frac{R/J_2}{s^2 + \dfrac{\mu_2 + \mu_3}{J_2}s + \dfrac{K}{J_2}}\Delta F(s) \tag{7.18}$$

固有频率：

$$\omega_{\text{n}} = \sqrt{\frac{K}{J_2}}$$

系统阻尼比：

$$\xi = \frac{\mu_2 + \mu_3}{2\sqrt{KJ_2}}$$

可以看出，被动恒力矩机构的等效刚度会直接影响固有频率和系统的阻尼比。固有频率正比于 $\sqrt{K}$，阻尼比反比于 $\sqrt{K}$，其乘积不变。为了简便，表示为 $\omega_{\text{n}} = C_1\sqrt{K}, \xi = C_2/\sqrt{K}$，系统的上升、峰值、调整时间、超调量和振荡次数如下：

$$t_{\text{r}} = \frac{\pi - \arctan\dfrac{\sqrt{K - C_2^2}}{C_2}}{C_1\sqrt{K - C_2^2}} \tag{7.19}$$

$$t_{\text{p}} = \frac{\pi}{C_1\sqrt{K - C_2^2}} \tag{7.20}$$

$$t_{\text{s}} \approx \frac{4}{C_1 C_2} \tag{7.21}$$

$$M_{\text{P}} = e^{\frac{-C_2\pi}{\sqrt{K - C_2^2}}} \times 100\% \tag{7.22}$$

$$N = \frac{2\sqrt{K - C_2^2}}{\pi C_2} \tag{7.23}$$

系统稳定后的 $\Delta\theta_2(s)$ 值：

$$\Delta\theta_{2-\text{stable}} = \frac{R}{K} \tag{7.24}$$

从式 (7.19)~ 式 (7.24) 可以看出，当减小刚度 K 时，会使得 ω_n 减小、ξ 增大、t_r 增大、t_p 增大、t_s 不变、M_P 减小、N 减小。从控制工程的角度看，被动恒力矩机构等效刚度 K 的减小会导致二阶系统的响应速度变慢和振荡性能减弱；同时会导致 $\Delta\theta_{2-stable}$ 变大，即需要机构更大的行程。只有选择合适的 ξ 和 ω_n，才能找到比较合适的刚度 K 值来保证响应速度和振荡特性之间的折中。机构的行程只有 $\pm15°$，所以不宜将 K 选择得太小。

因此可以看出，此系统不能将被动恒力矩机构完全调整为恒力矩输出，即 $K = 0$ 的输出，这样会使输出端二阶振荡系统的固有频率降为 0、阻尼比无穷大、系统响应时间太长，而且需要无穷大的行程，即受到力的扰动后不能稳定，具有一定的不可控性。因此应该适当调整被动恒力矩机构的弹簧预紧力，使得被动恒力矩机构具有较小的、但不为 0 的等效刚度，即表现出低刚度特性。

7.2.2　恒悬吊力系统动力学仿真分析

借助 ADAMS 仿真分析软件可以对恒悬吊力系统进行动力学仿真分析，一方面用于验证前面动力学建模及分析的正确性，另一方面，动力学仿真可以尽量真实地添加需要的库伦摩擦等非线性环节，被动恒力矩机构的受力也是真实的结果而非简化的拟合线性结果。除此之外，理论分析中将被动恒力矩机构的转动惯量主要划分为输入端和输出端两个部分，实际机构中，在低频的转动时，弹簧两端的质量块简单地分配到输入、输出端是可以的，但当机构不停地正反转时，这部分的转动惯量会产生相对大的影响，到达一定频率后会引起机构的受力改变，这部分属于高频的未建模特性，本节将给出仿真结果。

7.2.2.1　电动机响应滞后状态下系统受扰动动力学仿真分析

电动机响应滞后状态的仿真用于验证在悬吊力扰动下被动恒力矩机构的输出端的位移响应，将被动恒力矩机构的三维模型导入到 ADAMS 软件中，将机构的输入端设定为固定，扭杆用扭簧代替，并在输出段添加一个竖直方向的力载荷来模拟激励。黏滞摩擦可以直接在扭簧和压簧的阻尼选项下设置，库伦摩擦以静摩擦、动摩擦的形式添加，库伦摩擦的来源为支反力和摩擦系数的乘积。

1. 阶跃力激励

设定施加的载荷力为阶跃力，从向下的 1 000 N 变为 1 020 N，运行 5 s，压簧的预紧力设定为 3 500 N 和 4 500 N，输出为被动恒力矩机构输出端的转角位移，从而得到如图 7.3 所示曲线。从图 7.3 可以看出，输出端经历抖动后收敛进入稳态，曲线振荡形式符合式（7.18）所示的二阶振荡系统的特性。在弹簧的预紧力不同时，被动恒力矩机构输出端的转角不同，弹簧预紧力影响恒力矩曲线的刚度 K。当预紧力为 4 500 N 时，恒力矩曲线刚度 K 较小；输出端稳态转角较大；当预紧力为 3 500 N 时，弹簧作用变弱，曲线刚度 K 较大，输出端稳态转角较小。与式 (7.24) 结论一致。

2. 正弦力激励

通过施加正弦力扰动可以分析出系统在高频扰动下的曲线滞后特性。设定施加的载荷力为正弦信号，频率分别为 1 Hz、10 Hz 和 30 Hz，得到激励悬吊力和输出端转

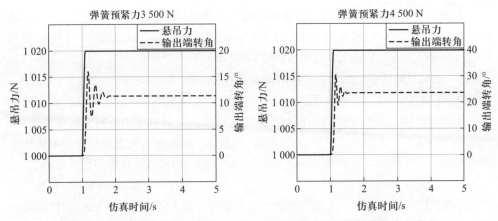

图 7.3 不同弹簧预紧力下阶跃力输入时恒力矩机构输出端转角响应曲线

角的响应曲线，如图 7.4 所示。

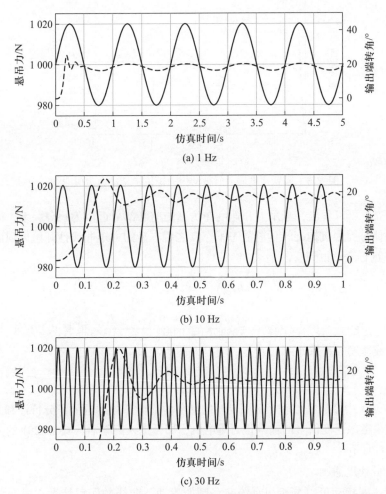

(a) 1 Hz

(b) 10 Hz

(c) 30 Hz

图 7.4 不同频率正弦力输入时恒力矩机构输出端转角响应曲线

——悬吊力；– – – –输出端转角

157

从图 7.4 可以看出，输出端转角和激励力的相位滞后从 1 Hz 时的几乎为 0° 到 10 Hz 的约为 135° 再到 30 Hz 的约为 150°，说明系统是二阶振荡系统，未建模特性在电动机响应滞后的状态下没有明显体现。

7.2.2.2 电动机轴转动对悬吊力影响的动力学仿真分析

电动机轴的转动对悬吊力的影响是电动机主动控制的结果，为了单独仿真电动机主动控制的影响，将被动恒力矩机构的输出端固定。电动机主动控制工作在速度环，对于负载的惯量，力矩电机可以当作理想的速度源，因此仿真时在被动恒力矩机构的输入端加入速度激励，观测输出端和支座之间的力矩，可以等效转换为悬吊力。

1. 阶跃速度激励

在被动恒力矩机构输入端施加阶跃的速度信号，最大转速为 3 (°)/s，实验时间为 2 s，输出吊索悬吊力如图 7.5 所示。

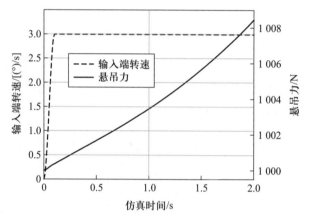

图 7.5 阶跃速度输入时被动恒力矩机构悬吊力响应曲线

从图 7.5 可以看出，悬吊力和速度在仿真的前半部分近似为积分关系，而后半部分不再线性是因为机构旋转远离静态工作点之后本身的力矩非线性开始体现出来。将式 (7.16) 进行变形得到

$$\Delta F(s) = \frac{\mu_2 s + K}{R}\theta_1(s) - \frac{J_2 s^2 + (\mu_2 + \mu_3)s + K}{R}\theta_2(s) \tag{7.25}$$

式中，$G_1(s) = \dfrac{\mu_2 s + K}{R}$；$G_2(s) = \dfrac{J_2 s^2 + (\mu_2 + \mu_3)s + K}{R}$。提取 $\theta_1(s)$ 对 $\Delta F(s)$ 的影响，写成速度的关系如下：

$$\Delta F(s) = \frac{\mu_2 s + K}{Rs}\dot{\theta}_1(s) \tag{7.26}$$

式 (7.26) 中摩擦系数较小，图 7.5 的悬吊力前半部分的近似积分特性和式 (7.26) 吻合。如果考虑速度信号的输入是力矩电机，那么进入高频后，式 (7.26) 的分母会多出一个惯性环节。

2. 正弦速度激励

正弦速度扰动可以分析出系统在高频的扰动下曲线的滞后特性，根据滞后特性可以分析是否存在未建模高频特性。设定施加的载荷速度为正弦信号，频率分别为

1 Hz，10 Hz 和 30 Hz，得到激励速度和输入端转速的响应曲线，如图 7.6 所示。

从图 7.6 可以看出，在 1 Hz 和 10 Hz 时，悬吊力曲线相对转速曲线滞后 90°，这符合理论推导的特性，在 10 Hz 时，库伦摩擦引起的非线性已经开始比较明显，悬吊力曲线不再是正弦的形式，而是在正弦的基础上出现各种杂波。

在 30 Hz 时，悬吊力曲线滞后达到约为 270°，改变激励速度信号的频率，发现在 16 Hz 左右出现明显的从 90° 到 270° 的滞后，频率再增加，机构一直滞后约为 270°。经过分析和调整参数发现，引起一定频率后出现滞后的是弹簧两端的转块，改变其材质可以使机构滞后发生的频率后延，因此在后期的改进中可以选择更为轻材质的上下转块。

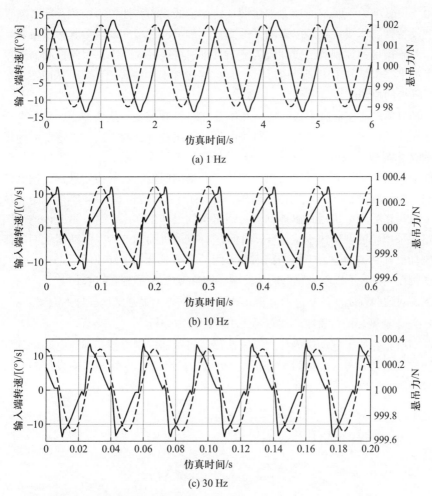

(a) 1 Hz

(b) 10 Hz

(c) 30 Hz

图 7.6 不同频率正弦速度输入时被动恒力矩机构悬吊力响应曲线

——悬吊力；----输入端转速

进入高频时，式 (7.26) 的形式会发生改变，分母应该还有两个极点，这部分即为未建模高频特性，在低于 16 Hz 时不会表现出其明显的滞后作用。由于系统的带宽设计要求为 3 Hz，因此这部分未建模特性不会对系统后面的控制系统设计产生较大的影响。

7.3 恒悬吊力子系统控制算法

7.3.1 恒悬吊力子系统控制策略设计

恒悬吊力子系统的控制目标是让末端绳索的悬吊力稳定在允许的误差范围内，悬吊力与被动恒力矩机构的输入端和输出端之间的差角在小范围内有类似线性的比例关系，所以理论上控制被动恒力矩机构的输入输出端差角始终为 0 和控制其末端的力为恒定值都能达到控制力恒定的目的。

由于恒悬吊力子系统的动力学建模只建立了低频的特性传递函数，而忽略了其高频未建模特性、非线性项等的影响，因而系统辨识也很难准确测量其各项参数。也就是说，基于模型的控制器的设计较为复杂且难取得很好的效果，因此控制器选用不依赖模型的不完全微分 PID 控制器[1–3]，同时考虑加上一些矫正环节，从而实现对恒悬吊力子系统的控制。

电动机驱动器层面有力矩、速度和位置 3 种控制模式，从力控制的角度考虑，直接基于驱动器的力矩环来进行上层算法的设计是比较直接的方式。力矩环的闭环速度在 3 种环中最快，速度环次之，位置环最慢。但是如果采用力矩环，则电动机轴的转角和转速都将不受控制，导致力矩环的执行严格按照控制器的指令进行，这会带来一个问题，即无法保证被动恒力矩机构的输入、输出端的转角差始终在 0° 附近，从而可能会使机构在受到干扰后跳出被动恒力矩机构的最佳工作区，这是不允许的，因此力矩环不宜采用。速度环快于位置环，并且进行电动机的调谐后，驱动器层面的速度环会将电动机轴到被动恒力矩机构输入端之间的摩擦成分等很好地闭环进去，使调谐好的电动机在低频区可以看做很好的速度源。综合考虑最后选择速度环。

下面对这两种闭环策略进行分析，讨论其优缺点，最终选出较好的方案。

1. 基于速度环的位置闭环实现悬吊力控制方案分析

前面已经介绍了电动机的控制系统采用位置跟随控制方案，即让电动机的等效恒力矩输入端的转角 θ_1 一直跟随被动恒力矩机构输出端的转角 θ_2，假设控制系统的跟随效果很好，取极端情况分析，即 $\theta_1 = \theta_2$，则式 (7.16) 改变为

$$\theta_2(s) = -\frac{R}{J_2 s^2 + (\mu_2 + \mu_3)s + K}\Delta F(s) + \frac{\mu_2 s + K}{J_2 s^2 + (\mu_2 + \mu_3)s + K}\theta_2(s) \tag{7.27}$$

化简得到

$$\theta_2(s) = -\frac{R/J_2}{s^2 + \mu_3 s/J_2}\Delta F(s) \tag{7.28}$$

对比式 (7.28) 和式 (7.18) 可以看出，式 (7.28) 类似于式 (7.18) 的 $K = 0$ 的情况，在这种情况下，被动恒力矩机构输出端本身是在一个刚度 $K \neq 0$ 的情况下，因此其二阶特性满足要求，但是从整个恒悬吊力子系统看，这是一个等效 0 刚度的系统。当 $\theta_1 = \theta_2$ 时，$\dot{\theta}_1 = \dot{\theta}_2$，从式 (7.12) 得

$$\tau_{\text{torsion}} = \tau_{\text{d}} \tag{7.29}$$

即被动恒力矩机构内部的力矩是恒定不变的，从式 (7.15) 得出：

$$o = J_2\ddot{\theta}_2 + \mu_3\dot{\theta}_2 + \Delta FR \tag{7.30}$$

如果扰动 ΔF 一直存在，这类似于用一个恒定的力推动摩擦面上的一个物体，如果对恒悬吊力子系统给定一个恒定扰动 $\Delta F(s)$，系统会一直加速，最后匀速。最终匀速速度为

$$\dot{\theta}_2 = -\frac{\Delta FR}{\mu_3} \tag{7.31}$$

如果摩擦足够小，那将一直加速下去，加速度（角加速度）为

$$\ddot{\theta}_2 = -\frac{\Delta FR}{J_2} \tag{7.32}$$

从这个角度看，这就是一个对于吊索悬吊负载来说完全失重的系统。该系统中悬吊力仍然满足 $F = F_\mathrm{d} + \Delta F$，如果 ΔF 属于一个作用了一段时间就消失的量，则其消失后，有 $F = F_\mathrm{d}$，即悬吊力依旧等于设定值，这也符合失重下负载有扰动后运动，扰动消失后还是失重，但是存在一个恒定速度的情况。

基于速度环的位置闭环的控制框图如图 7.7 所示。控制器输入信号为位置误差信号，输出为电动机转速指令，电动机传递函数为 $G_\mathrm{m}(s)$，恒力矩输出端的位移 $\theta_1(s)$ 到悬吊力误差 ΔF 的传递函数 $G(s)$ 可以由式 (7.25) 得出。

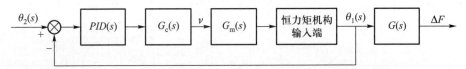

图 7.7 基于电动机速度环的位置闭环实现恒力输出控制框图

经过上面的推导，从公式层面证明了此方案的确具有恒力矩能力，当结合电动机位置跟随控制算法以后，能够实现失重的效果，达到设计的要求。在恒悬吊力子系统实验台上对此控制算法进行实现，并经过外界激励的施加，测量其悬吊力误差。基于速度环位置闭环实现恒力输出悬吊力实验曲线如图 7.8 所示，可以得到以下结论：

（1）被动恒力矩机构始终工作在静态工作点附近（跟踪误差经历干扰后均收敛到 0），不会出现零点漂移；

（2）此系统可以经受高频的干扰，$\theta_2(s)$ 是外界激励加速度的两次积分，因此不会发生突变，电动机可以实现很好的跟踪效果，可以将悬吊力误差压制在较小的范围内（如图 7.8 所示稳态悬吊力误差为 ±0.1 N）；

（3）此模式存在悬吊力稳态值漂移的问题（悬吊力在干扰去掉后稳态值不恒定），因为恒力矩机构输出端的摩擦信息无法被闭进闭环。

2. 基于速度环的悬吊力闭环实现悬吊力控制方案分析

基于速度环的悬吊力闭环就是直接将悬吊力作为反馈进行闭环，理论上悬吊力闭环可以将所有的摩擦等环节都闭入闭环，属于直接力反馈。下面进行理论推导。

从式 (7.25) 看出，悬吊力误差 $\Delta F(s)$ 受电动机输出的转角 $\theta_1(s)$ 和被悬吊的负载的位移（同样也是恒力矩输出端转角）$\theta_2(s)$ 两部分影响，$\theta_2(s)$ 的影响对于控制闭环

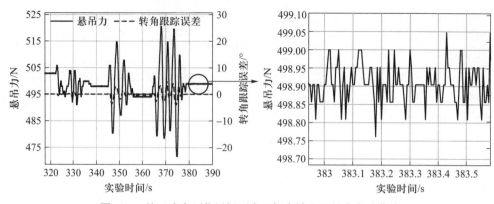

图 7.8　基于速度环位置闭环实现恒力输出悬吊力实验曲线

来说是干扰的角色，如果将 $\theta_2(s)$ 测量出来就可以在闭环上进行前馈，这样就可以更好地压制 $\theta_2(s)$ 的变化带来的力波动。此恒悬吊力子系统在 $\theta_2(s)$ 处安装有一个旋转编码器，理论上可以进行补偿，但是此编码器的精度较低，两次微分后得到的加速度信息已经不能直接用于补偿，应该直接在负载上安装加速度传感器进行加速度测量。本章将 $\theta_2(s)$ 暂时当做干扰处理，主要分析电机主动转角 $\theta_1(s)$ 的影响。

悬吊力闭环的框图，如图 7.9 所示。考虑前馈后的悬吊力闭环控制系统，如图 7.10 所示。

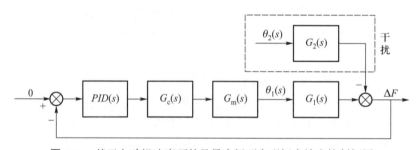

图 7.9　基于电动机速度环的悬吊力闭环实现恒力输出控制框图

从图 7.10 可以看出 $\theta_2(s)$ 在理论上是可以被补偿的，但是从式 (7.25) 可以看出，$G_2(s)$ 是一个具有两个零点、没有极点的传递函数，$G_1(s)G_m(s)$ 是一个在低频区有一个零点、一个极点的传递函数，那么前馈中 $\theta_2(s)$ 后的传递函数将是具有 3 个零点、1 个极点的传递函数，实际系统如果考虑电动机高频的惯性以及高频未建模特性，其零点数还会更多，这样编码器反馈的 $\theta_2(s)$ 经历多次微分后已经无法再使用，存在严重的失真，因此暂时不添加前馈环节。

应用悬吊力闭环后的实验曲线如图 7.11 所示。从图 7.11 可以得出如下结论：① 多次激励稳定后稳态的悬吊力值不变，维持在设定悬吊力值，此控制系统也可以经受高频的激励；② 多次激励后稳定位置出现偏差，即存在一定的零点漂移。这是由摩擦力的反向引起的，主要是库仑摩擦的影响，漂移部分产生的力矩主要用于对抗摩擦；③ 稳态时的悬吊力误差为 ±0.5 N，此误差精度的控制受传感器影响较大，通过滤波等手段可以进一步进行提高。

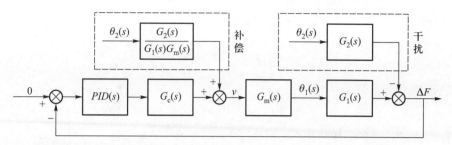

图 7.10 基于电动机速度环的悬吊力闭环实现恒力输出带补偿控制框图

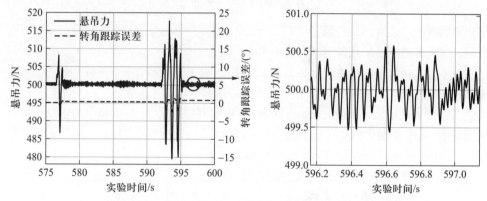

图 7.11 基于速度环悬吊力闭环实现恒力输出悬吊力实验曲线

3. 两种控制方案的对比

前面对位置闭环和悬吊力闭环两种方案进行了实验结果对比,两种方案各有优势,整体来看位置模式的稳态精度更高,且无零漂,但激励后无法维持恒定悬吊力;悬吊力闭环稳态精度较位置闭环差,有小范围零漂,但激励后能稳定在恒定悬吊力值,悬吊力闭环相较于位置闭环将摩擦力也进行了闭环,但带来了零漂的问题。

综合考虑,恒悬吊力子系统主要的指标是悬吊力的控制,首先要求能实现恒定的悬吊力,然后是稳态悬吊力误差较小,因此选择悬吊力闭环较为合适,加以带宽设计、矫正、滤波和抑振设计,可以将稳态的悬吊力误差进一步降低。

7.3.2 恒拉力系统开环传递函数辨识

1. 辨识所需扫频信号的设计

恒悬吊力子系统开环传递函数的辨识是通过实验对系统的固有属性进行数字描述的一个过程,辨识得到的传递函数是控制系统前向通道的被控对象的传递函数,即图 7.9 中的 $G_1(s)$ 和 $G_m(s)$。得到被控对象的传递函数是进行后续系统带宽设计、添加矫正环节以及进行数值仿真的基础。

恒悬吊力子系统的 $G_1(s)$ 和 $G_m(s)$ 包含了电动机和被动恒力矩机构两个部分的特性,输入信号为控制器输出的控制速度 v,输出为吊索的悬吊力误差 ΔF。辨识采用扫频法,即输入变化频率和定幅值的正弦扫频信号来测量系统的输出,通过输入输出信号的幅值和相位的关系得到幅频特性曲线和相频特性曲线,进而通过拟合曲线的手

段获得传递函数[4-6]。具体的辨析过程如下:

输入信号:

$$x(t) = A\sin(\omega t) \tag{7.33}$$

响应的输出信号:

$$y(t) = B\sin(\omega t + \varphi) \tag{7.34}$$

则对应频率点 ω 处的幅频特性点在幅频特性曲线上的纵坐标值为

$$20\log|G| = 20\log\frac{B}{A} \tag{7.35}$$

相位滞后即为 φ,这样就得到了对应 ω 在 Bode 图上的一对值,正弦激励信号按对数扫频,将全部的点连接就得到了完整的 Bode 图。

此系统扫频信号的频率范围为 $0.1 \sim 20$ Hz,由于恒悬吊力子系统载荷较大,不宜采用连续变换频率的激励信号,容易导致前一频率的响应还没完成后一激励信号已经改变。针对恒悬吊力子系统,设计了一种特殊的扫频规则,即每个频率的正弦信号扫描完整的 10 个周期,扫描完成空闲 10 s 后进行下一个频率的扫描,以此类推,这样可以充分体现出对应频率点变现的响应特性[7,8]。

恒悬吊力子系统的扫频信号为速度信号,经历电动机后变为转角位移信号,为了保证扫频过程中恒力矩机构始终在静态工作点附近左右摆动,扫频的正弦信号需要有一个 90° 的相位差,这样位移曲线就是余弦信号,正负向位移均有体现。对于高频段测试,为了保证激励后产生的位移不会太小而导致信号的幅值太小,甚至连机构的正反向间隙都不能突破,从而导致响应信号无效,应在 10 Hz 之后的几个频率点将激励信号的幅值适当地增大。扫频采用的速度信号部分截图如图 7.12 所示。

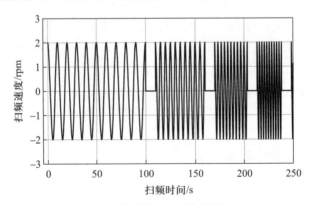

图 7.12 正弦扫频激励信号(部分曲线 0.1~0.4 Hz)

2. 频谱分析提取有效数据点

从图 7.13 可以看出扫频得到的悬吊力曲线不是严格的正弦,类似于三角波,说明系统里存在非线性的影响,如果直接按照此曲线的幅值进行幅频点的计算,将无法得到后期较好的拟合效果。Bode 图主要是针对线性系统,因此需要通过傅里叶变换将得到的悬吊力曲线进行频谱分析,分离出其中线性分量的幅值和相位,然后进行幅频和相频计算。

选取 0.1 Hz 悬吊力数据进行频谱分析。悬吊力不只在 0.1 Hz 有分量，在其他频率也同样有值，比如 0.3 Hz（3 倍频），只是其他频率的分量较小，因此选择忽略。利用 MATLAB 频谱分析工具的 list 显示选项，可以得到 0.1 Hz 对应的幅值和相位角，同时也能得到同时间下的速度曲线的频谱，两个幅值差的 $20\log$（幅值比）和相角差即为 0.1 Hz 下的幅频点和相频点。速度信号单位选择为 r/min，悬吊力信号单位选择为 N，保持和实际控制闭环中的单位一致。

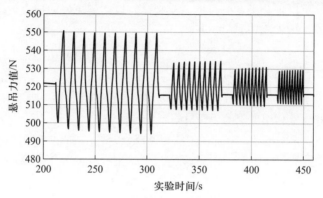

图 **7.13** 扫频力响应曲线（0.1～0.4 Hz）

3. Bode 图拟合开环传递函数

得到一系列的点之后用 MATLBA 绘制出 Bode 图，采用 MATLAB 的 invfreps 函数进行传递函数的拟合，同时绘制传递函数的 Bode 图。将实验得到的 Bode 图和传递函数绘制的 Bode 图绘制到同一图中，如图 7.14 所示。

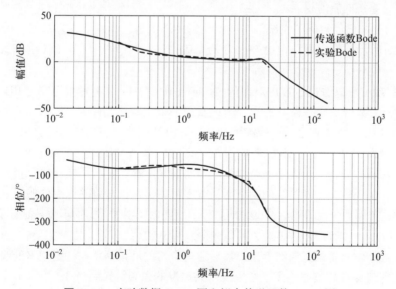

图 **7.14** 实验数据 Bode 图和拟合传递函数 Bode 图

得到的传递函数如下：

$$G(s) = \frac{-6816s^2 + 4.221\mathrm{e}5\,s + 1.804\mathrm{e}6}{s^4 + 78.11s^3 + 1.139\mathrm{e}4\,s^2 + 2.744\mathrm{e}5\,s + 3.929\mathrm{e}4} \tag{7.36}$$

从图 7.14 可以看出，拟合的效果较好，趋势基本吻合，偏差较小。从式 (7.36) 看出，实际系统拟合得到的传递函数用 2 个零点和 4 个极点的拟合效果最好。从式 (7.25) 动力学分析得到的传递函数 $G_1(s)$ 和 $G_m(s)$ 在低频下为 1 个零点和 1 个极点的结构，高频下电动机的速度到位置的传递函数将不再是纯积分，而可以写作一个积分和一个惯性环节的组合。恒力矩机构本身的建模存在高频的未建模特性，这部分用 ADAMS 软件可以进行仿真体现；同时 MATLAB 拟合主要考虑的是拟合度较高，因此在选择的时候可以把分子和分母的阶次提高，以达到更好的拟合效果。综上分析，此拟合结果可信，可以用作后续的设计。

7.3.3 恒悬吊力子系统带宽设计

恒悬吊力子系统的带宽可以反映系统的响应速度和稳定性，带宽设计是控制系统设计的重要内容，是利用理论的手段进行系统特性调节的重要过程。带宽越高，则系统可承受的扰动的频率越高，系统通过的高频成分越高，系统的输出的精度也就越好。本文的带宽设计是基于开环 Bode 图实现的，带宽值 ω_{BW} 用开环 Bode 图的剪切频率 ω_c 表示[9]。

带宽同样反映了系统的灵敏度特性以及反馈系统抑制干扰的能力，反馈控制系统的灵敏度函数如下：

$$S = \frac{1}{1+KG} \tag{7.37}$$

在带宽 ω_c 以内，灵敏度函数 S 始终小于 0.5，因为在 ω_c 之前，KG 一定大于 1。灵敏度 S 小于 1 说明系统具有抑制干扰的能力，因此 ω_c 越大，系统能抑制干扰的频率带越宽，系统的能力越强。

在 7.3.2 节已经得到了系统的被控对象的传递函数，如式 (7.36) 所示。控制系统（如图 7.9 所示）前向通路由已知参数的 PID 控制器、矫正环节 $G_c(s)$ 和式 (7.36) 组成。

从图 7.14 可以看出，被控对象的 Bode 图在 20 Hz 左右发生穿越 0 dB 线，在 15 Hz 附近，系统出现一阶共振点，因此系统的带宽应该设计为一阶共振频率的 1/5 左右，即 3 Hz。图 7.14 所示的幅频曲线在 1~10 Hz 之间的斜率几乎为零，因此需要在此频率段设计矫正环节，让幅频曲线在 3 Hz 处以 –20 dB 的斜率穿越 0 dB 线。矫正环节采用滞后矫正，即先用一个惯性环节将幅频下拉，然后用微分环节将相角的滞后拉回来，从而不至于使系统的响应滞后太多。为了保证一阶共振点处的幅频响应小于 –3 dB，并保证一定的幅值裕度，滞后环节不能为了增大带宽而取得特别往后。

从图 7.14 可以看出，被控对象的幅频曲线离 0 dB 线较近，因此需要在 PID 控制器中添加高增益，将幅频曲线上拉，然后通过合适的矫正环节在特定频率处改变其斜率；同时需要保证高增益不至于导致一阶共振点的幅频被拉到 0 dB 线以上，这样共振会被放大，因此 P 不宜太大。

PID 控制器采用不完全微分的 PID 控制器，即在微分环节串联一个低通滤波器，这样可以保证在高频扰动的情况下，微分 D 不至于过于灵敏从而导致系统控制过程振荡，降低调节的品质。

利用 MATLAB 的 Simulink 搭建框图绘制开环传递函数的 Bode 图，调整 PID 和矫正环节的参数，最终得到想要的幅频特性曲线。设计后的开环传递函数 Bode 图如图 7.15 所示。

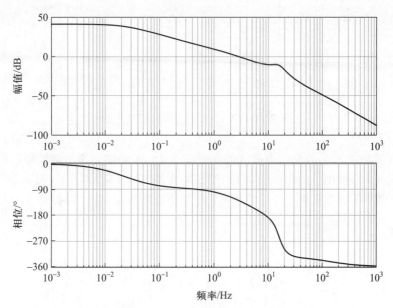

图 7.15 带宽设计后系统开环传递函数 Bode 图

设计的控制器 PID 参数如下：

$$PID(s) = P + D\frac{N}{1 + N/s} \tag{7.38}$$

矫正环节如下：

$$G_{\mathrm{c}}(s) = \frac{0.01s + 1}{0.2s + 1} \tag{7.39}$$

从图 7.15 得到设计后的系统带宽为 3 Hz，幅值裕度为 9.65 dB，相角裕度为 50°，满足设计要求。

7.3.4　恒悬吊力子系统闭环谐振抑制分析

在实际的恒悬吊力子系统闭环实验中发现系统存在进入稳态后有小幅值振动的现象，采集进入稳态后的悬吊力曲线，进行频谱分析，可以得到曲线中包含的谐振频率。

稳态的悬吊力曲线存在另两个谐振点：15 Hz 和 45 Hz，其分别代表系统的一阶谐振频率和其 3 倍频振动频率。针对振动的抑制采用较为简单的陷波器进行处理，在控制器的输出信号中添加两个陷波器对应频率的振动进行抑制，进一步降低悬吊力的误差值。陷波器采用 Simulink 的 notch 模块，设置陷波频率为 15 Hz 和 45 Hz，陷波带宽为 2 Hz，信号频率为 500 Hz。15 Hz 陷波器的幅频特性曲线图如图 7.16 所示，45 Hz 陷波器类似[10]。

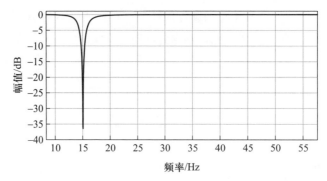

图 7.16 15 Hz 陷波器幅频特性曲线

没有添加陷波器的悬吊力曲线的误差在 ±0.8 N 左右，添加陷波器后的悬吊力曲线如图 7.17 所示。从图中可以看到添加陷波器之后，悬吊力曲线的误差降低到了 ±0.3 N，说明陷波器起到了一定的效果，但是不能做到完全的去除振动。

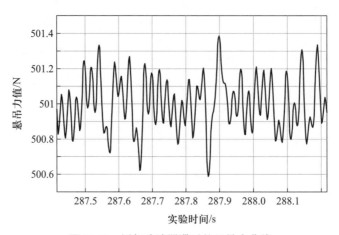

图 7.17 添加陷波器滞后的悬吊力曲线

7.4 恒悬吊力子系统测试

7.4.1 弹簧、扭杆刚度测定

1. 弹簧刚度测量

弹簧刚度的测试采用压力实验机完成，根据弹簧设计的压缩量设定压力机的实验行程，在压缩的过程中压力机可以记录弹簧的弹力值，这样就得到了压缩量和压力之间的关系，其比例即为弹簧的刚度。压簧共定做了 3 种，刚度和线径相同，依次相差半圈的长度，每组选择 5 根进行刚度测定。弹簧压缩实验如图 7.18 所示。

压缩操作设定加载位移为 30 mm，得到位移载荷曲线，通过 Origin 软件进行斜率拟合，可以得到需要的弹簧刚度值。图 7.19 是低刚度组 1 号弹簧测试得到的数据绘制的曲线。从图 7.19 中可以看出在力–位移曲线线性度好的那段做线性拟

图 7.18　弹簧刚度测试实验

合，斜率是 18.32，即弹簧刚度为 18.32 N/mm。同样的方法得到中刚度弹簧的刚度为 19.2 N/mm，高刚度弹簧的刚度为 20.1 N/mm。所需弹簧的刚度设计值为 17.59 N/mm，3 组弹簧刚度均偏大，因此最终选择低刚度的一组，刚度偏差调整通过调节弹簧预紧力实现。

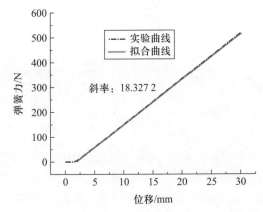

图 7.19　弹簧压缩实验力–位移曲线与线性拟合结果

2. 扭杆刚度测量

扭杆刚度的测量需要借助恒力矩机构来实现，如图 7.20 所示，恒力矩机构将弹簧去除，将输出卷筒的吊索和机架固定，恒力矩机构的输出端全部锁死，即扭杆的一段是固定的。电动机轴系连接扭杆的另一端，这时可以通过电动机以一定的角度间隔转动，记录悬吊力传感器的数据，并转换为扭杆力矩值，如此就得到了转角和力矩之间的关系，绘制曲线后拟合得到扭杆刚度。拟合得到的扭杆刚度如图 7.21 所示，可以看出扭杆的刚度为 2.28 (N·m)/(°)，小于设计值 3 (N·m)/(°)。

3. 被动恒力矩机构安装参数修正

弹簧刚度偏大，扭杆刚度偏小，如果仍然按照之前的理论设计加载，恒力矩机构的输出将不再是恒定的。因为扭杆刚度偏小，因此需要减小弹簧的预紧力来修正力矩

图 7.20　扭杆刚度测量实验

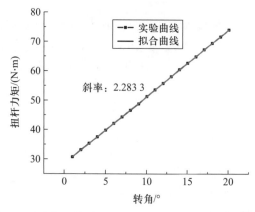

图 7.21　扭杆刚度实验力矩–转角曲线与线性拟合结果

曲线。弹簧在设计时的安装长度为 70 mm，通过旋拧图 7.2(a) 中压簧端转块末端的调节块可以实现安装长度的调节，即预紧力的调节。经过在 MATLAB 程序中的调整，弹簧在安装长度为 77 mm 时能够实现较好的效果。仿真结果如图 7.22 所示。

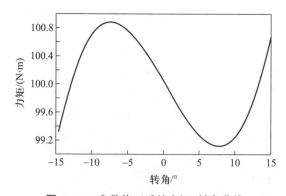

图 7.22　参数修正后的力矩–转角曲线

　　从图 7.22 可以看出，经过弹簧预紧力的调节可以使得在刚度不准确的情况下依旧获得较好的恒力特性。在实际的实验状态下，弹簧的预紧力进一步减小，这样使得在 0° 附近的机构刚度相应增大，提高被动恒力矩机构对冲击的缓冲能力，刚度调节得越大，系统抵抗冲击的能力越强，但悬吊力的误差越大。

7.4.2 阶跃激励响应测试

阶跃激励响应主要是为了检验恒悬吊力子系统应对冲击载荷的响应与抑制能力，阶跃激励施加的方式如图 7.23 所示。

图 7.23 施加阶跃激励

阶跃激励的载荷主要有 0.5 kg、1 kg、2 kg 和 5 kg 4 种。4 种阶跃输入下的悬吊力波动如图 7.24 所示。

从图 7.24 可以看出，在 0.5 kg、1 kg、2 kg、5 kg 的激励下，最大悬吊力误差依次为 ±3.5 N、±6 N、±11 N、±17 N。悬吊力误差均小于激励载荷本身的大小，这说明恒悬吊力子系统的控制系统起到了抑制悬吊力波动的作用，因为阶跃激励发生的时间短，属于一种冲击载荷，电动机会出现明显的响应滞后，应对这种冲击载荷主要依靠恒力矩机构的恒力矩特性。电动机响应会在很短的时间跟上，抑制扰动的时间随冲击载荷的增大而增大，在 5 kg 时经历 0.3 s 即可将悬吊力误差抑制到稳态。此实验说明，恒悬吊力子系统具有较强的冲击载荷抑制能力。

7.4.3 匀速、匀加速激励响应测试

匀速和匀加速实验用于检验恒悬吊力子系统应对固定负载运动形式时的恒悬吊力性能。通过此实验可以得到在允许的悬吊力误差范围内的负载允许的最大速度和最大加速度，用于评价恒悬吊力子系统的性能。

匀速和匀加速实验均采用电动机驱动激励源实验，此恒悬吊力子系统实验台允许的吊索移动行程约为 800 mm，激励速度曲线采用第一段匀加速运动、第二段匀速运动的形式，如图 7.25 所示；悬吊力响应曲线如图 7.26 所示。改变不同的加速度值和不同的匀速值可以得到不同的悬吊力响应数据，从而得到悬吊力误差和加速度与速度

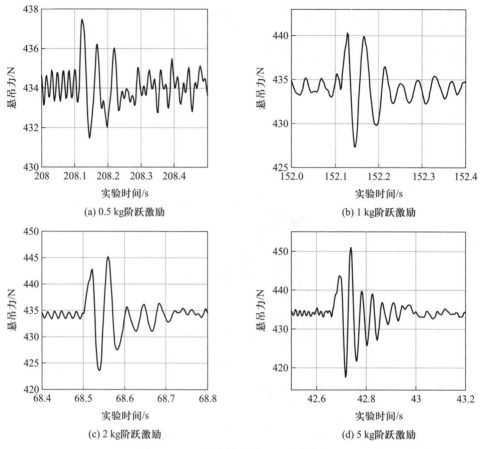

(a) 0.5 kg阶跃激励

(b) 1 kg阶跃激励

(c) 2 kg阶跃激励

(d) 5 kg阶跃激励

图 7.24　4 种载荷激励悬吊力响应曲线

的相关性关系，同时可以得到允许的在匀速和匀加速运动的悬吊力误差下的速度和加速度值。

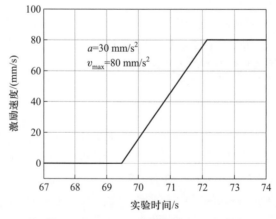

图 7.25　匀速、匀加速激励速度曲线

从图 7.26 可以看出，在匀加速阶段，悬吊力的误差不是恒定的，随着速度的增

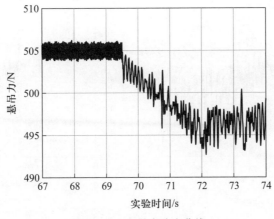

图 7.26 悬吊力响应曲线

大，悬吊力误差也在继续增大，进入匀速段后，悬吊力误差恒定在 497 N 左右。在同样加速度值下，匀速值设定为 130 mm/s，得到的激励速度和悬吊力响应曲线如图 7.27 所示。

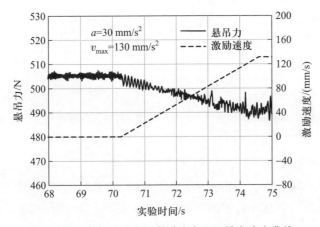

图 7.27 变匀速速度后激励速度和悬吊力响应曲线

从图 7.27 可以看出，在匀速速度为 130 mm/s 时，悬吊力在 490 N 左右，在同样的加速度下，匀速时的速度越大，悬吊力误差越大。为了分析出悬吊力误差和加速度之间的关系，选择不同的加速度值进行实验，绘制在匀加速阶段激励速度和悬吊力之间的曲线，并进行线性拟合，如图 7.28 所示。

从图 7.28 可以看出，不同加速度时，激励速度到悬吊力之间的函数是固定的，进一步说明了悬吊力误差基本是和速度相关的，与加速度几乎没有关系，分析原因如下。

（1）恒悬吊力子系统的电动机和激励源电机都是自身特性很好的电动机，驱动器均工作在速度环，其加速度值为 10 000 r/s，驱动器层面的速度环在实验开始前进行了调谐，并且其自身的闭环频率在 16 K，相比恒悬吊力子系统的控制闭环的闭环频率 500 Hz 高出很多。两个电动机的输出能力与负载相比均具有较高的惯量比，这意味着在一般的实验情况下，电动机可以当作一个理想的速度源，两个电动机分别拖动了恒

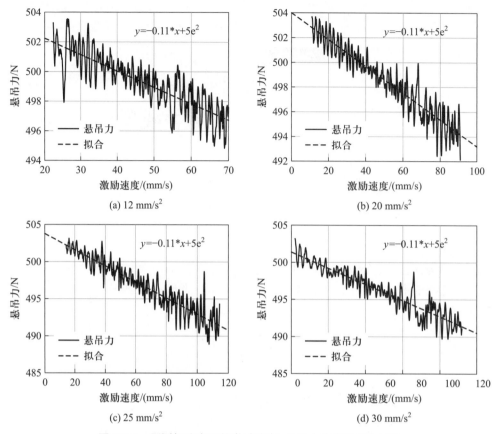

(a) 12 mm/s^2 (b) 20 mm/s^2

(c) 25 mm/s^2 (d) 30 mm/s^2

图 7.28 不同加速度下的激励速度–悬吊力曲线及拟合结果

力矩机构的输入和输出端，因此在悬吊力误差里，被动恒力矩机构的各部分的转动惯量对悬吊力的影响变得较小，悬吊力误差的来源主要是被动恒力矩机构输入和输出端之间的转角差。

（2）闭环算法采用 PID，控制的原理是消除悬吊力误差。当悬吊力误差为 0 时，电动机转速也为 0，因为在目前的设计工况下，电动机控制没有积分环节。在激励源有速度时，恒悬吊力子系统电动机也要一直付出速度进行跟随，这就说明必然会有一定的悬吊力误差作为 PID 的数据输入，最终体现为悬吊力误差和速度之间的对应关系。

（3）如果在控制器中增加对冲量的积分环节，那么就可以实现悬吊力误差为 0 时匀速运动，这样的恒悬吊力子系统可以运用于纯失重载荷的悬吊。此恒悬吊力子系统设计的目标是针对存在部分重力的模拟对象，比如星球车和星球表面的宇航员，因此暂时没有添加积分环节。

因此可以得出结论，悬吊力误差主要和激励的速度相关，经过实验，在 130 mm/s 的负载移动速度下，悬吊力误差为 10 N，达到在此运动形式下的误差指标。

7.4.4　正弦激励响应测试

正弦激励响应实验是检验恒悬吊力子系统悬吊力性能和确定系统动态响应能力的主要实验，借助正弦激励源，进行不同幅值和频率的正弦速度信号的输入，得到悬吊力响应曲线，从而可以分析得出系统的动态响应能力。

设计频率范围为 0.5~5 Hz，幅值范围为 3.5~17.3 mm/s 的正弦激励速度信号，经过激励源的电动机输出给恒悬吊力子系统，得到悬吊力响应曲线，并对其进行分析，得到各频率和幅值点的悬吊力误差值，绘制如图 7.29 所示曲线。通过对激励速度信号的悬吊力响应进行频谱分析，得到其在各频率和幅值点的相角滞后数据，绘制如图 7.30 所示的曲线。分析两种曲线可以得出如下结论：

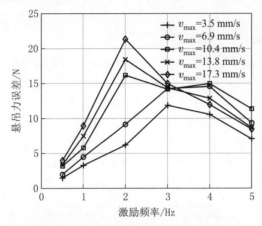

图 7.29　正弦激励悬吊力误差曲线图

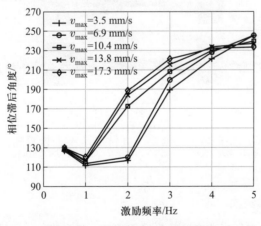

图 7.30　正弦激励相角滞后曲线

（1）从图 7.29 可以看出，在激励信号为正弦的速度信号的情况下，相同幅值时，频率增高，悬吊力误差先增后降，扰动信号到输出悬吊力误差之间的传递函数即为灵敏度函数，图中的曲线同时也是扰动信号到悬吊力误差之间的闭环系统的闭环 Bode 图的幅频特性曲线，曲线走势符合闭环 Bode 的幅频走势。图 7.30 即为相频特性曲线。

（2）从图 7.30 可以看出，恒悬吊力子系统的扰动激励在进入 3 Hz 之后，系统的响应出现超过 90° 的相位滞后，使系统闭环特性变差、跟随变差，悬吊力系统出现衰减。由于已经到达带宽的范围，相位裕度较小，也容易出现不稳定的趋势。

（3）同频率下激励的幅值越大，在低频段越展现出更大的悬吊力误差，系统的跟随效果随着激励的增大而变差，如图 7.29 所示。高频区在幅值增大到一定程度的时候，悬吊力误差减小，这和系统的滞后相角在幅值增大后有一定的减小有关，如图 7.30 所示。进入高频区后在更大幅值的激励时电动机趋于不响应，机构在抑制扰动，频率越高，激励位移越小，所以力误差也相对有一定的减小。

（4）综合图 7.29 和图 7.30 可以看出，当激励的幅值较小时，系统在 3 Hz 之后才出现较大的滞后，但当激励幅值增大后，系统在 2 Hz 处就会出现较大的滞后，滞后的大小直接对应悬吊力误差的大小，因为响应的滞后意味着电动机跟随变差，这时是被动恒力矩机构在起作用，抑制悬吊力的波动。

（5）低频区的滞后较小，悬吊力误差的最大点靠近速度最大值，表现为与速度关系较大；高频区滞后较大，悬吊力误差的最大点靠近速度为 0 点，即加速度最大点，变现为与加速度关系较大。这与 7.4.3 节的匀加速实验结论吻合，相当于频率很低的正弦，因此悬吊力误差表现为与速度相关，而与加速度的相关性较小。

悬吊力误差主要来源于电动机滞后时被动恒力矩机构的调节作用，悬吊力的误差大小和被动恒力矩机构的输入输出端之间的差角相关，如图 7.31 所示，两者之间基本呈正比的关系，从这里也能看出被动恒力矩机构对悬吊力的调节作用。

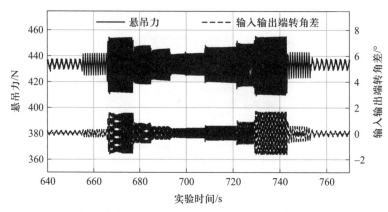

图 7.31 不同幅值和频率的正弦激励下的悬吊力和恒力矩机构输入输出端转角差

7.4.5 漂浮载荷激励测试

悬浮载荷实验主要是测试恒悬吊力子系统对于漂浮载荷的恒悬吊力性能。恒悬吊力子系统的设计主要是针对和地面有接触的移动载荷，例如星球车和宇航员等。从控制算法上看，恒悬吊力子系统可以实现恒悬吊力，但是无法实现载荷受到扰动后匀速运动的过程，因为此算法没有添加对冲击力冲量的积分作用[11]，但是该系统可以反映出系统的恒力性能，其控制算法会趋于将悬吊力差消除，当悬吊力差为 0 时，电动机速度会稳定为 0。这样带来的实验效果是，当施加一个很小的激励时，载荷会上下漂浮；当载荷撤销后，载荷会停留在当前位置。实验过程的照片如图 7.32 所示。

图 7.32 漂浮载荷激励实验照片

漂浮载荷为 390 N，用手指即可推动其上下移动，停止激励后，载荷停在当前位置。记录拉力传感器的悬吊力波动如图 7.33 所示。

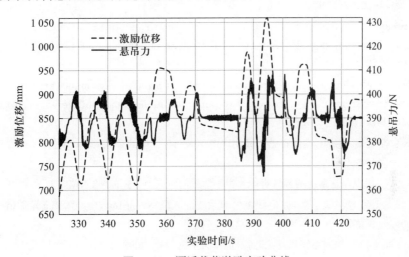

图 7.33 漂浮载荷激励实验曲线

从图 7.33 可以看出，在对漂浮载荷进行上下激励的过程中，悬吊力也在上下波动，最大的悬吊力误差在 ±20 N 以内，当停止激励后，载荷停留在当前位置，悬吊力误差由控制系统消除为 0。

7.5 本章小结

本章的研究内容包括恒悬吊力子系统动力学模型研究和控制系统的设计与测试研究，目的是设计出具有一定带宽和快速恒悬吊力能力的系统，用于保证在各种激励载荷下，吊索悬吊力始终保持在设定值附近较小的范围，实现对星球车和空间机械臂的微低重力环境的模拟。本章的主要研究成果如下：

改进了被动恒力矩机构，建立了恒悬吊力子系统的动力学建模并进行了其动态特性的分析及仿真研究，为控制算法研究提供了理论基础；

设计了恒定悬吊力的控制策略，辨识了被控对象的传递函数，利用频谱分析的手段分离得到 15 Hz 和 45 Hz 的谐振频率，在这两个频率处设计了相应的陷波器，并通过实验验证了陷波器对谐振的抑制起到了一定的效果；并进行了阶跃激励响应测试，匀速、匀加速激励响应测试，正弦激励响应测试，漂浮载荷激励测试。

参考文献

[1] Bello M, Amir S, Khan M. Electro-hydraulic PID force control for nonlinear vehicle suspension system. International Journal of Engineering Research and Technology, 2015, 4(1): 517-524.

[2] Yao, Z, Pan H. The application of PID arithmetic in the ramming system's orientation control//International Conference on Information Networking and Automation. 2010.

[3] 葛芦生, 陶永华. 新型 PID 控制及其应用——第六讲新型 PID 控制器及其发展. 工业仪表与自动化装置, 1998: 55-59.

[4] Pintelon R, Guillaume P, Rolain Y, et al. Parametric identification of transfer functions in the frequency domain: A survey. IEEE Transactions on Automatic Control, 1994, 39(11): 2245-2260.

[5] Yeetum W, Kinnares V. Simple identification of a parallel resonance transfer function in power systems using a frequency response technique. Scientific Research and Essays, 2016, 11(11): 117-125.

[6] 严侠, 李晓琳, 胡勇. 运用正弦扫频实现电动振动台模型的频域辨识. 装备环境工程, 2015, 12(2): 44-48.

[7] 谭志红. 伺服控制系统的频域辨识及激励信号的研究. 哈尔滨: 哈尔滨工业大学, 2010.

[8] 王帅, 陈涛, 李洪文, 等. 光电跟踪伺服系统的频率特性测试与模型辨识. 光学精密工程, 2009, 1(17): 78.

[9] 王广雄, 何朕. 控制系统设计. 北京: 清华大学出版社, 2008.

[10] Li T, Zhang H, Jiang J. A complex adaptive Harmonic IIR notch filter// IEEE International Conference on Electro/information Technology, 2015: 107-111.

[11] 邹胜宇, 刘振, 高海波, 等. 基于干扰力时间积分的悬吊漂浮物随动控制方法. 机器人, 2015, 37(1): 1-8.

第 8 章 火星车低重力模拟系统研制

8.1 系统总体要求

（1）在整个实验场内为火星车提供模拟火星重力的环境，使每个车轮在不同的地形环境下所承受的垂直压力与火星上的相近；

（2）保证在整个实验过程中低重力模拟效果稳定，不受火星车移动状态的影响，也不对火星车移动状态产生影响；

（3）低重力模拟装置要求具备跟随火星车运动的能力，且确保恒悬吊力；

（4）与火星车的接口设计不得改变火星车的技术状态，尽量减小对火星车质量特性和力学特性的影响；

（5）提供火星车供电电缆、控制电缆等的安装接口，并使电缆能够随低重力模拟装置运动；

（6）整个系统的可靠性高，能提供确保火星车运动安全的保护设施。

8.2 位姿检测子系统

8.2.1 子系统总体设计

位姿检测子系统由 2 套独立的单目位姿检测子系统组成，一套为主系统，另一套为从系统，二者同时工作，互为备份，独立地将测量数据传递给二维跟踪子系统。正常情况下，以主系统的数据为准，主系统出现故障时，即时切换到从系统。单目位姿检测子系统是由工业数字相机、光学镜头、窄带滤光片、图像处理系统组成。

位姿检测子系统结构示意图如图 8.1 所示，从图 8.1 中可以看到，位姿检测子系统包含视觉采集模块、旋转云台、特征靶标、位姿解算模块 4 部分。视觉采集模块利用具有高分辨率的摄影机获取图像信息，并在摄影机镜头上安装窄带滤光片，可以避免环境中杂散光点的干扰，摄影机安装在二维跟踪子系统上并将镜头竖直向下。靶标系统为一套立体靶标，由 7 个高低不同的红外 LED 灯组成，固定在火星车吊架上。

位姿解算模块包括图像特征点提取、位姿解算算法、通信模块和人机交互界面。

将靶标上特征点相对位置和在像面上的位置、摄影机几何参数作为输入，经过位姿解算算法解算后得到靶标的姿态信息，再通过坐标系变换数学模型将靶标所在世界坐标系相对摄影机坐标系的位置坐标变换到下吊点在上吊点坐标系中的坐标，得到火星车的姿态变化。将测量到的数据通过通信模块发送给二维跟踪控制子系统完成跟踪。为方便控制、监控及调试，设计了人机交互界面，用于显示采集图片信息、摄影机控制参数、位姿数据和控制按键等。在火星车低重力模拟测试过程中，火星车有旋转运动，旋转角度为 ±360°，火星车的旋转带动特征靶标转动，当摄影机和特征靶标在吊索的两侧时会出现靶标光点被遮挡的情况，影响正常的视觉测量。为达到视觉系统 360° 无死角，并且不受吊索及线缆等干涉影响，增设旋转云台机构，将摄影机固定在旋转云台上，旋转云台能够带动摄影机跟随靶标转动，并实时地向视觉处理器反馈当前转角信息。

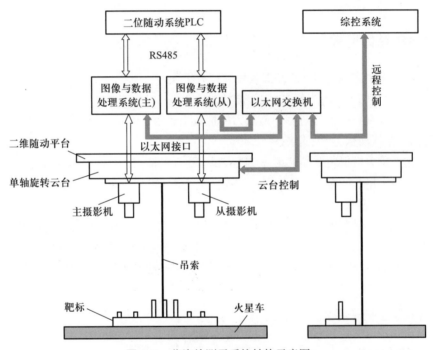

图 8.1 位姿检测子系统结构示意图

为了提高系统的可靠性，减少系统故障破坏低重力实验的可能，本章设计了主、从备份的双系统方案，即采用两套视觉传感器和两套位姿处理器组成位姿检测子系统，两套视觉传感器分别采集特征靶标图像并分别发送给各自的处理器进行位姿解算。两套位姿检测系统互不影响，在火星车低重力模拟实验中，主、从系统同时工作，在主、从系统的计算数据均正确时，二维跟踪控制子系统以主系统数据优先为原则控制电动机带动吊索上吊点跟随火星车运动。

8.2.2 位姿检测子系统可靠性分析

8.2.2.1 系统不确定度分析

由测量原理可知，式 (8.1) 为吊绳下吊点在测量坐标系下的坐标测量结果。误差源包括单目视觉测量系统测量靶标相对摄影机坐标系位姿 (R_{tc}, T_{tc}) 不确定度；下吊点相对靶标坐标系的空间坐标 P_d 不确定度；摄影机安装在旋转云台上，摄影机相对云台坐标系的位姿 (R_{cy}, T_{cy}) 不确定度，其中包括云台实时绕轴转角不确定度；云台坐标系相对测量坐标系 $O_0X_0Y_0Z_0$ 的姿态 R_{y0} 不确定度，其中包括 Z_0 轴铅垂不确定度。

$$
\begin{aligned}
u_{ptc} = {} & \frac{\partial R_{tc}}{\partial \alpha_{tc}} \cdot P_d \cdot u_{\alpha tc} + \frac{\partial R_{tc}}{\partial \beta_{tc}} \cdot P_d \cdot u_{\beta tc} + \frac{\partial R_{tc}}{\partial \gamma_{tc}} \cdot P_d \cdot u_{\gamma tc} + \\
& \frac{\partial T_{tc}}{\partial x_{tc}} \cdot u_{xtc} + \frac{\partial T_{tc}}{\partial y_{tc}} \cdot u_{ytc} + \frac{\partial T_{tc}}{\partial z_{tc}} \cdot u_{ztc} + \\
& R_{tc}\frac{\partial P_d}{\partial P_{dx}} \cdot u_{pdx} + R_{tc}\frac{\partial P_d}{\partial P_{dy}} \cdot u_{pdy} + R_{tc}\frac{\partial P_d}{\partial P_{dz}} \cdot u_{pdz}
\end{aligned}
\tag{8.1}
$$

1. 单目视觉位姿测量不确定度

影响单目视觉位姿测量不确定度的因素有 9 个：3 个绕坐标轴旋转的欧拉角 $(\alpha_{tc}, \beta_{tc}, \gamma_{tc})$，3 个沿坐标轴平移量 (x_{tc}, y_{tc}, z_{tc})，下吊点相对靶标坐标系的 3 个坐标分量 (P_{dx}, P_{dy}, P_{dz})。

单目视觉测量系统一般距离越远误差越大，根据前期大量实验，在距离摄影机 7 500 mm，视场中心范围为 400 mm × 400 mm 内，单目视觉位姿测量 A 类不确定度估计值为

$$
\begin{cases}
u_{\alpha tc} = u_{\beta tc} = u_{\gamma tc} = 0.015° \\
u_{xtc} = u_{ytc} = 0.1\ \text{mm}, u_{ztc} = 1\ \text{mm}
\end{cases}
\tag{8.2}
$$

下吊点相对靶标坐标的空间坐标通过坐标测量机测量得到，各坐标分量 A 类不确定度相同，其不确定度估计值为 0.05 mm。

根据项目指标要求，靶标相对摄影机坐标系的俯仰和侧倾角度最大为 ±45°，由于云台实时跟踪靶标，所以靶标相对摄影机坐标的方向角最大为 ±30°。同时，假设下吊点相对靶标的位置坐标为 (250, 500, −300)（单位为 mm）。

将以上参数代入式 (8.3)，遍历相对姿态的 3 个欧拉角，当 $\alpha_{tc} = \beta_{tc} = -40°$、$\gamma_{tc} = -30°$ 时（本章中只考虑 x、y 坐标分量），得到最大的下吊点位置测量不确定度估计值：

$$
\begin{cases}
u_{ptcx} = 0.178\ \text{mm} \\
u_{ptcy} = 0.468\ \text{mm}
\end{cases}
\tag{8.3}
$$

2. 云台旋转引起的测量不确定度

根据式 (8.1)，影响摄影机相对云台坐标系的位姿不确定度的因素也是 6 个：3 个绕坐标轴旋转的欧拉角 $(\alpha_{cy}, \beta_{cy}, \gamma_{cy})$，3 个沿坐标轴平移量 (x_{cy}, y_{cy}, z_{cy})。对式 (8.1) 求全微分，得到如式 (8.3) 的不确定度估计值。

其中，不考虑相对摄影机坐标系的下吊点位置不确定度；根据云台的技术参数确定轴向偏摆和径向偏摆不确定度为 8 μm，轴向偏摆影响绕 x 和 y 轴旋转角，按照云

台旋转半径为 100 mm 计算，可知绕 x 和 y 轴欧拉角的不确定度为 0.004 6°，绕 z 轴转角定位精度参见云台技术指标为 ±30″，假设为均匀分布，则不确定度为 30″/1.732，即 0.004 8°；径向偏摆影响坐标系 x 和 y 向平移量不确定度，估计值为 0.008 mm；考虑实际极端情况，假设下吊点在摄影机坐标系下坐标为 (150, 400, 7 500)（单位为 mm），由于摄影机到云台的坐标系变换，为绕 x 和 y 轴转角 0°，绕 z 轴转角 ±180°，将以上参数代入式 (8.2)，并绕 z 轴转角遍历 ±180° 取值范围，当云台转角为 90° 时，得到下吊点相对云台坐标系的不确定度（只考虑 x、y 坐标分量）估计值为

$$\begin{cases} u_{\mathrm{pcy}x} = 0.317 \text{ mm} \\ u_{\mathrm{pcy}y} = 0.296 \text{ mm} \end{cases} \tag{8.4}$$

3. 云台到测量坐标系位姿变换不确定度

云台到测量坐标系位姿变换主要目的是校准测量坐标系 $O_0X_0Y_0Z_0$ 的 z 轴铅垂。根据式 (8.1) 可知，只涉及旋转阵 $\boldsymbol{R}_{y0}$，并且绕 z 轴转角为 0°，绕 x 和 y 轴转角也很小，不超过 0.5°。由于标定过程是通过视觉测量得到的旋转角，因此角度测量 A 类不确定度为 0.015°，由于在本章中位姿测量是相对测量，高度在 3 500 ～ 7 500 mm，z 轴铅垂性影响不同深度下的对准精度，因此，假设 3 500 mm 处上下吊点对准校准后，对于 7 500 mm 的对准位置不确定度为

$$\begin{cases} u_{\mathrm{py}0x} = \dfrac{\sqrt{2}}{2} \tan(0.015 \times 4\ 000) \\ u_{\mathrm{py}0y} = \dfrac{\sqrt{2}}{2} \tan(0.015 \times 4\ 000) \end{cases} \tag{8.5}$$

4. 不确定度合成

根据式 (8.1)、式 (8.3) 和式 (8.5) 可合成下吊点位置 x、y 分量不确定度为

$$\begin{cases} u_{\mathrm{p}x} = \sqrt{u_{\mathrm{ptc}x}^2 + u_{\mathrm{pcy}x}^2 + u_{\mathrm{py}0x}^2} \\ u_{\mathrm{p}y} = \sqrt{u_{\mathrm{ptc}y}^2 + u_{\mathrm{pcy}y}^2 + u_{\mathrm{py}0y}^2} \end{cases} \tag{8.6}$$

考虑置信概率为 95%，则扩展不确定度为

$$\begin{cases} u_{\mathrm{p}x95} = 2u_{\mathrm{p}x} \\ u_{\mathrm{p}y95} = 2u_{\mathrm{p}y} \end{cases} \tag{8.7}$$

由上分析，下吊点位置测量不确定度均小于 2 mm，够满足指标要求。

8.2.2.2　位姿检测子系统安全可靠性分析

位姿检测子系统测量火星车相对于二维跟踪控制子系统的位置，当位姿检测子系统出现故障时，很可能出现火星车相对于二维跟踪控制子系统位置偏差过大的情况，从而导致吊索的不铅垂。当倾斜角度过大，会对火星车造成损伤。因此要求保证位姿检测子系统的可靠性，整个运行过程中，不出现任何故障。

根据以上要求，本方案设计了主-从位姿检测子系统，其特点如下：

（1）从器件功能上，每个位姿检测子系统中的主、从系统各自独立，互不干涉，并不会因为增加一个备份从系统而降低主系统的可靠性，同时，主、从系统互为热备份，两者切换几乎不需要时间。

（2）考虑到火星车 ±180° 旋转，若摄影机固定在二维跟踪控制子系统平台上，当火星车旋转大于 120° 时，则吊索有可能遮挡靶标 LED 光点，影响正常计算。本方案采用单轴旋转云台，当火星车原地旋转超过 ±20° 时，控制转台做相反旋转，使得靶标在当前摄影机视场内绕铅垂轴旋转角度回零，则有效地避免了吊索的遮挡问题。

（3）从器件选型上，从视觉实时处理系统、摄影机到红外 LED 等都选取的是经过工业标准和工程项目考验过的硬件。核心器件选取都是可以在严格环境下运行的产品。因此，可以满足本方案的可靠性要求。图像与数据处理系统选择了 NI 的机器视觉专用硬件平台，采用了专门针对机器视觉嵌入式应用的 WES7 操作系统，提高了系统运行高效性和可靠性，并且易于开发。

（4）从软件编写上，满足航天要求。对图像特征点及测量结果的关键数据可以判断，对处理器异常有异常判断，数据通信程序和位姿解算各模块相互独立；通信采用 ModBus 通信协议，可靠性有保障。

8.3 二维跟踪控制子系统

在火星车运动过程中，悬吊索要始终保持竖直方向，即要求绳的上端始终跟踪悬吊索的吊点在水平面上的投影位置。为了满足这一要求，结合天车系统设计二维跟踪子系统，采用二级独立的控制系统：天车粗控和二维跟踪平台精控，使恒悬吊力子系统及悬吊索具有水平面上的两个移动维度，当火星车运动时，吊点移动，二维跟踪子系统通过天车和二维跟踪平台联合控制方式使悬吊索实时跟随移动。

8.3.1 子系统总体设计

二维跟踪控制子系统的总体设计，如图 8.2 所示。二维跟踪控制子系统悬挂在天车上，在 x、y 两层结构上放置直线导轨及丝杠传动系统，并通过 PLC 驱动电动机实现平面内的高精度跟踪。

上层导轨称为 x 方向，下层导轨称为 y 方向。x 方向的支撑框架直接安装到天车上，x 方向的移动框架通过导轨和滑块安装在支撑框架上，y 方向的移动框架通过挂板放在 x 方向的下面，视觉和恒悬吊力装置通过导轨和滑块安装在 y 方向移动框架上。此外，针对火星车电缆的收线装置采用传动链方式，安装在 y 方向框架下面，具体见图 8.2。

采用西门子 S7-1214C DC/DC/DC 型号的 PLC 控制二维跟踪平台，PLC 通过 TCP/IP 与综控通信，通过串口 485 方式与位姿测量子系统通信。PLC 主要完成与综控之间的指令和状态通信以及对跟踪平台的驱动控制。

二维跟踪控制子系统具备两种工作模式：置位模式和跟踪模式。如图 8.3 所示，在置位模式下，跟踪平台通过自身的位移传感器测量反馈形成自闭环，实现高精度的

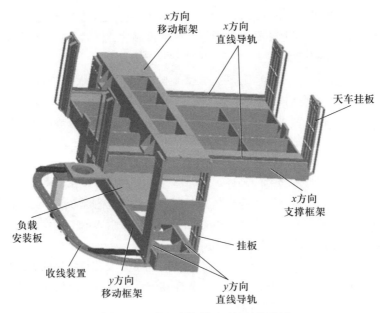

图 8.2　二维跟踪控制子系统总体设计

定位控制，主要用于产品安装时的初始对准。

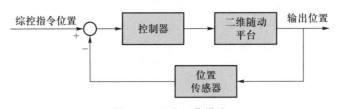

图 8.3　置位工作模式

如图 8.4 所示，在跟踪模式下，跟踪平台与基于视觉的位姿检测子系统测量跟踪偏差反馈形成闭环系统，实现对吊点的跟踪。

类似的方案设计已成功应用于我国月球车的低重力模拟系统中，技术成熟。后文将针对这一方案的具体机械结构、电气配置和控制逻辑等进行详细设计。

图 8.4　跟踪工作模式

8.3.2　机械设计

1. 二维平台结构设计

二维跟踪平台 x 方向和 y 方向都采用直线导轨支撑、滚珠丝杠传动，电动机通过联轴器、减速器、传动轴驱动丝杠旋转，通过丝杠螺母座实现高精度移动。

2. 刚度校核

由于框架尺寸比较大，为了保证结构可靠，就必须进行框架的刚度分析。这里利用 ANSYS 软件进行刚度分析。由于 x 方向结构在上层，负载较重，所以在这里只需要分析 x 向框架的刚度即可。

（1）静刚度分析。框架模型导入 ANSYS 软件后，施加的负载包括自身重力以及载荷 10 000 N。载荷主要包括恒悬吊力吊索的极限悬吊力 5 000 N、恒悬吊力装置和视觉装置重力 2 500 N、传动系统装置重力 1 500 N 以及 1 000 N 的冗余重力，得到载荷 10 000 N。

把 x 方向的支撑单元导入 ANSYS 有限元分析软件中，设置条件，并加入载荷和自重。经过分析，得到结构最大形变为 0.053 238 mm，且应力分布均匀，而这个系统中高精度导轨单位长度允许变形 0.1 mm，导轨长约 2.9 m，则允许最大变形为 0.29 mm，显然结构设计完全满足要求。

（2）动刚度分析。鉴于系统结构复杂，需要对框架的基频进行分析。利用 ANSYS 软件分析得到框架基频，如表 8.1 所示。

表 8.1　框架基频

阶数	1 阶	2 阶	3 阶	4 阶	5 阶	6 阶
频率/Hz	69.801	81.205	164.46	164.81	181.19	198.28

8.3.3　电气设计

1. 电气拓扑结构

跟踪平台的电气结构如图 8.5 所示。控制器通过驱动器控制电动机，电动机驱动丝杠，丝杠带动平台运动，之后通过输出端的码盘及位姿检测子系统测量系统输出并同时反馈给控制器。采用 PLC 作为控制器，并扩展其功能模块以实现电器连接和信号传输。

2. 控制逻辑

为了实现对火星车大范围、快速、高精度的跟踪，采用两级控制的伺服控制方案，分别为天车粗控和跟踪平台精控。两层跟踪不存在控制上的耦合，属于两级独立控制。天车控制系统采用无超调控制，跟踪平台采用伺服控制。

天车具有大范围跟踪能力，由于天车具有很大的惯性且跨度大（跨度为 35.1 m），导致挠性影响大，致使天车的跟踪精度较差，难以实现对火星车的高精度跟踪控制。跟踪平台通过精密导轨实现跟踪，由于跟踪平台惯性远远小于天车的惯性，因此跟踪平台可以实现高精度跟踪。

基于以上原因，在跟踪控制方案中，通过天车实现对火星车的初步跟踪，达到粗调的目的；通过跟踪平台实现对火星车的精确跟踪，实现精调的功能。天车与跟踪平台分别直接跟踪火星车，通过传感器测量到的跟踪偏差控制天车与跟踪平台的运动，通过跟踪平台对天车跟踪精度的补偿来实现整个系统对火星车的高精度跟踪控制。

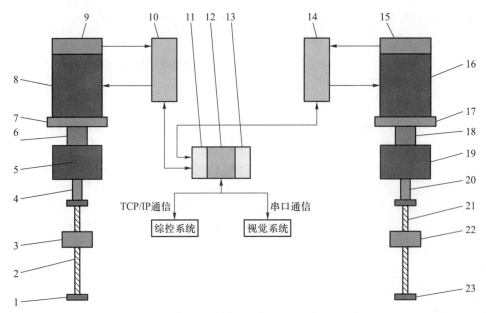

图 8.5 跟踪平台电气结构图

1—轴承 X; 2—丝杠 X; 3—丝杠螺母 X; 4—联轴器 X–1; 5—减速器 X; 6—联轴器 X–2; 7—抱闸 X; 8—电动机 X; 9—码盘 X; 10—驱动器 X; 11—电动机模块 1; 12—PLC; 13—电动机模块 2; 14—驱动器; 15—码盘 Y; 16—电动机 Y; 17—抱闸 Y; 18. 联轴器 Y–1; 19—减速器; 20—联轴器 Y–2; 21—丝杠 Y; 22—码盘 Y; 23—轴承

8.4 恒悬吊力控制子系统

8.4.1 子系统总体设计

恒悬吊力控制子系统由主动恒力矩控制系统和被动恒力矩机构系统两部分构成，如图 8.6 所示。恒悬吊力机构安装在二维跟踪控制子系统的负载平台上，通过卷筒机构收放吊索。恒悬吊力的控制系统放置在地面上，控制用的电缆穿过拖链连接到机械系统上，同时通过以太网和综控子系统进行通信。

恒悬吊力控制子系统通过码盘采集电动机转动角度信息，通过力传感器采集悬吊力信息，通过绝对式编码器采集缓冲机构工作点信息，同时通过 I/O 采集其他相关控制信息，经过主控 PLC 计算后形成控制律，操纵电动机张紧吊索，维持吊索悬吊力的恒定，达到平衡掉部分被测工件重力的效果。PLC 通过以太网接收综控系统发来的指令，并根据指令控制各个部分运行，实现各子模块上电、断电顺序互锁。采集限位信息、驱动器故障信息，控制抱闸运行，实现安全保护工作。利用抱闸断电自锁，与弹簧缓冲环节相配合，保持断电情况下的钢索张力。

系统有两种工作模式：① 位置控制模式，实现起吊下放功能，用于实验准备；② 力控制模式，实现恒悬吊力控制，用于模拟低重力。手动装置为蜗轮蜗杆结构，系统正常工作时处于分离状态，不起作用，如需使用，则合拢蜗轮蜗杆，可以在不通电的情况下手动收放钢丝绳。

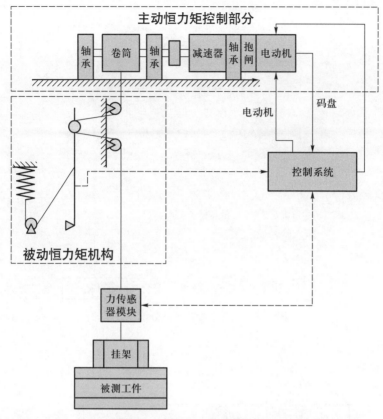

图 8.6 恒悬吊力系统结构方案

8.4.2 机械设计

恒悬吊力控制子系统的机械结构主要由主动恒力矩控制机构和被动恒力矩机构组成，主动恒力矩机构由力矩电机通过抱闸、减速器驱动卷筒，然后串接一个被动恒力矩机构。悬吊力等效施加机构和负载部分通过钢丝绳连接到被动恒力矩机构摆杆端的滑轮处，力传感器模块安装在滑轮和悬吊力等效施加机构之间的钢丝绳上。

恒悬吊力控制的精度由力矩电机的主动控制和被动恒力矩机构的被动调整两级控制来保证。其中，电动机的主要功能是驱动滚筒实现吊索的收放，补偿吊索上的低频干扰；被动恒力矩机构补偿吊索上的高频干扰力，同时为系统突然掉电等意外提供一个缓冲过程，增强系统的安全性。

此外，通过卷筒上的拨轮机构设计，使吊索在收放线端的轴向位置基本保持不变（变化范围不超过 ±10 mm），从而减少附加在吊索上的干扰力。机械部分的结构方案（未含手动装置部分）如图 8.7 所示。

选用力矩电机实现驱动，通过减速器驱动卷筒收放吊索，并在减速器输入端安装制动器，如图 8.8 所示。电动机峰值力矩为 231 N·m，钢丝绳上最大悬吊力为 5 000 N，引起的减速器输入端转矩不超过 62.5 N·m，制动器制动力矩 400 N·m>231 N·m+ 62.5 N·m，并有足够裕度制动，能够满足要求。为了保证卷筒出线点空间位置基本不

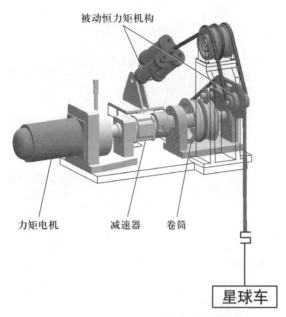

图 8.7 恒悬吊力机械部分结构方案

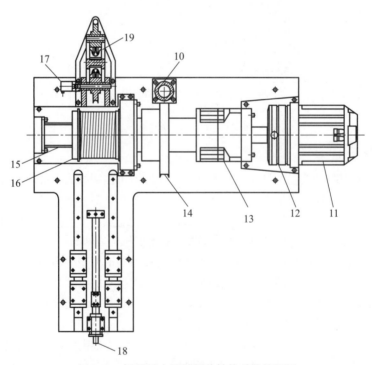

图 8.8 恒悬吊力机械部分结构总装俯视图

10—手动收放装置; 11—电动机; 12—制动器; 13—减速器; 14—蜗轮; 15—滚珠花键; 16—卷筒; 17—绝对式编码器; 18—被动恒力矩机构的刚度调整螺杆; 19—被动恒力矩机构的摆杆

变，使用滚珠花键驱动卷筒旋转。卷筒节径为 200 mm，周长为 0.63 m，扬程为 5.5 m，满足扬程要求，并有一定的裕度，用于满足升降吊钩、工装等准备工作的需要。由于恒悬吊力子系统工作时钢丝绳上的悬吊力主要控制在 1 800~3 500 N 之间，若取其标称值大约为 2 500 N，滚珠滑套摩擦系数为 0.5%，则滚筒沿花键滑动的摩擦力为 2 500 N×0.5%=12.5 N。滚珠轴承上的摩擦等效到钢丝绳上相当于 4.875 N (12.5 N/ 200 mm×78 mm)。卷筒螺旋槽导距为 10 mm，压力角为 0.91°。使用滚珠丝杠带动拨叉，进而拨动卷筒运动，对卷筒引入的等效摩擦干扰为 0.199 N (12.5 N×10 mm/ 628 mm)，故可以忽略不计，满足设计要求。

8.4.3 电气设计

系统的电气结构如图 8.9 所示，恒悬吊力控制子系统的控制器为 PLC。吊点控制器通过 CAN 总线和 PLC 控制器相连。PLC 通过以太网和综控计算机通信。主动恒力矩系统由 PLC 控制器、驱动器、电动机、码盘、抱闸制动器、绝对式编码器、限位、1 个拉力传感器以及变频器组成，当使用码盘作为闭环传感器时，构成位置闭环，可以完成起吊下放功能。当使用拉力传感器作为闭环传感器时，构成悬吊力闭环，可以实现恒悬吊力控制。

综控台与恒悬吊力控制子系统之间的电气连接有两个接口：网线和控制线。其中控制线包含 6 根信号线，用于传输钥匙开关信号、急停申请信号以及急停命令信号。实验人员在综控台上转动钥匙开关时，主接触器闭合，该系统得电。急停申请信号与急停命令信号用于完成该系统的急停，其他数据由以太网传输。

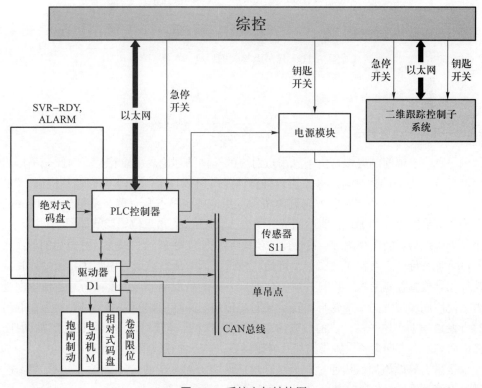

图 8.9 系统电气结构图

8.5 悬吊力等效施加机构

8.5.1 悬吊力等效施加机构的组成

悬吊力等效施加机构的三维图，如图 8.10 所示。主要包括吊框、平行吊架、吊点位置的三维调节机构、测量显示部分、与火星车顶板连接的框架以及吊点调节螺栓锁紧杆。平行吊架是该机构的核心部分，它就是 4.2 节中介绍的"平行全等体"。它使用 4 根等长吊杆连接底板和顶板。其中，一根吊杆的两端使用十字轴关节，防止顶板和底板相对旋转；其余 3 根吊杆的两端使用球头关节，以避免过度约束，造成运动干涉。这样设置的目的是允许圆锥筒做前后、左右的移动，而不允许圆锥筒绕母线自旋。

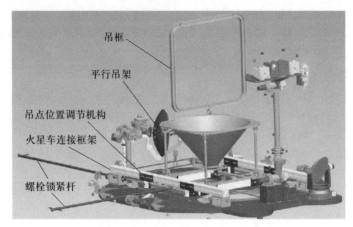

图 8.10 悬吊力等效施加机构三维图

8.5.2 吊点的位置调节

吊点位于锥筒的底端，由于悬吊点对应的车体的理论悬吊点特性，因此悬吊点需要进行 3 个方向的微调。这 3 个方向的微调是由图 8.11 中"竖直方向调整机构""前后方向调整机构"和"左右方向调整机构"组成的。吊点竖直调节范围为 ±10 mm，水平调节范围为 ±20 mm，前后调节范围为 ±100 mm。吊点位置调节如图 8.11 所示。

为实现吊点的在线调节，设计调节机构，如图 8.12 所示。以前后方向为例：操作人员将加长旋转杆套接于接口上，可站在较远处调节吊点前后方向距离；通过加长旋转杆松开或紧住锁紧点，以打开或锁住前后方向的吊点调节自由度；为避免单方向受力，使用同步带、同步带轮将旋转运动同步传递至两上主梁的底部。另外，为在起吊时方便地辅助车体平稳，在前后方向总共预留 4 个插杆接口，用于套接稳定辅助杆。在前后和左右方向上各设置光栅尺及光栅读数头，方便在线读数和调整。

悬吊力等效施加机构通过在火星车前后两个方向预留的 8 个螺纹孔与车体相连，悬吊力等效施加机构通过 4 个角盒与车顶板相连接，如图 8.13 所示。为方便操作，在角盒穿螺栓位置预留了操作位置，方便安装人员站在较远的位置拧紧螺栓。

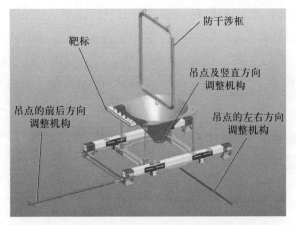

图 8.11 吊点位置调节示意图

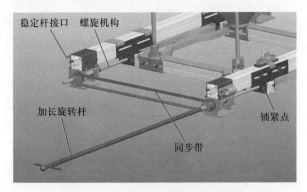

图 8.12 前后方向吊点位置调节

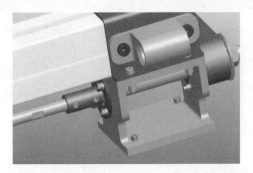

图 8.13 悬吊力等效施加机构与车体的连接接口

8.6 系统总成

设计并研制出洁净环境和模拟火壤环境的两套火星车整车运动性能模拟验证系统。该系统最大的运动跟踪范围为 30 m×30 m×4 m；40 t 跟踪系统在 30 m×30 m 运动范围内的二维跟踪误差引起的水平干扰力小于悬吊力的 3‰（1σ）；悬吊索长 10 m，悬吊力控制误差小于 5‰（1σ）；低重力轮压模拟误差小于 5%。利用该系统进行了主被动复合式移动系统的运动功能和性能的地面模拟验证测试，各工况下的实验描述如下。

由于该型号尚未发射，实验照片暂不公开。

在总装大厅的实验：火星车初样和正样产品力学实验前和力学实验后的移动性能实验以及两器释放分离实验。

模拟火壤环境的实验：火星车初样产品的移动性能实验、稳定性能实验、导航性能实验、遥操作程序演练实验、两器释放分离实验。

在发射场的实验：火星车初样产品的移动性能实验、两器释放分离实验。

火星车运动性能地面测试验证结果：所有指标均满足设计要求；通过测试掌握了火星车在模拟松软星壤上的移动规律，验证了火星车的极限通过能力以及火星车从着陆平台释放分离的安全性。

8.7 本章小结

按照火星车洁净环境和模拟火壤环境下整车运动性能模拟验证系统的研制要求，基于星球车地面运动性能测试低重力模拟关键技术，创新研制了火星车低重力模拟的位姿检测子系统、二维跟踪控制子系统、恒悬吊力控制子系统和悬吊力等效施加机构，并成功通过了总装大厅环境、模拟火壤环境和发射场环境的实验验证。在国际上首次实现了火星车整车的大范围、长时间、高精度的单吊索自重力模拟验证。

第 9 章　七自由度大型机械臂微重力模拟系统研制

9.1　功能要求及性能指标要求

总体对机械臂舱上运动测试系统功能要求如下：

（1）实验时抵消机械臂的重力影响，辅助完成机械臂运动实验及性能测试；

（2）提供机械臂展开测试实验过程中的操作平台；

（3）在非实验时间，能够可靠地固定机械臂，退出实验 2 小时内，系统保持悬吊力恒定；

（4）该系统应有力和运动速度等的测量能力，确保机械臂在运动过程中不会因为受到附加的力和力矩造成损坏；

（5）测试系统发生故障时，能够有紧急保护措施，避免造成产品损坏；

（6）测试系统应当具有吊点位置手动调节功能，以便于吊点安装；

（7）测试系统应当具有吊索缓慢张紧、缓慢放松功能，以便开始实验和结束实验时使吊索悬吊力逐渐增大和减小；

（8）操作、数据及状态记录功能。

9.2　总体方案设计

微重力模拟系统的构成包括：位姿检测子系统、二维跟踪控制子系统、恒悬吊力控制子系统、悬吊力等效施加机构、综控子系统和机架等。微重力模拟系统的主要构成如图 9.1 所示。

悬吊力等效施加机构是将绳索悬吊力分解作用到机械臂的机构，是绳索与机械臂的接口。位姿检测子系统采集跟踪点的位置信息，确定被跟踪点的位置，为二维跟踪控制子系统提供输入。二维跟踪控制子系统搭载了恒悬吊力控制子系统，在水平面内跟随机械臂运动，保证吊索悬吊力时时竖直向上。恒悬吊力控制子系统维持系统中的

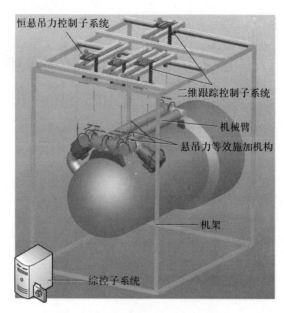

图 9.1　微重力模拟系统主要构成

恒定悬吊力。地面综控子系统实现系统工作状态的显示、记录、地面控制和应急处理。机架是整个系统工作的结构基础。

9.3　位姿检测子系统

9.3.1　位姿检测子系统功能

位姿检测子系统用来测量固连在悬吊力等效施加机构上的吊索下吊点相对于安装在二维跟踪控制子系统上的恒悬吊力子系统的上吊点在水平方向上的偏移量，并将测量结果传递给二维跟踪控制子系统，由二维跟踪控制子系统调整水平方向偏移，最终实现吊索铅垂的目的。整个位姿检测子系统由 5 套主、从系统和 1 套备份系统组成，对应 5 套二维跟踪控制子系统和恒悬吊力控制子系统。每套位姿检测子系统包含 LED 红外光源靶标、摄影机和图像处理单元。取一个吊点为例，悬吊力等效施加机构上安装有用于视觉传感器可识别的红外 LED 光源靶标。在二维跟踪平台上固定安装一个摄影机，其镜头垂直朝下，用于采集靶标图像。图像处理单元接收摄影机采集的图像并进行处理，最后计算出吊索下吊点相对于上吊点在水平方向上的偏移量。

位姿检测子系统通过采集靶标上红外 LED 的投影图像，根据视觉透视模型，计算出靶标定义的坐标系相对于摄影机定义的坐标系之间关系。由于摄影机和上吊点固定在平台上，靶标和悬吊力等效施加机构固连在一起，因此通过坐标转换，可以计算出下吊点相对于上吊点在水平方向上的偏移量。

9.3.2　位姿检测子系统方案

位姿检测子系统总体方案如图 9.2 所示。在每套二维跟踪控制子系统上安装两套位姿检测子系统,这两套视觉系统组成位姿检测子系统的主、从两个分系统,主、从分系统同时进行工作,并把数据传递给二维跟踪控制子系统。

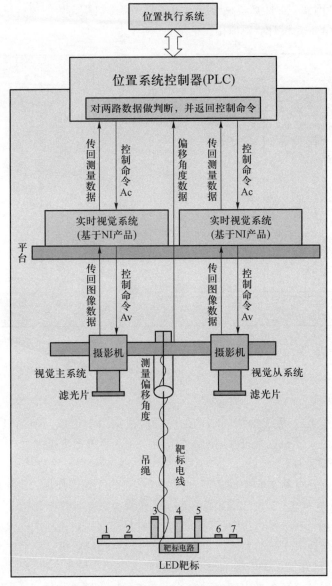

图 9.2　位姿检测子系统方案示意图

由二维跟踪控制子系统判断主、从位姿检测子系统工作是否正常,自动选择由主、从位姿检测子系统传递数据。这样可以保证主位姿检测子系统出现故障时,可以做到无延迟地切换到从位姿检测子系统。图像处理单元选取满足军品要求的美国 NI 公司的产品,从而降低硬件故障率。

位姿检测子系统中靶标安装在悬吊力等效施加机构最顶端的横杆上，这样在机械臂运动过程中没有任何遮挡，如图 9.3 所示。靶标设计为一条直线上分布 7 个高度分为两种的 LED 立柱。靶标距离吊架横杆中心 80 mm，这样吊绳在图像中不会对靶标产生干扰。摄影机安装在靶标的正上方，两个摄影机分别安装在吊绳的两端且相距 100 mm。机架顶高度为 11.2 m，机械臂最高 8.1 m，最低 6.4 m，景深范围 3.1~4.8 m，考虑到靶标距离机械臂有一定高度，摄影机距离机架顶有一定距离，最终景深按照 2.6~4.3 m 设计。对应摄影机镜头焦距选取为 25 mm。

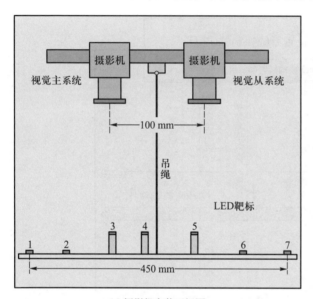
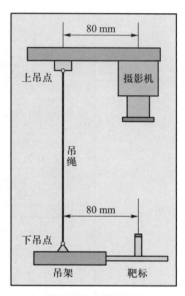

(a) 摄影机安装正视图　　　　　　　　(b) 摄影机安装侧视图

图 9.3　位姿检测子系统安装位置示意图

9.3.2.1　系统组成

每套位姿检测子系统由相同结构的主、从视觉系统组成，包括以下几个部分：① 立体靶标（主、从视觉系统共用同一个靶标）；② 百万像素摄影机；③ 百万分辨率镜头；④ 红外滤光片。

立体靶标上分布着 7 个空间相互坐标位置已知的红外发光 LED，如图 9.4 所示。LED 的供电电源为 9 V，由二维跟踪控制子系统提供。在计算中使用 5 个特征点，其他 2 个作为备用。在测量过程中，通过这 5 个特征点在摄影机所成图像以及特征点在靶标坐标系下坐标值之间的关系，计算出靶标坐标系和摄影机坐标系之间的关系（旋转和平移），在已知摄影机坐标系和上吊点相对位姿，下吊点在靶标坐标系下坐标值，最终计算出上下吊点在水平方向相对偏差。立体靶标采用红外发光 LED 作为光学特征点，并在镜头外端增加滤光片，同时可以调整红外发光 LED 的光强来提高信噪比，因此可有效地消除背景噪声的影响，通过亚像素细分方法进一步改善特征点的定位精度，进一步提高整体系统的测量精度。

靶标电路原理设计为将 7 个红外 LED 在稳压电源下并联在一起，这样可保证即使其中任意一个 LED 发生故障，不影响其他 LED 发光，从而保证了靶标的正常工

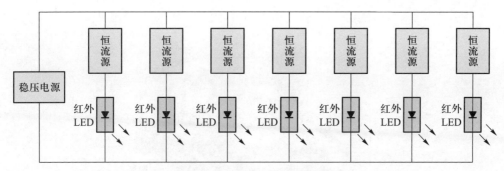

图 9.4 立体靶标电路原理图

作。每个 LED 串联一个恒流源，这样可保证 7 个 LED 中发光亮度具有一致性。

红外发光 LED 选取美国 Honeywell 公司产品 SE3470–003，该产品的发光带宽是 840~920 nm，考虑到滤光片的选型，选择的是 850 nm 的光谱。SE3470–003 产品发光稳定性好，使用寿命长。

NI 嵌入式视觉系统作为控制器，可将工业摄像头兼容性同分布式工业系统的开放式通信与多核 PC 的高性能和灵活性相结合。它适合高速排序、组装验证、包装检查等机器视觉应用。这里使用的美国 NI 产品 EVS–1463RT 是专门面向工业级别机器视觉处理器的，该嵌入式视觉系统既能从多个摄像头接口采集图像以执行同步检测，也能搭配强大且易用的 NI 软件——视觉开发模块和用于自动检测的视觉生成器。EVS–1463RT 的设计适合通过多个基本配置 Camera Link 或多个千兆以太网摄影机实时处理图像，并适合机器视觉应用。借助隔离和 TTL I/O 高通道数、高性能的多核处理器、2 GB RAM 以及实时操作系统，NI EVS–1463RT 能够与可编程逻辑控制器、人机对话界面和运动控制器进行同步，实现更复杂的高速检测。这款位姿检测子系统中不含可动部件，采用 DVI 配电电缆，内含三位置电源连接器，包括 NI 视觉采集软件 DVD，能够实现范围宽广的数字 I/O 与工业通信，即该系统能够与可编程逻辑控制器、人机对话界面、机器人、传感器和激励器等各类自动化设备实现通信与集成。NI 嵌入式视觉系统中不含可动部件，通过对流（无风扇）自然冷却，并含一个固态硬盘，可满足苛刻的生产条件和要求。

9.3.2.2 位姿检测子系统机械连接

靶标连接于悬吊力等效施加机构的横杆上，所有靶标位于悬吊力等效施加机构横杆的同一侧，如图 9.5 所示。悬吊力等效施加机构将为靶标系统提供机械接口，为保证靶标坐标系与下吊点的尺寸关系精度，需设计合理的定位和连接形式。立体靶标结构上布置高低不同的 7 个红外 LED 安装结构。靶标通过底面与吊架进行连接，安装时靶标离开横杆的距离为 80 mm。靶标坐标系是通过两个销钉定位孔和靶标底面（定位面）来建立的。同样，吊架上需设置相应的销钉定位孔和定位面来保证安装精度。

9.3.3 位姿检测子系统精度分析

由位姿测量原理可知：吊绳下吊点在上吊点坐标系下的坐标测量结果需满足的其假定条件为上吊点坐标系与摄影机坐标系满足平行关系。下吊点的测量结果影响因素

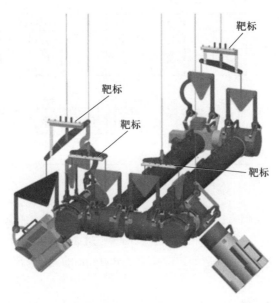

图 9.5 靶标系统与悬吊力等效施加机构的连接关系

包括 $\boldsymbol{R}_{cu}$、$\boldsymbol{T}_{tc}$ 和 $\boldsymbol{T}_{cu}$。其中 R_{cu} 为上吊点坐标系与摄影机坐标系之间的旋转矩阵，理想情况下为单位阵，由于安装误差等因素，旋转矩阵对应的欧拉角 α_{cu}、β_{cu}、γ_{cu} 都是小角度。测量误差 ΔP_u 可表示为

$$\Delta \boldsymbol{P}_{u} = \Delta \boldsymbol{R}_{cu} \times \boldsymbol{T}_{tc} + \boldsymbol{R}_{cu} \times \Delta \boldsymbol{T}_{tc} + \Delta \boldsymbol{T}_{cu} \tag{9.1}$$

式 (9.1) 中的 $\boldsymbol{R}_{cu}$ 近似为单位阵，α_{cu}、β_{cu}、γ_{cu} 为小角度时，$\Delta \boldsymbol{R}_{cu}$ 近似为

$$\Delta \boldsymbol{R}_{cu} = \begin{bmatrix} 0 & -\gamma_{cu} & \beta_{cu} \\ \gamma_{cu} & 0 & -\alpha_{cu} \\ \beta_{cu} & \alpha_{cu} & 0 \end{bmatrix} \tag{9.2}$$

综上，式 (9.1) 可改写为

$$\Delta \boldsymbol{P}_{u} = \begin{bmatrix} 0 & -\gamma_{cu} & \beta_{cu} \\ \gamma_{cu} & 0 & -\alpha_{cu} \\ \beta_{cu} & \alpha_{cu} & 0 \end{bmatrix} \times \boldsymbol{T}_{tc} + \Delta \boldsymbol{T}_{tc} + \Delta \boldsymbol{T}_{cu} \tag{9.3}$$

由于只关心下吊点的平移误差，由式 (9.3) 可得

$$\begin{cases} \Delta P_{u,x} = -\gamma_{cu} T_{tc,y} + \beta_{cu} T_{tc,z} + \Delta T_{tc,x} + \Delta T_{cu,x} \\ \Delta P_{u,y} = \gamma_{cu} T_{tc,x} - \alpha_{cu} T_{tc,z} + \Delta T_{tc,y} + \Delta T_{cu,y} \end{cases} \tag{9.4}$$

式中，$\Delta P_{u,x}$、$\Delta P_{u,y}$ 为 ΔP_u 在水平方向的测量误差分量；$\Delta T_{tc,x}$、$\Delta T_{tc,y}$ 为对应 ΔT_{tc} 的两个分量，$\Delta T_{cu,x}$、$\Delta T_{cu,y}$ 为对应 ΔT_{cu} 的两个分量；$T_{tc,x}$、$T_{tc,y}$、$T_{tc,z}$ 为靶标坐标系原点在摄影机坐标系下 3 个坐标方向的分量，当下吊点处于铅垂位置时，相应的理想值为 75 mm、50 mm、5 000 mm（上下吊点在铅垂方向的最大距离）。考

虑到下吊点工作在铅垂位置附近，以下测量误差分析时 $T_{tc,x}$、$T_{tc,y}$、$T_{tc,z}$ 分别取对应值。

式 (9.3) 中，α_{cu}、β_{cu}、γ_{cu}、$\Delta T_{tc,x}$、$\Delta T_{tc,y}$、$\Delta T_{cu,x}$ 和 $\Delta T_{cu,y}$ 都将产生下吊点的测量误差，以下分别分析各自产生的测量不确定度分量。

9.4 二维跟踪控制子系统

在机械臂运动过程中，悬吊索要始终保持竖直方向，即要求绳的上端始终跟踪悬吊索的吊点在水平面上的投影位置。为了满足这一要求，设计二维跟踪控制子系统。二维跟踪控制子系统使恒悬吊力子系统及悬吊索具有水平面上的两个移动维度，当机械臂运动时，二维跟踪控制子系统通过一定方式实现悬吊索的二维主动跟踪。

9.4.1 二维跟踪控制子系统功能和要求

二维跟踪控制子系统需实现 5 个吊点的二维平面位置的跟踪控制，保证每个吊点的绳索铅垂度在一定范围内。每个吊点有两个轴，因此需要二维跟踪控制子系统同时控制 10 个轴的运动，保证每一个轴的运动范围和跟踪精度。同时，二维跟踪控制子系统需要适应一定的速度范围，具备跟踪和置位两种工作模式（跟踪模式下，二维跟踪控制子系统根据位姿检测子系统的测量结果，主动跟踪吊点的水平运动；置位模式下，二维跟踪控制子系统的位置可以手动调整，以便实验开始之前进行悬挂机构的安装）。

二维跟踪控制子系统的功能要求如下：

（1）设有行程开关，控制系统具有软、硬限位接口，且软、硬限位接口的位置可调整；

（2）各部件，如驱动装置电源等，应使用安全防护等级较高的产品，系统集成后应满足电磁兼容性要求；

（3）设有手动控制方式，使用手持操作盒实现，手持操作盒具备总控制器控制信号的通断功能；

（4）具备数据输出接口，数据更新频率不得低于 10 Hz，具体接口方式在详细设计方案编写期间逐步确定。

9.4.2 二维跟踪子系统设计

9.4.2.1 子系统总体方案设计

二维跟踪控制子系统采用 5 套独立的二维跟踪平台，分别实现对肩部、肘部和腕部吊点的跟踪，总体方案如图 9.6 所示。每一个跟踪平台具有 x 和 y 两个方向的运动自由度，x 方向采用滚珠丝杠传动，y 方向采用齿轮齿条传动。其中，跟踪平台 1 和跟踪平台 2 在顶层 y 方向共用一套支撑导向结构和齿条传动结构；跟踪平台 3 和跟踪平台 4 在底层 y 方向共用一套支撑导向结构和齿条传动结构；跟踪平台 5 独立于其他4 套跟踪平台。

二维跟踪控制子系统具备两种工作模式：置位模式和跟踪模式。如图 9.7 所示，

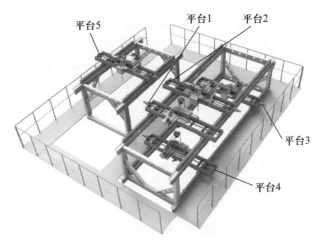

图 9.6　二维跟踪控制子系统的总体方案

在置位模式下，每一个跟踪平台通过自身的位移传感器测量反馈形成自闭环，实现高精度的定位控制，主要用于产品安装时的初始对准。如图 9.8 所示，在跟踪模式下，每一个跟踪平台与基于视觉的位姿检测子系统测量跟踪偏差反馈形成闭环系统，实现对恒悬吊力吊点的跟踪。

　　类似的方案设计已成功应用于我国月球低重力模拟系统中，技术成熟。系统的拓扑结构采用总站和主站的配置关系，总站通过 TCP/IP 与综控通信，总站与主站之间通过 Profibus 总线通信。总站主要完成与综控间的指令和状态通信、与主站的指令和状态通信、主站的状态监控等任务。主站完成对跟踪平台的驱动控制。

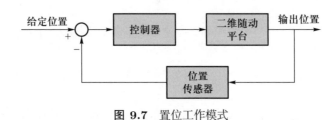

图 9.7　置位工作模式

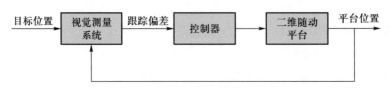

图 9.8　跟踪工作模式

　　跟踪平台的拓扑结构在控制器、驱动部分采用主、从两套系统，并通过差速器连接到机械结构，通过输出端（滚珠丝杠轴或者齿轮轴）的码盘及位姿检测子系统测量系统输出并同时反馈给主、从两套控制器。采用 PLC 作为控制器，并扩展其功能模块，实现电器连接和信号传输。

9.4.2.2 机械设计

每个二维跟踪平台 x 方向采用直线导轨支撑和滚珠丝杠传动，双电动机通过差速器和减速器驱动滚珠丝杠。每个跟踪平台 y 方向采用直线导轨支撑和齿轮齿条传动，双电动机通过差速器、减速器和传动轴驱动齿轮在齿条上运动，采用双齿条对称驱动，保证两侧运动的同步性。

根据与机架的接口方式，设计了两种移动框架。其中，第一种形式在机架的导轨梁上安装型材，二维跟踪的直线导轨和齿条直接安装在型材上，这种结构形式对机架的要求低。第二种方式直接在机架的导轨梁上安装导轨，这种方案的导轨支撑刚度比较好，但要求机架提供高精度的安装接口。

9.5 恒悬吊力控制子系统

9.5.1 系统功能

恒悬吊力控制子系统主要功能是要确保 5 根吊索上的悬吊力都在预定指标范围内，并提供相应的起吊与下放功能。根据总体设计，5 根吊索的悬吊力理论值分别为 1 780 N、1 683 N、1 449 N、1 610 N、610 N，计每个吊点吊架重约 300 N，再加入 300 N 设计裕量，5 根吊索上的张力分别为 2 380 N、2 283 N、2 049 N、2 210 N、1 300 N。最终设计时，其中一个吊点按照 2 000 N 设计，其余 4 个吊点按照 2 500 N 设计。

9.5.2 恒悬吊力控制子系统方案

恒悬吊力控制子系统整体机械结构有 5 个吊点，分别设计 5 套独立的恒张力系统。每套恒悬吊力系统的机械结构主要由主动恒力矩控制机构和被动恒力矩机构组成。悬吊力等效施加机构及负载部分通过钢丝绳连接到被动恒力矩机构摆杆端的滑轮处，力传感器模块安装在滑轮和挂架之间的钢丝绳上。

恒张力系统具有 5 个吊点，区别只在于负载质量的变化。因此 5 套系统整体结构大体相同，对于不同的负载，只是被动恒力矩机构的弹簧以及摆杆会做相应调整。

单个吊点的主被动复合式恒力矩机构的机械结构示意图如图 9.9 所示。

对于单个吊点，其机械结构主要由悬吊力系统和缓冲机构系统组成，主动恒力矩控制机构由力矩电机通过抱闸和减速器驱动卷筒，吊索缠绕在卷筒上；吊索再与被动恒力矩机构串接。

9.5.2.1 驱动、传动与制动设计

选用力矩电机搭配减速比较小的减速器实现驱动，并在减速器输入端安装制动器，如图 9.10 所示。制动器通过轴直接连接力矩电机，可以直接有效地起到制动效果，制动器可由机械手柄直接控制，用来调试检查装置；并且制动器和减速器直接使用键连接，减速器输出轴和卷筒轴之间也使用键连接，从而可以有效地防止装置打滑。

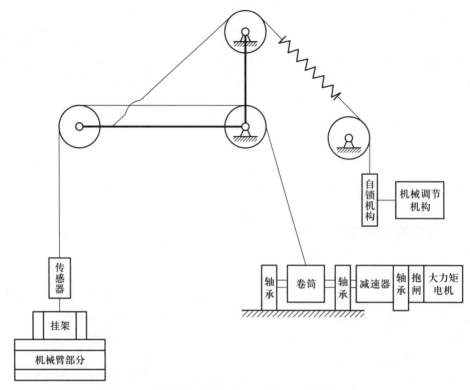

图 9.9 主被动复合式恒力矩机构的机械结构示意图

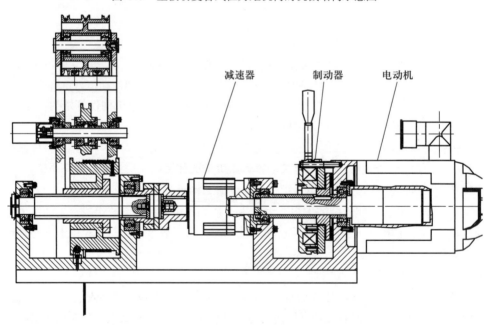

图 9.10 电动机、制动器、减速器之间的安装关系

9.5.2.2 被动恒力矩机构设计

为了给悬吊力控制回路提供合理的弹性缓冲，增加安全性，设计如图 9.11 所示的被动恒力矩机构。

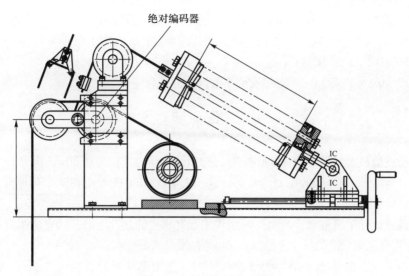

图 **9.11** 被动恒力矩机构

弹簧的末端使用机械摇杆拉紧，并在实验前根据实际需要的工作点悬吊力进行调整，其目的是使摆杆在工作悬吊力标称值点处于水平状态，摆杆偏离水平的角度可由与摆杆同轴安装的绝对式编码器读出，如图 9.12 所示。

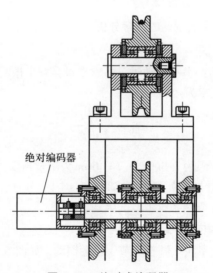

图 **9.12** 绝对式编码器

9.5.2.3 钢丝绳参数设计

根据 GB/T3811-1983，钢丝绳参数计算方法如下：

$$d = C\sqrt{F_{\max}} \tag{9.5}$$

$$C = \sqrt{\dfrac{n}{K\omega\dfrac{\pi}{4}\sigma_{\mathrm{b}}}} \tag{9.6}$$

式中，d 为钢丝绳最小直径，mm；$F_{\max}$ 为钢丝绳最大静悬吊力，N；C 为选择系数，$mm/\sqrt{N}$；n 为安全系数；K 为钢丝绳捻制折减系数；ω 为钢丝绳充满系数；σ_b 为钢丝的公称抗拉强度，MPa。

由式（9.5）和式（9.6）可得安全系数计算公式为

$$n = \frac{d^2}{F_{\max}} K \omega \frac{\pi}{4} \sigma_b \tag{9.7}$$

当单个吊点的最大悬吊力为 1 300 N 时，选用钢丝绳的直径为 4 mm。将 $d = 4$ mm，$F_{\max} = 1\ 300$ N，$K = 0.88$，$\omega = 0.46$，$\sigma_b = 1\ 470$ MPa 代入式 (9.7)，可得安全系数 $n = 6$。

由机械设计手册可知，当钢丝绳用作主起升机构的起升绳时，其安全系数不低于 5；计算得所选钢丝绳的安全系数 $n = 6 > 5$，说明满足要求。

当单个吊点的最大悬吊力为 2 500 N 时，选用钢丝绳的直径为 5 mm。将 $d = 5$ mm，$F_{\max} = 2\ 300$ N，$K = 0.88$，$\omega = 0.46$，$\sigma_b = 1\ 470$ MPa 代入式 (9.7)，可得安全系数 $n = 5$。由机械设计手册可知，当钢丝绳用作主起升机构的起升绳时，其安全系数不低于 5；通过核算可知，所选择的钢丝绳满足要求。

9.5.3 控制精度的影响因素分析

9.5.3.1 限制悬吊力控制系统带宽的因素分析

1. 吊索的水平谐振问题

吊索本身的横向振动：水平移动时，吊索本身会发生振动，其振动周期可使用弦振动近似，其一阶谐振频率为

$$\omega_1 = \frac{\pi}{l}\sqrt{\frac{T}{\rho_l}} \tag{9.8}$$

式中，T 为悬吊力，其上限为 2 500 N；$l = 6$ m 为吊索长度；ρ_l 为线密度，取 $\phi 4$ 钢索，约为 0.1 kg/m。预计谐振频率为 82.79 rad/s（13.18 Hz），其振动频率应高于控制系统带宽 3 倍以上，是限制系统带宽的因素之一。

2. 吊索吊架系统的横向摆动

悬挂在吊索下端的质量块（调整环节）也会摆动，如图 9.13 所示，对其摆动周期可做如下分析。

吊索在三维空间中运动，为方便起见，仅考虑在平衡位置附近 xy 两个方向解耦的情况。

假设：① 吊索的悬吊力不足以使对象离开地面；② 悬吊力控制回路的带宽远高于水平位置跟踪的带宽；③ 对象运动速度低，认为在吊索调整过程中对象位置不变；④ $\alpha_1 \approx 0$，$\alpha_2 \approx 0$。以单（x）通道为例：

$$\begin{cases} x_1 = -l_2 \sin \alpha_2 \\ z_1 = l_2 \cos \alpha_2 \end{cases} \tag{9.9}$$

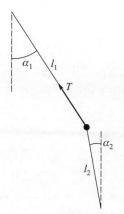

图 9.13 吊索横振模型

$$\begin{cases} \mathrm{d}x_1 = -l_2 \cos \alpha_2 \mathrm{d}\alpha_2 \\ \mathrm{d}z_1 = -l_2 \sin \alpha_2 \mathrm{d}\alpha_2 \end{cases} \tag{9.10}$$

$$\begin{cases} \ddot{x}_1 = l_2 \sin \alpha_2 (\dot{\alpha}_2)^2 - l_2 \cos \alpha_2 \ddot{\alpha}_2 \approx -l_2 \ddot{\alpha}_2 \\ \ddot{z}_1 = -l_2 \cos \alpha_2 (\dot{\alpha}_2)^2 - l_2 \sin \alpha_2 \ddot{\alpha}_2 \approx -l_2 \alpha_2 \ddot{\alpha}_2 \end{cases} \tag{9.11}$$

由 $\begin{pmatrix} \mathrm{d}x_1 & \mathrm{d}z_1 \end{pmatrix} \left(\begin{bmatrix} 0 \\ -m_2 g \end{bmatrix} + \begin{bmatrix} -T \sin \alpha_1 \\ T \cos \alpha_1 \end{bmatrix} - \begin{bmatrix} m_2 \ddot{x}_1 \\ m_2 \ddot{z}_1 \end{bmatrix} \right) = 0$ 可得

$$T\alpha_1 - m_2 l_2 (1 + \alpha_2^2) \ddot{\alpha}_2 - (T - m_2 g)\alpha_2 = 0 \tag{9.12}$$

$$m_2 l_2 \ddot{\alpha}_2 + (T - m_2 g)\alpha_2 = T\alpha_1 \tag{9.13}$$

谐振频率为

$$\sqrt{\frac{T - m_2 g}{m_2 l_2}} \tag{9.14}$$

式中，m_2 为吊钩、力传感器以及重物的总质量。

9.5.3.2　机械臂运动加速度、速度对悬吊力误差影响分析

根据总指标分配，为达到总误差 10 N (1σ) 的要求，在不考虑摩擦的情况下需要将机械臂运动引起的悬吊力跟踪误差限定在 5 N 以内。为分析机械臂运动对总指标的影响情况，结合具体参数取值，做如下分析。

1. 建立数学模型

被动恒力矩机构的等效数学模型为

$$\Delta T_1 = m_{\mathrm{d}} \ddot{x}_\Delta + k_{\mathrm{d}} x_\Delta \tag{9.15}$$

式中，ΔT_1 为等效弹簧张力的偏差；k_{d} 为被动恒力矩机构等效弹性系数；m_{d} 为等效质量；x_Δ 为摆杆末端距水平位置的距离。

令 l 为摆杆长度，l' 为平衡位置距负载的吊索长度，x_{d} 为机械臂竖直方的位移，x_{u} 为绳索收放长度，由吊索伸缩长度关系可得

$$l' + 2x_{\mathrm{d}} - l \sin \theta + l = l + l' + x_{\mathrm{u}} \tag{9.16}$$

整理得

$$x_{\mathrm{u}} = 2x_{\mathrm{d}} - x_{\Delta} \tag{9.17}$$

由动滑轮特性可知，$\Delta T = 2\Delta T_1$，其中 ΔT 为吊索张力误差。

建立电动机部分模型。将力矩电机闭环在速度环，通过系统辨识得到电动机的数学模型：

$$\frac{\dot{n}_1(s)}{u_1(s)} = \frac{k_1 \omega_1^2 / i_1}{s^2 + 2\xi_1 \omega_1 s + \omega_1^2} \tag{9.18}$$

其中减速比为 i_1，令 r 为滚筒半径，则有 $x_{\mathrm{u}} = rn_1$。

联立式 (9.15) ∼ 式 (9.18)，选取 $x_1 = x_{\mathrm{u}}, x_2 = \dot{x}_{\mathrm{u}}, x_3 = \ddot{x}_{\mathrm{u}}, x_4 = x_{\mathrm{d}}, x_5 = \dot{x}_{\mathrm{d}}, d = \ddot{x}_{\mathrm{d}}, y_1 = \Delta T, y_2 = \dot{n}_1$，可建立系统标称模型：

$$\begin{bmatrix} \dot{x}_1 \\ \dot{x}_2 \\ \dot{x}_3 \\ \dot{x}_4 \\ \dot{x}_5 \end{bmatrix} = \begin{bmatrix} 0 & 1 & 0 & 0 & 0 \\ 0 & 0 & 1 & 0 & 0 \\ 0 & -\omega_1^2 & -2\xi_1\omega_1 & 0 & 0 \\ 0 & 0 & 0 & 0 & 1 \\ 0 & 0 & 0 & 0 & 0 \end{bmatrix} \begin{bmatrix} x_1 \\ x_2 \\ x_3 \\ x_4 \\ x_5 \end{bmatrix} + \begin{bmatrix} 0 & 0 \\ 0 & 0 \\ 0 & \dfrac{k_1 r \omega_1^2}{i_1} \\ 0 & 0 \\ 1 & 0 \end{bmatrix} \begin{bmatrix} d \\ u \end{bmatrix}$$

$$\begin{bmatrix} y_1 \\ y_2 \end{bmatrix} = \begin{bmatrix} -2k_{\mathrm{d}} & 0 & -2m_{\mathrm{d}} & 4k_{\mathrm{d}} & 0 \\ 0 & \dfrac{1}{r} & 0 & 0 & 0 \end{bmatrix} \begin{bmatrix} x_1 \\ x_2 \\ x_3 \\ x_4 \\ x_5 \end{bmatrix} + \begin{bmatrix} 4m_{\mathrm{d}} & 0 \\ 0 & 0 \end{bmatrix} \begin{bmatrix} d \\ u \end{bmatrix} \tag{9.19}$$

2. 控制方法设计

如图 9.14 所示为从竖直方向机械臂加速度到悬吊力误差的幅频特性。在 3 Hz 处，幅频特性出现凹陷，这是由于弹簧的欠阻尼零点引起，使得机械臂的加速度在 3 Hz 处的干扰不会引起悬吊力的变化，因此对控制系统的悬吊力误差的任务并无影响。而在低频处，选取加速度频率为 0.35 Hz 时，机械臂加速度 0.01 m/s² 引起的悬吊力产生近 11 N 的误差，会严重影响系统的控制指标。而在加速度的高频区域 5.07 Hz 处，机械臂 0.01 m/s² 加速度仅产生 0.1 N 的悬吊力误差，即弹簧可以有效吸收高频段机械臂的加速度引起的悬吊力误差。因此，控制 3 Hz 以内的机械臂的加速度引起的悬吊力误差是完成系统指标的重要任务。

图 9.15 为电动机工作在速率环后，控制指令到电动机转速的幅频特性，频率为 9 Hz 的电动机由于其本身挠性存在谐振点，在该点处，控制指令会使电动机的转速过大，严重影响系统的可靠性，因此消除电动机本身的谐振影响成为重要任务。

未建模特性分析：除了上述在建模过程中影响系统指标的因素外，系统内部还存在未建模特性，其中吊索由于谐振产生的纵向抖动会使悬吊力误差在某一谐振点处瞬间增大从而影响系统的精确控制。经计算在 45 Hz 左右出现吊索谐振点，可将其视为系统的高频未建模特性，可通过降低带宽的办法来抑制其对系统的影响。

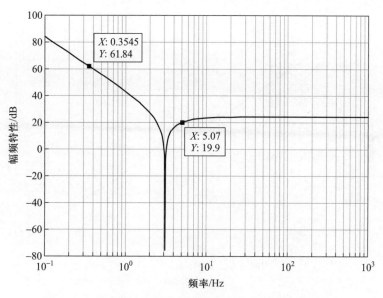

图 9.14 竖直方向机械臂加速度到悬吊力误差的幅频特性

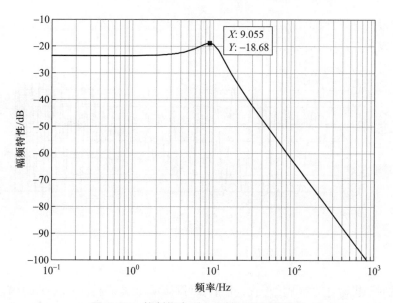

图 9.15 控制指令到电机转速的幅频特性

考虑到以上对于系统性能影响的各个因素,采用频域分析等相关方法,设计控制器从 ΔT 到 u 的传递函数。加入控制器后的系统开环 Bode 图如图 9.16 所示。

如图 9.16 所示系统带宽为 4 Hz,控制器保证了对 3 Hz 以内的低频段干扰做出有效抑制的同时,避免了电动机谐振点与吊索高频谐振的影响。

3. 悬吊力误差仿真检验

加速度信号为 chirp 信号。虽然机械臂驱动加速度最高为 0.012 m/s²,但由于机械臂在工作过程中可能会产生抖动,因此加速度可能会超过最高驱动值,因此在仿真

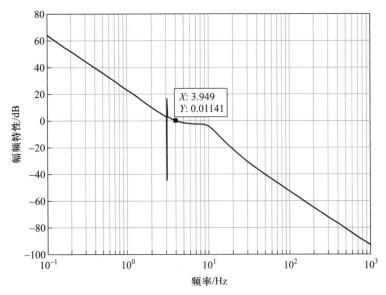

图 9.16 系统开环 Bode 图

时加速度最高值设为 0.03 m/s²，由于抖动时频率可能会升高，因此将仿真时加速度频率最高值设为 5 Hz，仿真时间为 10 s，如图 9.17 所示。

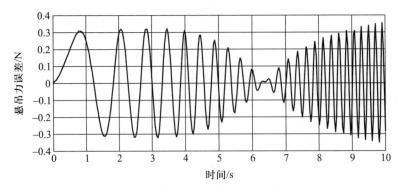

图 9.17 悬吊力误差仿真曲线

因此对于机械臂的加速度干扰，控制器可将跟踪误差抑制在 0.35 N 以内，满足系统指标要求。在 6 s 左右，由于弹簧的欠阻尼零点，使得加速度并未引起悬吊力产生较大的误差。

为了检验控制器对于机械臂在不同速度信号下的效果，设置机械臂加速度信号相同。速度信号幅值如图 9.18 所示，检验控制器的效果如图 9.19 所示。

由图 9.18 速度信号与对应的图 9.19 中的吊索悬吊力动态误差可知，虽然速度信号大小并不同，但由于加速度信号最大幅值相同，因此吊索悬吊力最大动态误差均相等，验证了吊索悬吊力动态误差只与机械臂的加速度信号有关，而与速度信号无关。

4. 控制器切换仿真分析

控制器切换问题可以理解为，备份机构在工作时机械臂的竖直方向速度均已有初

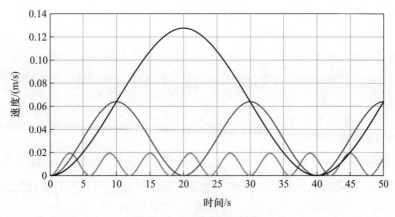

图 9.18 不同的速度信号

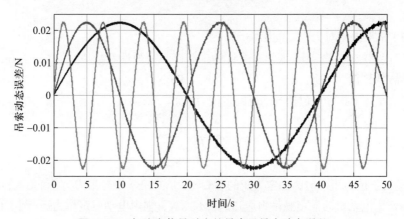

图 9.19 与速度信号对应的吊索悬吊力动态误差

值,并且主控机构的电动机转速已经备份到备份机构上。为了检验控制器在这一过程中的工作效果,将电动机转速与机械臂竖直方向速度均取指标最大值 126 mm/s,并且假设机械臂实际由于抖动等因素产生的加速度为 0.03 m/s²,频率为 0 ~ 5 Hz,此时系统的响应如图 9.20 所示。

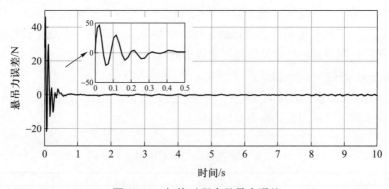

图 9.20 切换过程中悬吊力误差

通过局部放大图可以判断,切换的暂态时间为 0.5 s,悬吊力误差最大近 50 N;

0.5 s 后系统进入稳定状态，动态误差最高为 0.5 N，可见切换对于瞬间的悬吊力会带来较大的冲击，因此切换控制器设计时需抑制整个过程对悬吊力的影响。

5. 误差核算

此处分析了影响恒悬吊力控制的干扰因素及其大小，并由此预计恒悬吊力能够实现的误差大小。

恒悬吊力控制的干扰源及误差实现包括以下几个方面。

（1）闭环系统跟踪误差。

系统的跟踪误差在上述控制器设计过程中已得到抑制，并且通过分析与仿真得到了系统跟踪误差只与机械臂竖直方向加速度有关的结论。当机械臂加速度信号幅值为 0.03 m/s²、频率范围为 0~5 Hz、时间为 10 s 的 chirp 时，从已通过闭环仿真得到的系统的跟踪误差曲线可知，系统动态误差不超过 5 N，并随着干扰频率的增加不断衰减。

（2）机架振动对力控制的影响。

机架运动产生 0.5 mm 振幅是允许的，假设弹簧弹性系数 $k = 2\,500$ N/m，则造成的干扰力相当于 $2\,500$ N/m × $0.000\,5$ m=1.25 N。

（3）摩擦干扰 f（包括电动机的定位力矩）。

$$\frac{\Delta T_\mathrm{o}}{f} = \frac{1}{\frac{m}{k}s^2 + 1} \tag{9.20}$$

电动机定位力矩一般为额定力矩的 3%~5%。对于本章悬吊力为 1 300 N，取保险系数为 0.8，电动机的额定悬吊力应达到 1 600 N，则由电动机定位力矩产生的等效摩擦干扰（目前的工艺水平）约为 1 600 N×(0.03~0.05)=48~80 N。考虑到装配误差和传动机构产生的附加摩擦，可以认为此项干扰应在 90 N 左右。摩擦对悬吊力的影响是宽谱的，即要求控制系统闭环后，在全谱段内都要得到抑制，这就要求控制系统带宽超过传动系统的一阶谐振频率，同时要求吊索系统的机械结构本身在一阶谐振频率之外就能把摩擦干扰的影响衰减到能够接受的水平。

由于摩擦的谱比较宽，采用悬吊力控制回路要同时达到摩擦抑制和路面起伏跟踪的目的是困难的。一个比较合理的方法是引入快速回路来抑制摩擦，本章采用码盘反馈的速度信号来实现速度闭环，其目的是使挠性环节处于环外，实现比较高的速度回路带宽和速度控制增益，将摩擦抑制到比较小的水平——5 N。

（4）吊索系统的振动引起的力矩波动。

采用 $\phi 4$ 钢丝绳索，长度为 10 m，弹性系数 $k = 680 \times 10^3$ N/m，由于吊索较长，其小幅横振引起的悬吊力变化如表 9.1 所示。

表 9.1 吊索横振振幅与引起的悬吊力波动

振幅 A/mm	1	2	3	4	5
悬吊力波动/N	0.2	0.8	1.8	3	5

（5）力传感器误差。

力传感器选用精度为 0.02% 的拉力传感器，该精度远优于系统要求的控制精度。力传感器的标度因子线性度和重复性除与传感器本身有关外，还与电源的逐次启动电压重复性有关，采取相应稳压措施后，可认为此项很小，忽略不计。

（6）误差合计。

主要误差源为：$\sigma_z = \sqrt{\sigma_1^2 + \sigma_2^2 + \sigma_3^2 + \sigma_4^2} = \sqrt{5^2 + 1.25^2 + 5^2 + 2.4^2} = 7.57 \text{ N}$。其他未考虑因素的影响占 20%，则预计总误差将达到 9.46 N。采用单自由度模拟器对单点跟踪和切换进行了测试，对系统的安全性进行了保证。

9.6　悬吊力等效施加机构

9.6.1　悬吊力等效施加机构功能

悬吊力等效施加机构是向机械臂内部理论点施加等效悬吊力的机构。由于悬吊力理论作用点位于机械臂内部，而且无法直接将悬吊力施加于臂内部，因此使用悬吊力等效施加机构来解决此问题。

悬吊力等效施加机构一端固连于机械臂，另一端固连于吊索。不论机械臂如何运动，悬吊力等效施加机构始终将吊索力等效地作用于机械臂内部的固定点上。

9.6.2　悬吊力等效施加机构方案设计

1. 吊点位置及悬吊力大小

机械臂共受到 5 根吊索的悬吊力，包括 4 根主动吊索（悬吊力、位置主动跟踪），一根被动吊索（位置不变）。在设计重力补偿方案时，考虑了以下要求：

（1）原理上，将机械臂所有关节的力矩载荷模拟至零重力状态；

（2）悬吊力的大小恒定、作用点不变；

（3）在机械臂锁紧状态下能够安装所有工装；

（4）吊索数量尽量少。

为实现第（1）条和第（2）条要求，向每个关节单元的质心处施加大小固定、作用点不变的悬吊力；对两个臂杆构件，向臂杆两端各施加一个悬吊力；对其余构件，向构件质心施加一个悬吊力。每个悬吊力对应一个工装单元，总共 9 个工装单元。为实现第（3）条要求，不能使用剖分轴承结构。为实现第（4）条要求，将 9 个悬吊力进行合并，最终得到 5 个悬吊点的方案，如图 9.21 所示。

悬吊力的作用点都是构件形心在此构件轴线上的垂直投影点。由于悬吊力只能作用于轴线上，而构件的质心往往不在其回转轴线上，因此构件相对轴线偏离的扭矩无法被完全补偿，造成补偿残留力矩。针对这个问题，对悬吊力的大小进行优化。优化条件为所有关节的弯矩和扭矩的平方和最小。

2. 机械臂锁紧状态时悬吊力等效施加机构的安装

为了在机械臂锁紧状态下安装悬吊力等效施加机构，没有采用剖分轴承结构，而

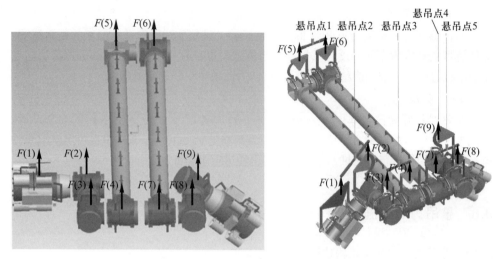

图 9.21　悬吊力等效施加机构方案

是采用了图 4.12 所示的连接滑道–十字轴承的结构形式。所有的机构可从上方安装，不存在与舱体干涉的问题。如图 9.22 所示。

图 9.22　采用连接滑道–十字轴承方案安装悬吊力等效施加机构

9.7　系统总成

设计并研制出"空间站核心舱"七自由度大型机械臂舱上运动测试的微重力模拟系统。机械臂质量约 800 kg；各关节展开后长度约 10 m；机械臂 7 个关节全部可动；二维跟踪误差造成的水平干扰力小于悬吊力的 3‰ (1σ)；悬吊力控制误差优于 5‰ (1σ)。在总装大厅完成了以下实验：力学实验前和力学实验后的解锁、展开时序干涉检查，以及关节控制参数、电流/电压参数、定位精度、轨迹规划、加/减速度和控制软件的验证实验。由于该型号尚未发射，实验照片暂不公开。

9.8　本章小结

按照"空间站核心舱"舱上机械臂运动测试的微重力模拟系统的功能要求，基于机械臂地面运动性能测试微重力模拟关键技术，成功研制了七自由度大型机械臂微重力模拟的位姿检测子系统、二维跟踪控制子系统、恒悬吊力控制子系统和悬吊力等效施加机构，并在总装大厅完成了系列实验验证。国际上首次实现了模拟在轨微重力条件下七自由度大型空间机械臂的大范围、高精度、三维空间运动的地面实验。

索　引

郑重声明

高等教育出版社依法对本书享有专有出版权。任何未经许可
的复制、销售行为均违反《中华人民共和国著作权法》，其行
为人将承担相应的民事责任和行政责任；构成犯罪的，将被
依法追究刑事责任。为了维护市场秩序，保护读者的合法权
益，避免读者误用盗版书造成不良后果，我社将配合行政执
法部门和司法机关对违法犯罪的单位和个人进行严厉打击。
社会各界人士如发现上述侵权行为，希望及时举报，本社将
奖励举报有功人员。

反盗版举报电话	（010）58581999 58582371 58582488
反盗版举报传真	（010）82086060
反盗版举报邮箱	dd@hep.com.cn
通信地址	北京市西城区德外大街 4 号
	高等教育出版社法律事务与版权管理部
邮政编码	100120

机器人科学与技术丛书

已出书目

☐ 机构学与机器人学的几何基础与旋量代数
  戴建生 著

☐ 柔顺机构设计理论与实例
  Larry L. Howell 等 编著
  陈贵敏 于靖军 马洪波 邱丽芳 译

☐ 月球车移动系统设计
  邓宗全 高海波 丁亮 著

☐ 并联机器人机构学基础
  刘辛军 著

☐ 可重构机构与可重构机器人
  ——分岔演变的运动学分析、综合及其控制
  戴建生 康熙 宋亚庆 魏俊 著

■ 星球车及空间机械臂
  ——地面运动性能测试的微低重力模拟方法及应用
  高海波 刘振 著

即将出版

☐ 数学基础及其在机器人的应用
  Harald Löwe 雷保珍 著

☐ 机器人控制——理论、建模与实现
  赵韩 甄圣超 孙浩 著

☐ 连杆与机器人机构学
  高峰 著

☐ 游动微纳机器人
  李隆球 李天龙 周德开 常晓丛 著

☐ 机器人机构拓扑学与学术之旅
  杨廷力 著

☐ 机器人机构拓扑特征运动学
  沈惠平 著